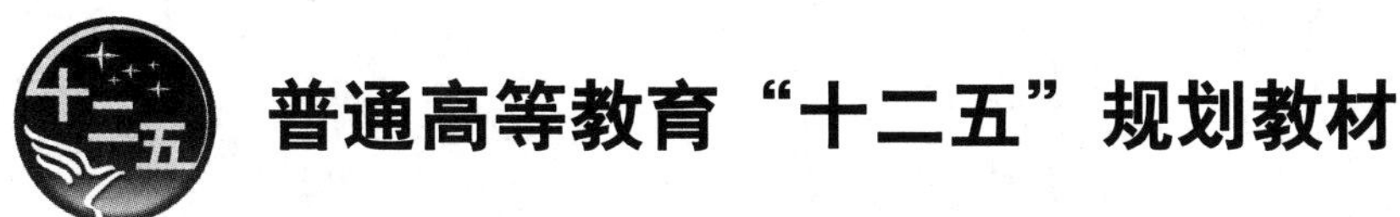

监控组态软件 WinCC应用教程

主　编　朱建军
副主编　陈玲玲　刘　麒
编　写　付秀伟　李　楠
主　审　高兴泉

中国电力出版社
CHINA ELECTRIC POWER PRESS

内 容 提 要

本书全面介绍了WinCC的操作环境和组态设计过程，从软件的安装到项目的设置、图形编辑、变量记录、报表生成、报警记录、脚本设计以及DDE和OPC通信等，通过实例，详细讲解了各种应用的设计和实现步骤及应用技巧，本书的编撰注重理论与实际的结合，强调基本知识和操作技能的结合。书中提供了大量的实例，读者在阅读过程中可以结合实例，举一反三，系统掌握。

本书可作为高等学校自动化、电气工程及其自动化、测控技术与仪器等相关专业的本科、专科教材或参考书，也可作为广大工程技术人员及相关软件开发人员的培训教材。

图书在版编目（CIP）数据

监控组态软件WinCC应用教程/朱建军主编．—北京：中国电力出版社，2014.12（2020.9重印）

普通高等教育"十二五"规划教材

ISBN 978-7-5123-6877-4

Ⅰ.①监… Ⅱ.①朱… Ⅲ.①可编程序控制器－高等学校－教材 Ⅳ.①TM571.6

中国版本图书馆CIP数据核字（2015）第035832号

中国电力出版社出版、发行

（北京市东城区北京站西街19号　100005　http：//www.cepp.sgcc.com.cn）

三河市航远印刷有限公司印刷

各地新华书店经售

*

2014年12月第一版　　2020年9月北京第五次印刷

787毫米×1092毫米　16开本　16.75印张　407千字

定价 **34.00** 元

前　言

SIMATIC WinCC（Windows Control Center，视窗控制中心），是 SIEMENS 与 Microsoft 公司合作开发的、开放的过程可视化系统，它是第一个完全基于 32 位内核的过程监控系统，它是 HMI/SCADA 软件中的后起之秀，集成了 SCADA、脚本语言和 OPC 等先进技术，无论是简单的工业应用，还是复杂的多客户应用领域，甚至在若干服务器和客户机的分布式控制系统中，都可以应用 WinCC 系统。

自 1996 年推出第一款 WinCC 组态软件，多年来，伴随着计算机技术、软件技术和工业自动化技术的进步，WinCC 也不断推陈出新，并在 2009 年推出了 WinCC V7 亚洲版，大大增强了基本系统和选件功能，使得用户人机界面组态和用户程序的开发更为快捷和高效。

本书全面介绍了 WinCC 的操作环境和组态设计过程，从软件的安装到项目的设置、图形编辑、变量记录、报表生成、报警记录、脚本设计以及 DDE 和 OPC 通信等，通过实例，详细讲解了各种应用的设计和实现步骤及应用技巧，本书的编撰注重理论与实际的结合，强调基本知识和操作技能的结合。书中提供了大量的实例，读者在阅读过程中可以结合实例，举一反三，系统掌握。

全书由朱建军任主编，陈玲玲、刘麒任副主编。本书共分 11 章，由朱建军、陈玲玲、刘麒共同编写，其中第 4、5、9、10、11 章由朱建军编写，第 1、2、3 章由刘麒编写，第 6、7、8 章由陈玲玲编写，李楠、付秀伟参与了部分章节的编写工作。在本书编写过程中得到了高兴泉教授和于军教授的大力支持和帮助。另外在本书的出版过程中，中国电力出版社的杨敏群女士也为本书的出版给予了热情的支持和帮助。在此对所有人员表示最诚挚的感谢！

由于编者水平有限，书中难免存在疏漏和不妥之处，恳请各位读者批评指正。

编　者

目　　录

1 组 态 软 件 基 础

1.1 概　　述

“组态”的概念是伴随着集散控制系统（distributed control system，DCS）的出现才开始被广大的生产过程自动化技术人员所熟知的。

组态的概念最早来自英文 configuration，含义是使用软件工具对计算机及软件的各种资源进行配置，达到使计算机或软件按照预先设置，自动执行特定任务，满足使用者要求的目的。

与硬件生产相对照，组态与组装类似。例如，要组装一台电脑，事先提供了各种型号的主板、机箱、电源、CPU、显示器、硬盘及光驱等，我们的工作就是用这些部件拼凑成自己需要的电脑。当然软件中的组态比硬件的组装有更大的发挥空间，因为它一般要比硬件中的“部件”更多，而且每个“部件”都很灵活，因为软件都有内部属性，通过改变属性可以改变其规格，如大小、形状、颜色等。

组态软件是指一些数据采集与过程控制的专用软件，它们是在自动控制系统监控层一级的软件平台和开发环境，使用灵活的组态方式，为用户提供快速构建工业自动控制系统监控功能的、通用层次的软件工具。组态软件提供了丰富的用于工业自动化监控的功能，根据工程的需要进行选择、配置，建立需要的监控系统。

组态软件从总体结构上看一般是由系统开发环境或称组态环境与系统运行环境两大部分组成。系统开发环境和系统运行环境之间的联系纽带是实时数据库，三者之间的关系如图 1 - 1所示。

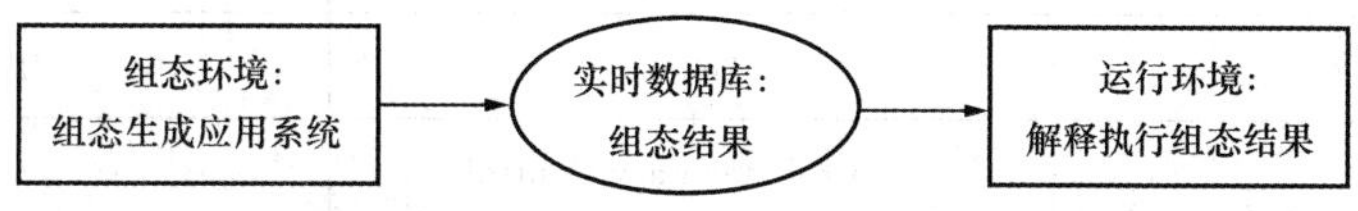

图 1 - 1　系统组态环境、运行环境和实时数据库的关系示意图

1.2 常 用 组 态 软 件

目前，世界上有不少专业厂商（包括专业软件公司和硬件/系统厂商）生产和提供各种组态软件产品，国内也有不少组态软件开发公司，组态软件产品于 20 世纪 80 年代初出现，并在 20 世纪 80 年代末进入我国，目前中国市场上的组态软件产品按厂商划分大致可以分为三类：

（1）国外专业软件厂商提供的产品。

（2）国内外硬件或系统厂商提供的产品。

（3）国内自行开发的国产化产品。

表 1 - 1 列出了国际上比较知名的监控组态软件；表 1 - 2 列出了国内较知名的监控组态软件。

表 1 - 1　国际上较知名的监控组态软件

公　司　名　称	产　品　名　称	国　　别
Intellution	FIX，iFIX	美国
Wonderware	InTouch	美国
西门子	WinCC	德国
Rock-well	RSView32	美国
National Instruments	Labview	美国
Citech	Citech	澳大利亚
Iconics	Genesis	美国
PC Soft	WizCon	以色列
A-B	Controlview	美国

表 1 - 2　国内较知名的监控组态软件

公　司　名　称	产　品　名　称	国别与地区
亚控	组态王	中国
三维科技	力控	中国
昆仑通态	MCGS	中国
华富	ControX	中国
研华	Genie	中国台湾
康拓	Control star Easy Control	中国

1. 国外组态软件

(1) InTouch。InTouch 是一款由 Wonderware 公司推出的一款工业自动化组态软件。Wonderware 公司成立于 1987 年，是在制造运行系统率先推出 Mircrosoft Windows 平台的人机界面自动化软件的先锋，是世界第一家推出组态软件的公司。

InTouch 图形界面的美观性一般，粘贴位图的操作较为繁琐，复杂的功能如报表等需要借助其他的工具。I/O 外部变量和内部变量都算作点数，价格比较高。

(2) iFIX。Intellution 公司以 FIX 组态软件起家，1995 年被爱默生集团收购，现在是爱默生集团的全资子公司，FIX6. x 软件提供工控人员熟悉的概念和操作界面，并提供完备的驱动程序（需要单独购买）。Intellution 将新的产品系列命名为 iFIX，在 iFIX 中，Intellution 提供了强大的组态功能，但新版本与以往的 6. x 版本并不完全兼容。原有的 Script 语言改为 VBA，并且在内部集成了微软的 VBA 开发环境，但是 Intellution 并没有提供 6. 1 版脚本语言到VBA的转换工具。在iFIX中，Intellution的产品与Microsoft的操作系统、网络进行了紧密的集成。Intellution也是OPC（OLE for Process Control）组织的发起人员之一。iFIX的OPC组件和驱动程序同样需要单独购买。

（3）Citech。澳大利亚的西雅特（Citech）集团是世界领先的提供工业自动化系统、设施自动化系统、实时智能信息和新一代MES的独立供应商。Citech也是较早进入中国市场的产品。Citech具有简洁的操作方式，提供了类似C语言的脚本进行二次开发，其操作方式更多的是面向程序员而非工控用户，该产品已被施耐德公司收购。

（4）RSView32。RSView32是美国罗克韦尔自动化公司的基于组件的用于监视和控制的自动化设备和过程的人机界面软件。RSView32通过开放的技术达到与罗克韦尔软件产品、微软产品和其他应用软件间的兼容性。

（5）Controlview。Controlview（简称CV）软件是美国AB公司的上位机控制图形软件，主要用来完成数据的采集、监控和信息管理任务，具有模块化设计，开放式结构，为用户提供了一个集多功能为一体、多窗口显示、多任务并行的实时运行环境，支持AB公司的各种硬件平台。

（6）WinCC。西门子公司的WinCC是一套完备的组态开发环境，主要配合其自己的公司的自动化硬件产品，结构复杂，功能强大。WinCC提供类C语言的脚本，包括一个脚本调试环境。WinCC内嵌OPC支持，可对分布式系统进行组态。

2. 国内组态软件

（1）组态王。组态王KingView是由北京亚控科技发展公司推出，简单易用，易于进行功能扩展，提供了资源管理器式的操作主界面，并且提供了以汉字作为关键字的脚本语言支持，有良好的开放性，支持众多的硬件设备。

（2）力控。力控监控组态软件是北京三维力控科技根据当前的自动化技术的发展趋势，总结多年的开发、实践经验和大量的用户需求而设计开发的高端产品，该产品主要定位于国内高端自动化市场及应用，是企业信息化的有力数据处理平台。力控6.0在秉承力控5.0成熟技术的基础上，重新设计了其中的核心构件，对历史数据库、人机界面、I/O驱动调度等主要核心部分进行了大幅提升与改进。

（3）MCGS。MCGS（Monitor and Control Generated System）是由北京昆仑通态自动化软件公司开发的一套基于Windows平台，用于快速构造和生成上位机监控系统的组态软件系统。MCGS5.5通用版在界面的友好性、内部功能的强大性、系统的可扩充性、用户的使用性以及设计理念上都有一个质的飞跃，是国内组态软件行业划时代的产品。MCGS能够完成现场数据采集、实时和历史数据处理、报警和安全机制、流程控制、动画显示、趋势曲线和报表输出以及企业监控网络等功能。

不同的产品，有相同和不相同的特性。

（1）相同特性。

1）强大的图形组态功能。组态软件大都以Microsoft Windows平台作为操作平台，充分利用了Windows图形功能完备，界面一致性好，易学易用的特点。设计人员可高效快捷地绘制出各种工艺画面，并可方便进行编辑。

2）脚本语言。组态软件均使用脚本语言提供二次开发，用户可根据自己需要编写程序。

3）开放式结构。组态软件能与多种通信协议互联，支持多种硬件设备。既能与低层数据采集设备通信，也能与管理层通信。

4）提供多种数据驱动程序。组态软件应与 I/O 设备通信，互相交换数据。一般提供 DDE 和 OPC Client 是两个通用的标准 I/O 驱动程序，以支持 DDE 标准和 OPC 标准的 I/O 设备通信。

5）强大的数据库。组态软件一般都有一个实时数据库，作为整个系统数据处理、数据组织和管理的核心。

6）丰富的功能模块。组态软件以模块形式挂接在基本模块上，互相独立提高了系统可靠性和可扩展性。利用各种功能模块，完成实时监控、报表生成、实时曲线、历史曲线、提供报警等功能。

7）提供系统开发环境和系统运行环境。系统开发环境是应用程序的集成开发环境，系统运行环境下目标应用程序投入实时运行。

（2）不同特性。

1）脚本语言不同。目前组态软件提供脚本语言分为类 C/Basic 语言、微软的 VBA（visual basic for application）的编程语言、面向对象的脚本语言三种。提供的命令语言函数数量不同。国产组态软件提供了以汉字作为关键字的脚本语言支持。

2）与第三方软件通信方式不同。不同厂家产品的协议互不相同，组态软件需要为不同的设备编写大量的驱动程序。因此出现了 OPC 技术。硬件提供商随硬件提供服务器所需的数据采集程序。组态软件作为客户可以通过 OPC 与各硬件的驱动程序无缝连接。

3）价格不同。国内的工控组态软件价格相对低廉。有的产品将开发版与运行版分开销售，使应用软件的开发者与使用者依据实际进行开发与使用的需要来选购。

4）扩展功能组件不同。国外的组态软件相对更加成熟，扩展组件品种多、功能较完善。

1.3 使用组态软件的一般步骤

组态软件一般通过 I/O 驱动程序以周期性或非周期性的采样形式从 I/O 接口设备上实时地获取被控对象的运行数据，一方面对数据进行必要的加工处理，以图形或曲线方式显示给操作人员，以便及时监视被控对象的运行工况；另一方面对数据进行深层次的运算，以一定控制规则通过 I/O 设备操作执行机构，以便控制被控对象的运行工况。此外，还需要对历史数据进行存储、查询和显示，对报警信息进行记录、管理和预警，对表格进行处理、生成和输出。这些相互交叠的工作流程靠组态软件的四大功能模块（通信组件、I/O 驱动、实时数据库和图形界面），经严密协调合作完成。其中，通信组件包括通信链路、通信协议、数据纠错等；I/O 驱动程序包括 I/O Server、寻址程序、量程变换、采样校对等；实时数据库包括 I/O Client、实时数据内核、数据冗余、控制算法、报警处理、历史数据等；图形界面包括数据接口、图形显示、曲线显示、报警表示等。在内核的引擎下，通过高效的内部协议，相互通信，共享数据，协作完成这些功能流程。

针对具体的工程应用，在组态软件中进行完整、严密的开发，使组态软件能够正常工作，典型的组态步骤如下：

（1）将所有 I/O 点的参数整理齐全，并以表格的形式保存，以便在组态软件组态和 PLC 编程时使用。

（2）明确所使用的I/O设备的生产商、种类、型号，使用的通信接口类型，采用的通信协议，以便在定义I/O设备时做出正确配置。

（3）将所有I/O点的I/O标识整理齐全，并以表格的形式保存。I/O标识是唯一确定一个I/O点的关键字，组态软件通过向I/O设备发出I/O标识来请求其对应的数据。

（4）根据工艺过程绘制、设计画面结构和画面框架。

（5）按照第一步统计的参数表格，建立实时数据库，正确组态各种变量参数。

（6）根据第一步和第三步的统计结果，在实时数据库中建立实时数据库变量与I/O点的一一对应关系，即定义数据连接。

（7）根据第四步的画面结构和画面框架组态每一幅静态画面。

（8）将操作画面中的图形对象与实时数据库变量建立动画连接关系，设定动画属性和幅度等。

（9）根据用户需求，制作历史趋势，报警显示以及开发报表系统等，之后还需加上安全设置。

（10）对组态内容进行分段和总体调试，视调试情况对组态软件进行相应修改。

（11）将全部内容调试完成以后，对上位机组态软件进行最后完善，如加上开机自动打开监控画面，禁止从监控画面退出等，让系统投入正式（或试）运行。

1.4 WinCC 简 介

SIMATIC WinCC（windows control center，视窗控制中心），是SIEMENS与Microsoft公司合作开发的、开放的过程可视化系统，它是第一个完全基于32位内核的过程监控系统，它是HMI/SCADA软件中的后起之秀，无论是简单的工业应用，还是复杂的多客户应用领域，甚至在若干服务器和客户机的分布式控制系统中，都可以应用WinCC系统。

WinCC是在PC（personal computer）基础上的操作员监控系统，WinCC是运行在Windows NT和Windows 2000环境下的一种高效人机界面（human machine interface，HMI）系统，具有控制自动化过程的强大功能和极高性能价格比的监视控制与数据采集（supervisory control and data acquisition，SCADA）级的操作监控系统。

WinCC的显著特性就是全面开放，它很容易将标准的用户程序结合起来，建立人机界面，精确地满足生产实际要求。通过系统集成，可将WinCC作为其系统扩展的基础，通过开放接口开发自己的应用软件。

WinCC具有极高的兼容性，可使用于办公室和制造系统，它提供成熟可靠的操作和高效的组态性能，同时具有灵活的扩展能力。可以集成到全厂范围的应用系统中，也可集成到车间控制层制造执行系统（manufacture excited system，MES）和全厂管理层企业资源计划（enterprise resource plan，ERP），使得从自动化层，通过车间控制层，直到全厂控制管理层有一个连续的信息流。

1.4.1 WinCC功能一览

WinCC提供用于过程可视化和操作的全部基本功能，它提供的编辑功能和接口可使用户对特定的应用单独地进行组态，WinCC的主要功能见表1-3。

表 1-3 WinCC 的主要功能

WinCC 编辑界面	任务或功能
WinCC 浏览器	快速访问所有工程数据和全局设定的中心项目管理器
图形编辑器	通过使用全部图形对象，能自由进行可视化组态和操作，能方便地使用所有属性的动态结构
报警登录	在显示和操作设备上记录和报告事件的消息系统，可随意选择消息目录、消息显示和报表
变量登录	采集、记录和压缩测量值，显示趋势和表格及进一步处理
报表编辑器	自由选择布局格式的报告系统，可按时间或按事件记录信息，进行动作、归档，把当前数据的文件作为用户报告或项目文件
用户管理器	用户及其访问权限的管理工具
全局脚本	通过嵌入式的 ANSI-C 编辑器处理无限制的过程功能
通信通道	连接范围广泛的不同控制器，例如，SIMATIC S5/S7/505 通道，PROFIBUS-DP，DDE，OPC 等
标准接口	与其他 Windows 应用程序的开放集成，例如，ODBC/SQL，ActiveX，OLE，DDE，OPC 等
编程接口	具有单独访问 WinCC（C-API）数据和功能的接口，可集成到特定的用户程序中

1.4.2 WinCC 的体系结构

WinCC Explorer 类似于 Windows 中的资源管理器，具有模块化的结构。它由基本的 WinCC 系统组成，并提供了许多 WinCC 选件和 WinCC 附件。

1. WinCC 基本系统

WinCC 的体系结构如图 1-2 所示。

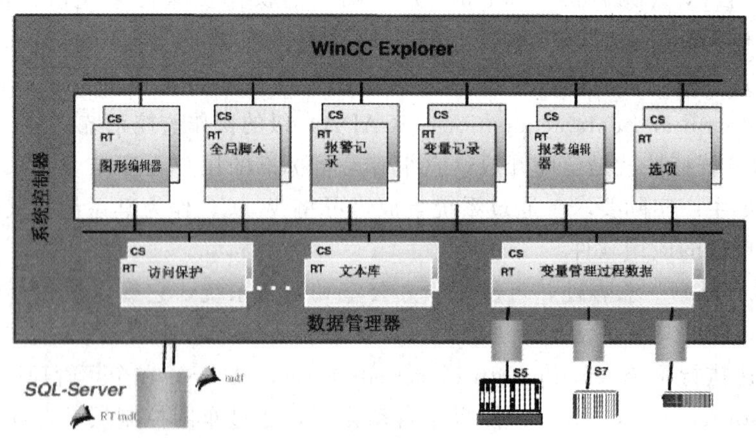

图 1-2 WinCC 的体系结构

WinCC 基本系统包括以下部件。

（1）变量管理器。变量管理器（tag management）管理着 WinCC 中所使用的外部变量、内部变量和通信驱动程序等。WinCC 中与外部控制器没有过程连接的变量叫内部变量，内部变量可以无限制使用。与外部控制器有过程连接的变量叫过程变量，也成为外部变量。

（2）图形编辑器。图形编辑器（graphics）用于设计各种图形画面并使其动态化的编辑器。只能为 WinCC 项目管理器浏览窗口中当前打开的项目启动图形编辑器。

（3）报警记录。报警记录（alarming designer）用于采集和归档报警信息。

（4）变量记录。变量记录（tag logging）用于创建和管理过程值归档。

（5）报表编辑器。报表编辑器（report designer）提供许多标准的报表，用户也可自行设计各种格式的报表，可以按照设定的时间进行打印工作。

报表运行系统是报表系统的运行系统组件。报表运行系统从归档或控件中取得数据用于打印，并控制打印输出。

（6）全局脚本。全局脚本（global script）是根据项目需要编写 ANSI-C 或 VBS 脚本代码，通过脚本对项目进行组态。

（7）文本库。文本库（text library）编辑不同语言版本下的文本消息。

（8）用户管理器。用户管理器（user administrator）用来分配、管理和监控用户对组态和运行系统的访问权限。

（9）交叉引用。交叉引用（cross-reference）用于检索画面、函数、归档和消息中所使用的变量、函数、OLE 对象和 ActiveX 控件等。

2. WinCC 选件

WinCC 以开放式的组态接口为基础，开发了大量的 WinCC 选件（Options，来自于西门子自动化与驱动集团），主要包括以下选件：

（1）服务器系统（WinCC/Server）。服务器系统选件的应用使一个 WinCC 单用户系统升级为功能强大的客户/服务器系统。它允许在自动化网络环境中，实现多个操作员站的协同操作。它是一个多用户解决方案，可通过在服务器计算机和与之相连的客户机之间建立网络连接，实现直接从服务器接收过程数据、归档数据、消息、画面和报表，一个服务器最多可连接 32 个客户机。依据工厂规模，在分布式系统中，可将应用按照功能分布，或依照系统分区分布，最多可有 12 台服务器。

（2）冗余系统（WinCC/Redundancy）。使用冗余系统选件可并行运行两个相连的 WinCC 单用户系统或服务器，并使两台机器彼此监视对方。当一台出现故障时，另外一台可接管整个系统的控制任务。当故障机器恢复运行时，所有消息内容和过程值都被复制回这台运行的机器中，从而显著提高系统的可用性。

（3）Web 浏览器（WinCC/Web Navigator）。Web 浏览器可通过 Internet 浏览器监控生产过程，可以组态 Web Navigator 服务器和 Web Navigator 客户机。也就是说通过打开 IE 浏览器来控制监控运行的 WinCC 工程，而不需要在 Web 客户机上安装 WinCC 系统。

（4）用户归档（WinCC/User Archives）。该选件用于在集成的 WinCC 数据库中自由存储可结构化的数据记录。在运行期间，利用一种可自由组态的 ActiveX 控件以窗体或表格的形式显示数据记录。

（5）开放的开发软件包（WinCC/ODK）。开放的开发软件包选件提供了开放性编程接口，应用这种接口可访问 WinCC 组态系统和运行时系统的数据和功能。

（6）组态用户自定义的 ActiveX 对象（WinCC/IndustrialX）。IndustrialX 选件可通过用户特定对象的标准化进一步简化可视化任务的解决方案。

（7）机器数据管理（WinCC/WinBDE）。利用 SIMATIC WinBDE，机器数据管理软件能保证有效的机器数据管理，其使用范围既可以是单台机器，也可以是整套生产设施。

（8）工业数据桥（WinCC/IndustrialDataBridge）。工业数据桥利用标准接口将自动化系统连接到 IT 世界，并保证了双向的信息流。

（9）WinCC/Connectivity Pack。Connectivity Pack 可以实现外部计算机或应用程序方便地访问 WinCC 归档数据、过程值和报警消息。它包括 OPC HAD、OPC A&E 以及 OPC XML 服务器，用于访问 WinCC 归档系统历史数据以及转发消息。采用 WinCC OLE-DB 能直接访问 WinCC 存储在 Microsoft SQL Server 数据中的归档数据。

（10）过程可视化和数据分析（WinCC/Dat@Monitor）。WinCC/Dat@Monitor 是通过网络显示和分析 WinCC 数据的一套工具。

（11）过程诊断（WinCC/ProAgent）。ProAgent 选件可用与各种 SIMATIC HMI 范围的各种设备和软件平台，包含标准画面，适合设备或工程的过程诊断。

3. WinCC 附加软件

WinCC 附加（Add-ons）软件是由其他西门子部门（如 WinCC Competence Center）和外部供应商（如 WinCC Professionals and Systems Companies）开发和营销的。WinCC 附加软件由相关的产品供应商提供支持。

WinCC 附加软件能解决许多任务，例如，MES（Manufacturing Execution Systems）的工业解决方案，与其他制造商的 PLC 通信，以及在生产部门发生报警时自动发出无线呼出。

1.5 WinCC 的安装

1.5.1 安装要求

WinCC 是运行在 IBM-PC 兼容机上，基于 Microsoft Windows 2000/XP 的组态软件。在安装 WinCC 之前必须配置适当的硬件和软件，并保证它们能正常运转。这意味着所有的硬件应该出现在 Windows 2000/XP 的硬件兼容性列表中，使硬件和软件能正确地安装和配置。本节将对这些要求进行描述。在安装 WinCC 时要检查以下信息是否满足安装条件：

（1）操作系统。

（2）用户权限。

（3）图形分辨率。

（4）浏览器。

（5）消息队列。

（6）SQL Server 数据库。

（7）预定的完全启动（冷启动）。

如果这些条件中有一条没有满足要求，WinCC 的安装就将终止，并显示一条出错消息。关于所显示的出错消息的详细信息，详见表 1-4。

表 1-4 安装 WinCC 提示的错误信息

出错消息	解释
为了正确执行安装，请重新启动计算机	安装在计算机上的软件需要重新启动。在进行 WinCC 安装之前，计算机应重新启动一次
所需操作系统，WinXP SP2/Win2000 SP3/Win 7	分别将操作系统至少升级到 Windows XP SP2、Windows 2000 SP3 和 Windows 7 旗舰版
该用户应用程序需要 VGA 或更高的分辨率	检查所连接的监控器的设置，如果需要就升级图形卡
您不具有管理员权限。以管理员身份登录	安装需要管理员权限。以具有管理员权限的用户身份再次登录到 Windows
未安装 Microsoft 消息队列服务	安装 Microsoft 消息队列服务。为此，需要 Windows 安装光盘
未安装所需的 SQL Server 数据库	安装相应版本的 SQL 数据库

1.5.2 安装 WinCC 的硬件和软件要求

1. 安装 WinCC 的硬件要求

为了能可靠和高效地运行 WinCC，应满足一定的硬件条件，安装 WinCC 的硬件要求见表 1-5。

表 1-5 安装 WinCC 的硬件要求

硬件名	最低要求	推荐值
CPU	客户机：Intel Pentium III，600MHz 服务器：Intel Pentium III，1GMHz 中央归档服务器：Intel Pentium 4，2GHz	客户机：Intel Pentium III，1GMHz 服务器：Intel Pentium 4，2GHz 中央归档服务器：Intel Pentium 4，2.5GHz
主存储器/RAM	客户机：512MB 服务器：1GMB 中央归档服务器：1GB	客户机：512MB 服务器：1GB 中央归档服务器：≥2GB
硬盘上的可用存储器空间 —用于安装 WinCC —用于使用 WinCC	客户机：500MB，服务器：700MB 客户机：1GB，服务器：1.5GB 中央归档服务器：40GB	客户机：700MB，服务器：1GB 客户机：1GB，服务器：1.5GB 中央归档服务器：40GB
虚拟工作内存	1.5 倍速工作内存	1.5 倍速工作内存
图形卡	16MB	32MB
颜色数量	256	真彩色
分辨率	800×600	1024×768

2. 安装 WinCC 的软件配置

安装 WinCC 也应该满足一定的软件要求，在安装 WinCC 前就应安装所需的软件并正确配置好。安装 WinCC 的机器上应安装 Microsoft 消息队列服务和 SQL Server 2000。

(1) 操作系统。单用户系统应运行在 Windows 2000 Professional SP3 及以上版本、Windows XP Professional SP1 或 Windows XP Professional SP2。对于多用户系统的 WinCC

服务器，推荐使用 Windows 2000 Server 或 Windows 2000 Advanced Server SP2。

（2）Internet 浏览器。WinCC 要求安装 Microsoft Internet Explorer 6.0（IE6.0）SP1 或以上版本，IE6.0 SP1 安装随 WinCC 安装盘一起提供。

（3）消息队列服务。安装 WinCC 前，必须安装 Microsoft 消息队列服务。

（4）Microsoft SQL Server 2000。WinCC 的组态数据和运行时的归档数据使用关系数据库 Microsoft SQL Server 2000 来存储。安装 WinCC 前，必须安装 Microsoft SQL Server 2000 SP3。

（5）授权。授权可在 WinCC 安装期间或在以后安装。在安装期间装载授权，可在提示进行安装授权后插入授权。所有必需的授权将自动安装。如果没有安装 WinCC 运行系统授权，则 WinCC 运行系统将运行在非授权模式下，但是这时运行系统仍可无限制使用，只是会每 10min 左右会弹出提示用户目前是非授权模式的对话框，此时用户必须进行确认。如果不希望周期性出现该提示窗口，则必须安装授权文件。

安装 WinCC 后再安装授权，可使用 AuthorsW 程序。AuthorsW 程序位于 Windows 开始菜单中的“Simatic”程序组中。安装授权后，它将在重新启动 WinCC 后起作用。

安装授权必须满足下列条件：

1）需要管理员权限。

2）授权盘不能写保护。

3）授权只能安装在本地驱动器上。

注意：WinCC 卸载之后，授权仍然将保留安装在系统中。

如果所获得的 WinCC 是由 V5.x 到 V6.0 的升级版，则通信驱动程序和 WinCC 选项的现有授权将仍然有效。

1.5.3 WinCC 安装步骤

1. 消息队列服务的安装

（1）Windows XP Professional 操作系统。

1）在操作系统的“开始”菜单中，打开“设置”→“控制面板”→“软件”。

2）在左侧菜单栏中，单击“添加/删除 Windows 组件”按钮，将打开“Windows 组件向导”。

3）选择“消息队列”组件，将打开“消息队列”对话框。

4）单击“完成”按钮，关闭向导，完成安装，重新启动计算机。Windows XP Professional 选择安装消息队列服务，如图 1-3 所示。

（2）Windows 7 系统。

1）在操作系统的“开始”菜单中，打开“控制面板”→“程序和功能”。

2）在左侧菜单栏中，单击“打开或关闭 Windows 功能”，将打开“Windows 功能向导”。

3）选择“Microsoft Message Queue（MSMQ）服务器”组件。

4）单击“完成”按钮，关闭向导，完成安装，重新启动计算机。Windows7 选择安装消息队列服务如图 1-4 所示。

2. WinCC 7.0 的安装

WinCC 7.0 软件的安装大约需要花 40min 的时间，安装步骤如下：

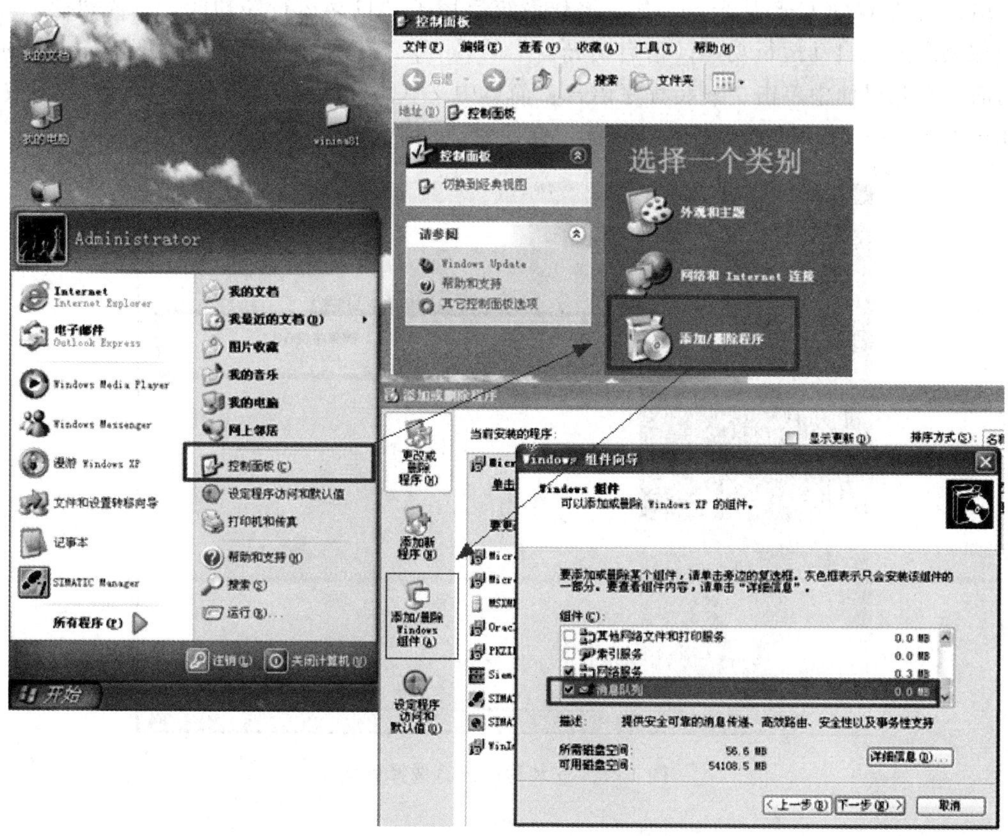

图 1-3 Windows XP Professional 选择安装消息队列服务

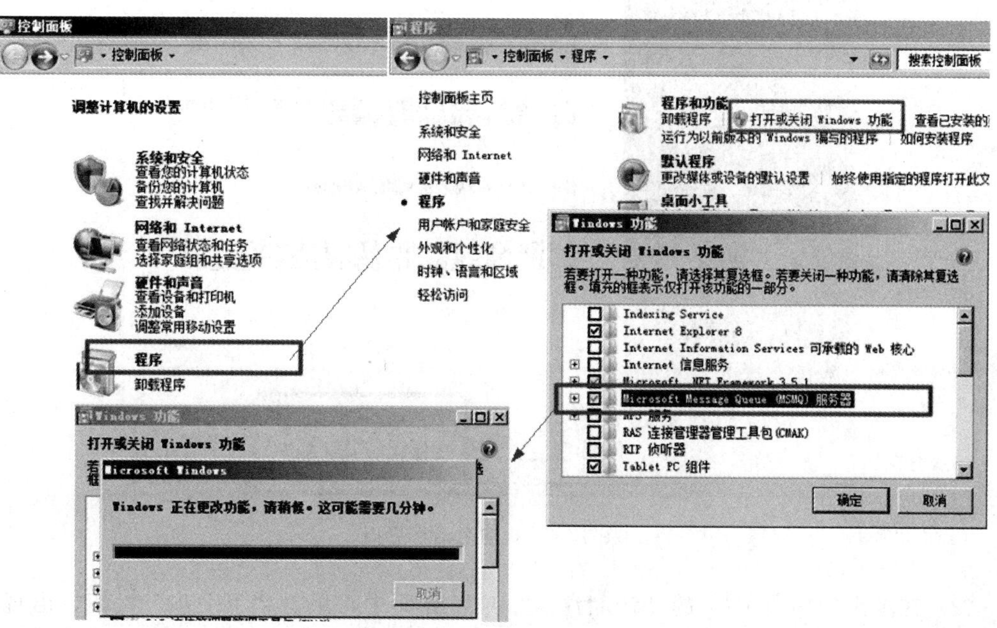

图 1-4 Windows7 选择安装消息队列服务

(1) 启动 WinCC 产品光盘。如果操作系统启用了"自动运行"功能，则光盘会自动启动。如果未激活自动运行功能，请启动光盘上的 Setup. exe 程序，会弹出如图 1-5 所示的初始画面，在此界面中单击"安装程序语言：简体中文（K）"选项，在单击"下一步"按钮，会弹出如图 1-6 所示的"欢迎"对话框，在此对话框中单击"下一步"按钮。

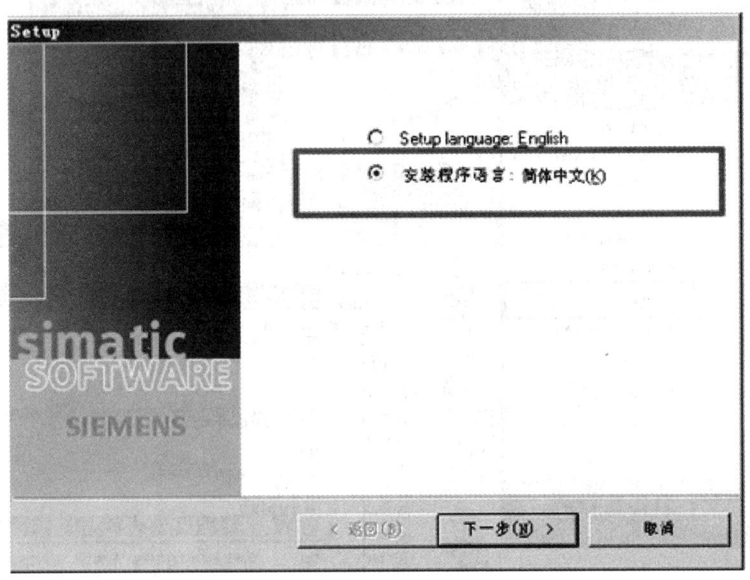

图 1-5 安装程序语言选择界面

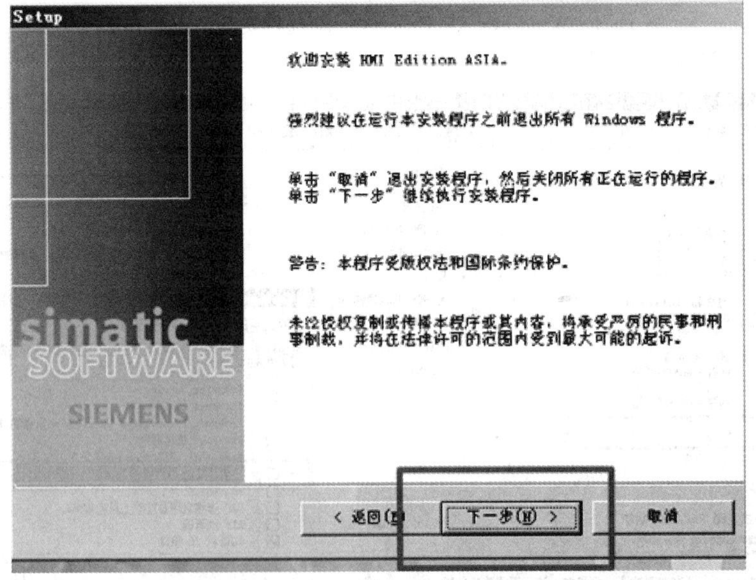

图 1-6 欢迎对话框界面

(2) 在弹出的如图 1-7 的"产品注意事项"界面中，单击"下一步"按钮，出现"查找程序"窗口，要等待其查找完毕，再单击"下一步"按钮，弹出如图 1-8 所示的"许可证协议"界面，选中"我接受…"，再单击"下一步"按钮。

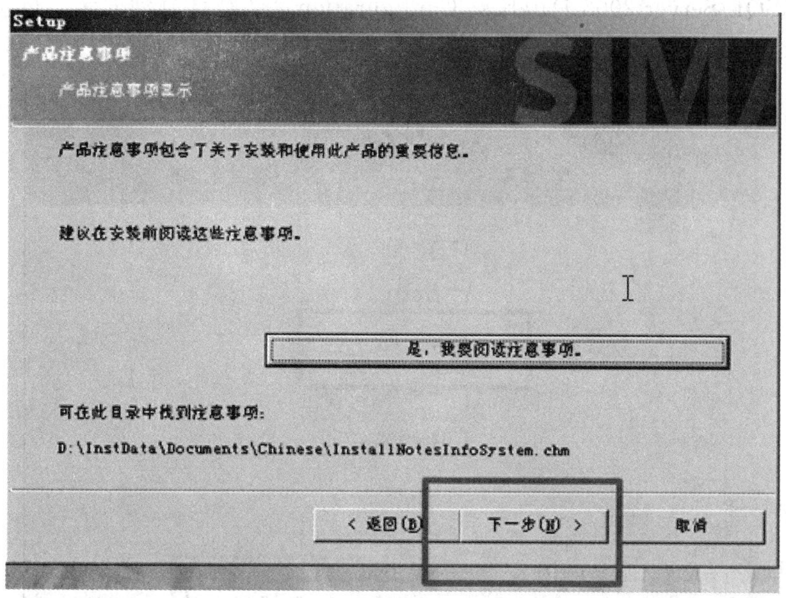

图 1-7　产品注意事项界面

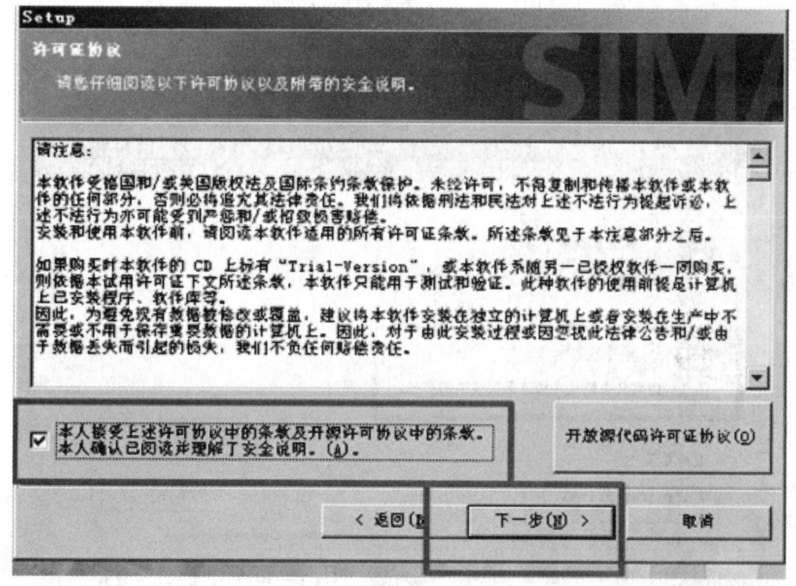

图 1-8　许可证协议界面

(3) 在弹出如图 1-9 所示的“产品语言”窗口中，选择“中文（C)”，再单击“下一步”按钮。WinCC 的亚洲版本已针对英语、简体中文（中国）、繁体中文（中国台湾）、日语和朝鲜语操作系统语言或多语言操作系统进行了发布。无法添加未在此处选择的语言。亚洲版无论选择哪种语言，英语都会被默认自动安装。在弹出如图 1-10 所示的“安装类型”窗口中，选择“自定义安装”选项，“目标目录”不需要修改，直接默认，然后单击“下一步”按钮。数据包安装模式只要选择安装 WinCC 即可进行最基本安装，其中 SQL

Server2005（SQL Server 2005 Database Configuration）会默认自动安装。也可以手动安装 WinCC 其他组件和选件。安装过程将显示已安装的 WinCC 组件和选件。

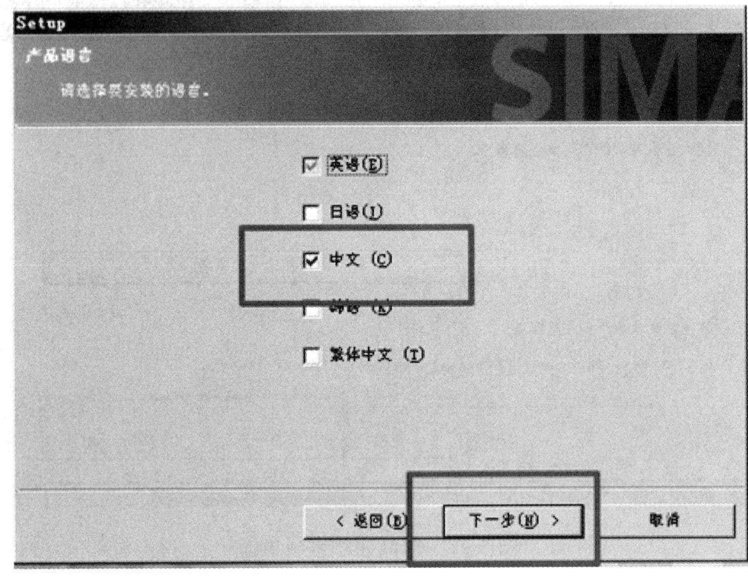

图 1-9　选择安装语言界面

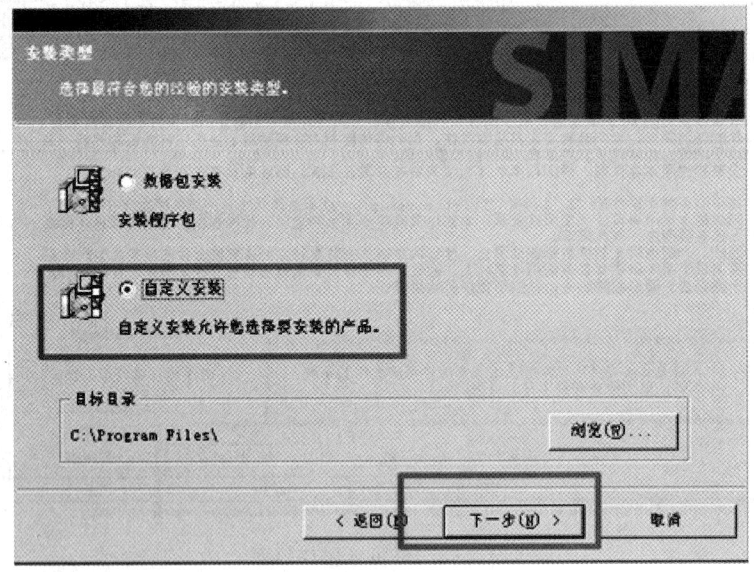

图 1-10　选择安装类型界面

（4）在弹出的如图 1-11 所示的“要安装的程序”对话框中，选择需要安装的 WinCC 组件和选件，单击“下一步”按钮。

（5）在弹出的如图 1-12 所示的“许可证协议”界面中，选择“我接受…”选项，再单击“下一步”按钮，弹出如图 1-13 所示的“系统设置”界面中，选择“我接受对系统设置的更改”选项，再单击“下一步”按钮。

这里注意一下，32位操作系统选32位的，64位操作系统选64位的

图 1-11 选择安装的程序界面

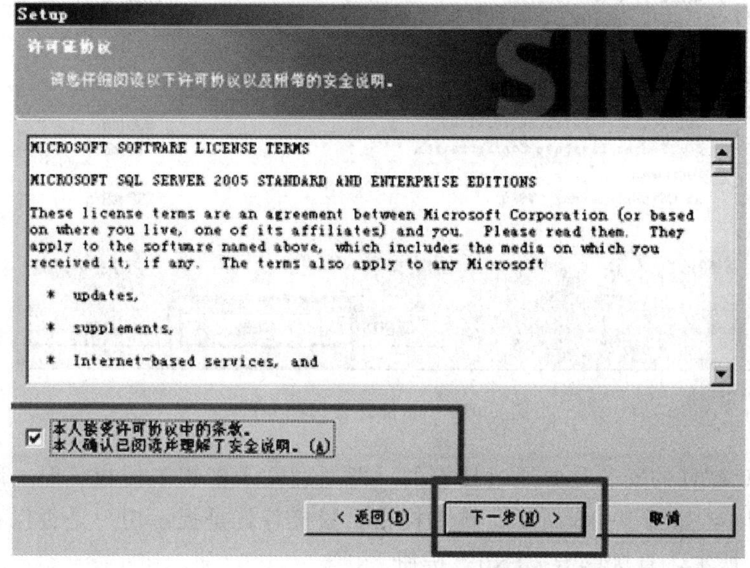

图 1-12 选择安装语言界面

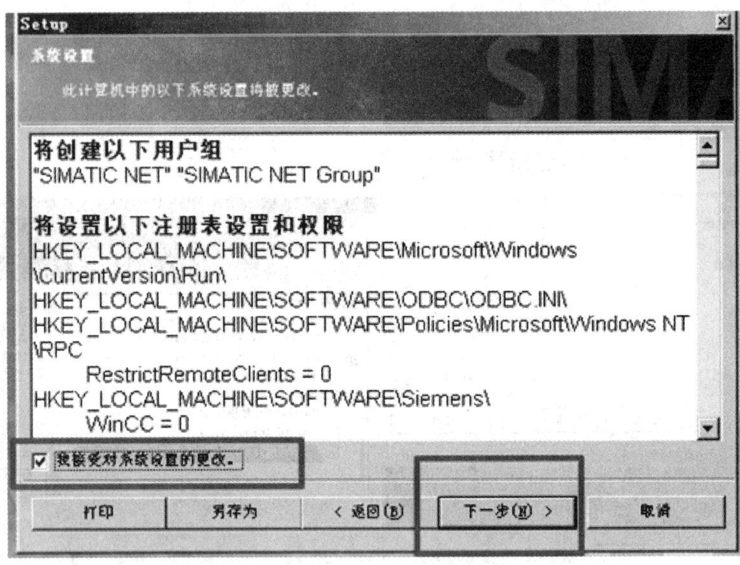

图 1-13　接受对系统设置的更改界面

（6）在弹出如图 1-14 的“准备安装选项”界面中，直接单击“安装”按钮，WinCC V7.0 安装软件中 Microsoft SQL Server 2005 是软件自带，在软件安装过程中会自动安装，如图 1-15 所示。

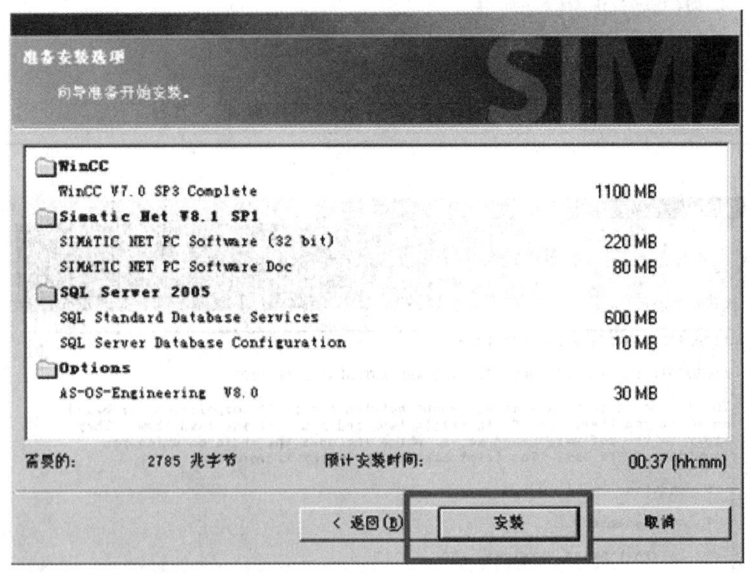

图 1-14　准备安装选项界面

（7）WinCC 软件的安装是要通过授权的，即通过输入密钥来授权。但一般安装使用直接单击“下一步”，如图 1-16 所示。跳过授权，紧接着就是提示用户是否保存安装信息文件，如图 1-17 所示，直接单击“Exit”按钮。

（8）所有软件安装成功就会弹出如图 1-18 所示的“安装完成”的信息提示框，选择重启计算机，单击“完成”按钮。

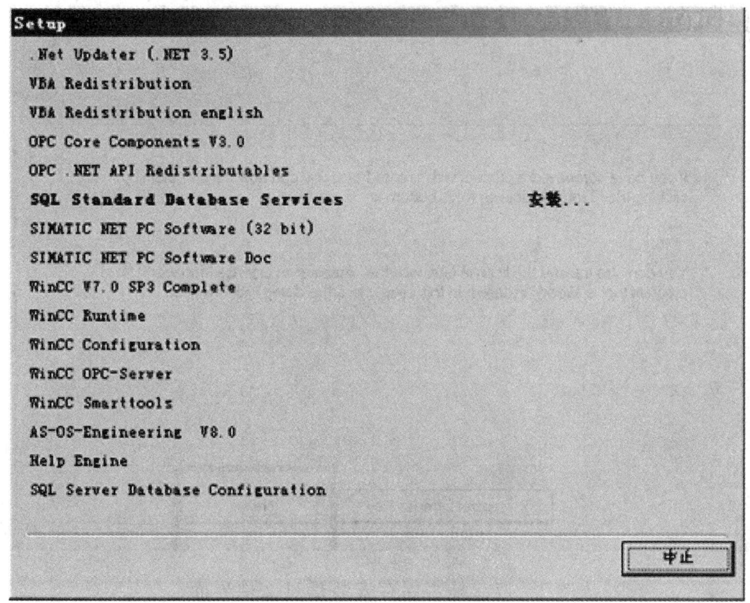

图 1-15 安装过程界面

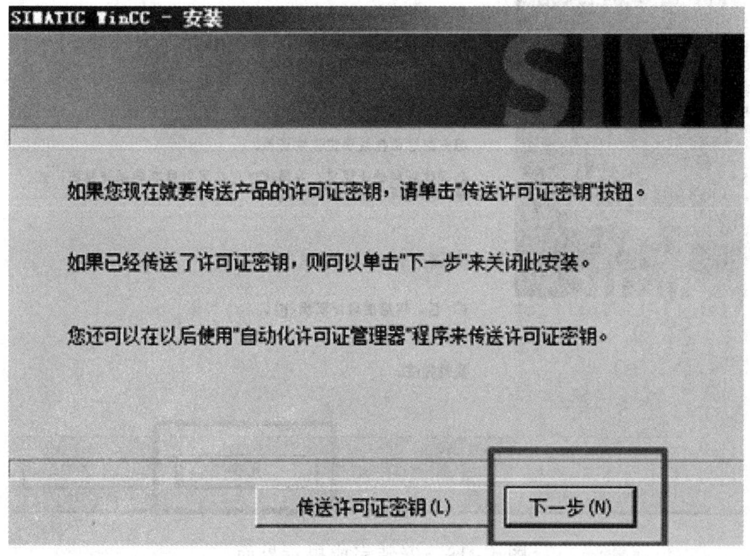

图 1-16 传送许可证密钥界面

温馨提示

重启计算机后，WinCC 7.0 软件所有的组件就都已经安装成功，然后安装授权，用户就可以开始体验 WinCC 软件的功能了。

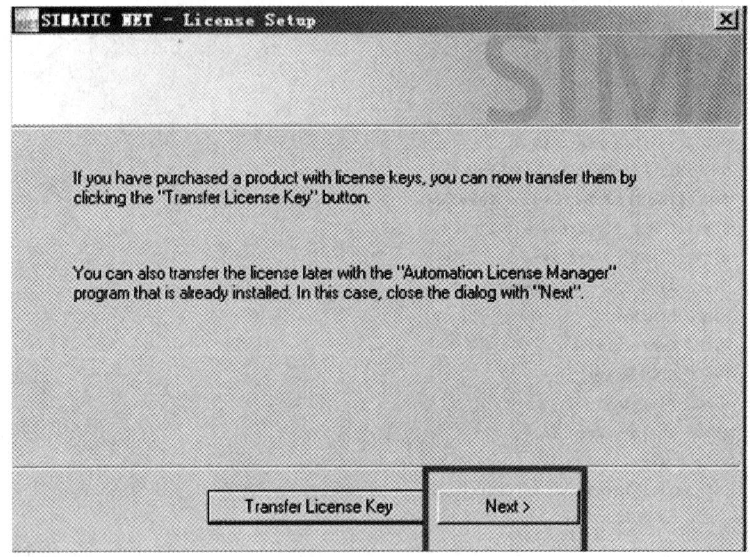

图 1-17　是否保存安装信息文件界面

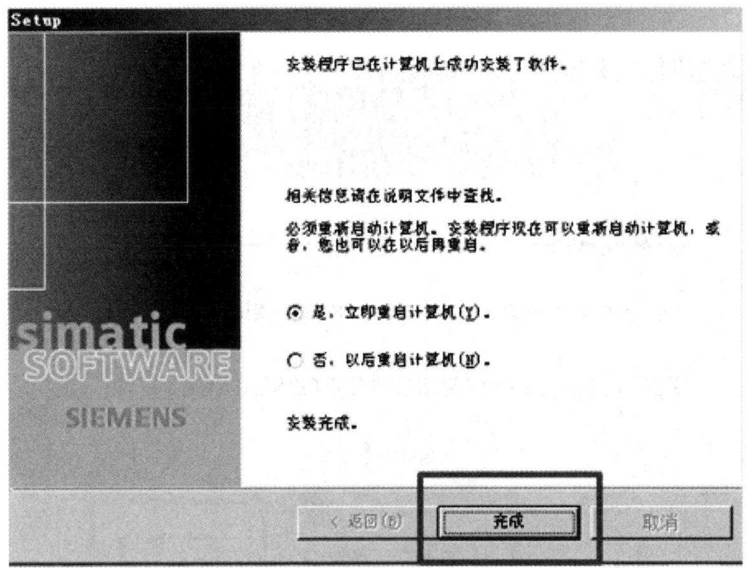

图 1-18　安装完成提示界面

1.5.4　常见安装问题

1. 反复提示需要重新启动

用户可能遇到在单击安装程序后，被提示需要重新启动系统，但是即使重新启动后运行安装程序仍然提示需要重新启动系统。这时，可以打开注册表编辑器：在 Windows “开始”菜单选择“运行”，输入“Regedit”并回车，删除如下的注册表键值：“HKEY_LOCAL_MACHINE\SYSTEM\Current Control Set\Control\Session Manager\Pending File Rename Operations”即可。

2. 安装消息队列时出现“无法启动 MSMQ 服务”，错误代码：0x42c

出现这个问题的原因是“distributed transaction coordinator”服务未启动或权限不够，这时可以：右击→我的电脑→管理→服务和应用程序→服务，将此服务启动，另外选中此服务右键属性查看依存服务，再看看依存的服务工作是否正常。

服务工作正常了还有权限问题，选中 distributed transaction coordinator 服务右键属性里面有登录属性页，改为本地系统账户。

极少数情况下需要进控制台修复和重启服务。

运行下输入 cmd，然后再输入 net stop msdtc：

```
msdtc-uninstall
msdtc-install
net start msdtc
```

就可以解决这个问题。

3. 操作系统不兼容

软件的正常安装和运行，需要微软的 Windows 操作系统某些内部端口和功能服务可以正常地使用，但是国内很多非正版的 Windows 操作系统将某些端口和服务都屏蔽了，所以很可能采用非正版的 Windows 操作系统会造成软件无法安装和正常使用。

4. 安装 WinCC 时出现：此系统中没有安装 MS 安全补丁

该 WinCC 版本需要以下软件：WindowsXP SP 2 KB319740，运行 MS 工具光盘中的 MS 安全补丁安装文件。

创建如下注册表键值后问题可以解决：

```
[HKEY_LOCAL_MACHINE\SOFTWARE\Microsoft\Updates\Windows XP\SP3\KB319740]
```

1.5.5 WinCC 监控系统的设计步骤

针对具体的工程应用，使 WinCC 组态软件能够正常工作，典型的组态步骤如下：

1. 新建 HMI 监控项目

在 WinCC 组态软件中创建一个 HMI 监控项目。

2. 建立通信连接

建立 HMI 设备与 PLC 之间的通信连接，HMI 设备与组态 PC 机之间的通信连接。

3. 定义变量

在 WinCC 组态软件中定义需要监控的过程变量。

4. 创建监控画面，完成动态效果设计

绘制监控画面，组态画面中的元素与变量建立连接，实现动态监控生产过程。

5. 编辑报警消息

编辑报警消息，组态离散量报警和模拟量报警。

6. 组态配方

组态配方以快速适应生产工艺的变化。

7. 用户管理

分级设置操作权限。

习　题

（1）什么是组态？

（2）简述组态软件的功能和特点。

（3）简述组态软件的使用步骤。

（4）简要说明 WinCC 组态软件的系统构成。

2 工程项目管理

本章介绍 WinCC 的基本组件，并通过一个简单的例子来说明如何建立和编辑 WinCC 项目。

WinCC 的基本组件是组态软件和运行软件。WinCC 项目管理器是组态软件的核心，对整个工程项目的数据组态和设置进行全面的管理。开发和组态一个项目时，使用 WinCC 项目管理器中的各个编辑器建立项目使用的不同元件。

使用 WinCC 的运行软件，操作人员可监控生产过程。

使用 WinCC 来开发和组态一个项目的步骤如下：

（1）启动 WinCC。

（2）建立一个项目。

（3）选择及安装通信驱动程序。

（4）定义变量。

（5）建立和编辑过程画面。

（6）指定 WinCC 运行系统的属性。

（7）激活 WinCC 画面。

（8）使用变量模拟器测试过程画面。

2.1 启 动 WinCC

启动 WinCC 项目管理器的方式有以下几种：

（1）安装完成 WinCC 软件后，可以双击桌面上的 WinCC 快捷图标，启动 WinCC 项目管理器。

（2）可以从 Windows 开始菜单，选择"开始→"所有程序"→"SIMATIC"→"WinCC"→"WinCC Explorer"菜单项，启动 WinCC Explorer（项目管理器）。

（3）可以在 Windows 项目管理器中，找到已存在的项目的文件夹，双击有图标的.MCP 文件，进入此 WinCC 项目的项目管理器。

（4）通过单击 Windows 项目管理器中的 WinCC Explorer. exe 文件，进入 WinCC 项目管理器。

温馨提示

（1）在计算机上只能装载一个 WinCC 实例。

（2）首次启动 WinCC，将提示选择项目类型，打开没有项目的 WinCC 项目管理器。

（3）再次启动 WinCC 时，上次最后打开的项目将被打开。如果希望启动 WinCC 项目管理器而不打开某个项目，可在启动 WinCC 时，同时按下＜Shift＞和＜Alt＞键并保持，直到出现 WinCC 项目管理器窗口，此时 WinCC 项目管理器打开，但不打开项目。

（4）如果退出 WinCC 项目管理器前打开的项目处于激活状态（运行），则重新启动 WinCC 时，将自动激活该项目。如果希望启动 WinCC 而不立即激活运行系统，可在启动 WinCC 时同时按下＜Shift＞和＜Ctrl＞键并保持，直到项目管理器完全打开并显示项目。

2.2　WinCC 项目管理器

启动 WinCC 进入 WinCC 项目管理器，WinCC 项目管理器如图 2-1 所示，其主界面由以下元素组成：标题栏、菜单栏、工具栏、浏览窗口、数据窗口和状态栏。

图 2-1　WinCC 项目管理器

1. 标题栏

WinCC 的标题栏显示当前打开的项目的路径和项目是否处于激活状态。

2. 菜单栏

WinCC 项目管理器的菜单栏包括 Windows 资源管理器中所使用的大多数命令。在当前情况下暂不能使用的命令均不激活（显示为灰色）。某些命令只有在打开窗口元素中的右键快捷菜单时才可使用。某些命令可以使用 Windows 常用的组合键（快捷键）来激活，在此就不一一介绍了。

3. 工具栏

使用工具栏按钮，可以激活命令。通过指向菜单栏中的“视图”菜单并选择“工具栏”命令，也可隐藏 WinCC 项目管理器中的工具栏。

4. 浏览窗口

浏览窗口包含 WinCC 项目管理器中的编辑器和功能列表。双击列表或使用快捷菜单可打开浏览窗口中的元素。

使用鼠标右键快捷菜单，显示“打开”命令。对于某些元素，可显示其他选择命令。如果单击变量管理或结构变量条目前的“+”号，将使文件夹目录树扩展开来。在这些文件夹中，可浏览、创建或移动对象。

图形编辑器和全局脚本编辑器也具有子目录。如果单击这些编辑器之一，WinCC 将显示这些目录。报表编辑器包含两个文件夹“布局”和“打印作业”。全局脚本包含的两个文件夹是“C-Editor”和“VBS-Editor”。

5. 数据窗口

如果单击浏览窗口的编辑器或文件夹，数据窗口将显示属于编辑器或文件夹的元素。所显示的信息将随编辑器的不同变而化。

双击数据窗口中的元素以便将其打开。根据不同元素，WinCC 将执行下列动作之一：

（1）在相应编辑器中打开对象。

（2）打开对象的“属性”对话框。

（3）显示下一级的文件夹路径。

使用鼠标右键，可显示元素的右键快捷菜单，并打开元素的“属性”对话框。使用某些编辑器，可显示其他可选择的命令。

6. 状态栏

WinCC 状态栏显示与编辑有关的一些提示，如图 2-2 所示。

peixun\冗余\	0 个对象	已授权模式	CAPS	NUM	SCRL

图 2-2 WinCC 项目管理器的状态栏

状态：显示与编辑有关的一些提示，并显示文件的当前路径。

已组态变量的数目/授权范围内的变量数目：显示已组态的外部变量的数目/许可证包含的变量数目。

对象：所选编辑器的对象数，例如，图形编辑器中的画面数。

CAPS：换挡功能已激活（大写）。

NUM：键盘右边的数字小键盘激活。

SCRL：“滚动”功能已激活。

温馨提示

在已打开的 WinCC 项目中，可以通过鼠标右键分别选择项目、计算机或变量管理器弹出菜单中的“查找”命令，打开“查找”对话框，启动搜索功能。可在项目中查找：客户计算机、服务器计算机、驱动程序连接、通道单元、连接、变量组等。也可以根据名称或修改日期进行查找。

2.3　建立和编辑项目

2.3.1　创建项目前的准备

为在 WinCC 中进行组态，不需要详细的规划。然而，为了更有效地创建 WinCC 项目，应对项目的结构给出一些初步的考虑。根据所规划项目的大小以及所涉及的组态工程师的数量，按照确定的规则进行设置和决定，其中要考虑的规则和项目的有关信息介绍如下。

1. 项目类型

在开始规划项目前，应知道是需要单用户系统，还是多用户系统。

2. 项目路径

不需要将 WinCC 项目创建在安装有 WinCC 的同一分区里。最好为项目创建一个单独的分区。当创建分区时，要确保有容纳大量数据的足够空间。如果归档大量的数据，WinCC 项目将可能占用几个 G 字节的空间。

3. 命名约定

使用命名约定可使大型项目的处理更容易。如果对项目中的变量、画面或函数进行命名约定，可增加项目的透明度。

（1）项目名称。一旦完成创建项目，对项目的名称进行修改就将涉及许多步骤。因此，建议在创建项目之前就决定好合适的名称。

（2）变量名称。可给变量赋予一个前缀，用来标识变量类型或分配给变量的连接。例如，可为所有的文本变量赋予前缀“txt _ ”，给内部变量赋予前缀“in _ ”。

（3）画面名称。可为画面指定一个前缀，用来标识设备画面和系统画面。如果创建大量的画面，可对画面名称进行连续的编号。

（4）函数名称。使用函数，将前缀引入公司标准将很有用处，这可使人一眼就看清标准需要哪一个函数。

4. 变量组

对于结构变量，可创建变量组。在 WinCC 中，不能嵌套变量组，只可创建一个等级的变量组。

2.3.2　创建项目

创建项目时请遵循下面所列出的步骤：

图 2-3　WinCC 项目管理器

（1）定义项目类型。

（2）指定项目名称和项目文件夹。

（3）如有需要，输入组态工程师名字、项目版本和注释。

1. 定义项目类型

单击图 2-1 中的“文件”菜单中“新建”命令或工具栏中的□图标或者第一次运行 WinCC 时，将打开“WinCC 项目管理器”对话框，如图 2-3 所示，选择建立新项目的类型包括单用户项目、多用户项目、客户机项目 3 种。

如果希望编辑和修改已有项目，可选择“打开已存在的项目”选项或通过“文件”菜单中“打开”命令或单击工具栏图标即可打开项目。

下面分别介绍 WinCC 三种类型项目的含义。

(1) 单用户项目。是单个操作员终端，在此计算机上可以完成组态、操作、与过程总线的连接及项目数据的存储等，示意图如图 2-4 所示。此时项目计算机既用做进行数据处理的服务器，又用做操作员输入站，其他计算机不能访问该计算机上的项目，除非通过 OPC 方式。

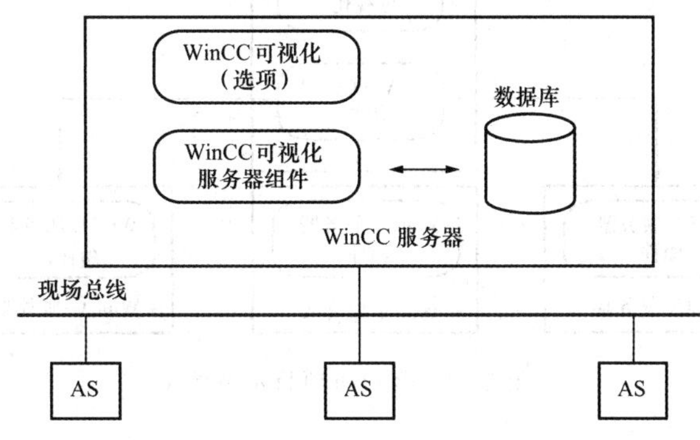

图 2-4 单用户项目示意图

单用户项目中一般只有一台计算机，即使有多台计算机，计算机上的数据也是项目独立的，不可通过 WinCC 进行相互访问。

(2) 多用户项目。如果希望在 WinCC 项目中使用多台计算机进行协调工作，可创建多用户项目，示意图如图 2-5 所示。多用户项目可以组态一台至多台服务器和客户机。任意一台客户机可以访问多台服务器上的数据；任意一台服务器上的数据也可被多台客户机访问。项目数据如画面、变量和归档等更适合存储在服务器上并可用于全部的客户机。服务器执行与过程总线的连接和过程数据的处理，运行通常由客户机操作。

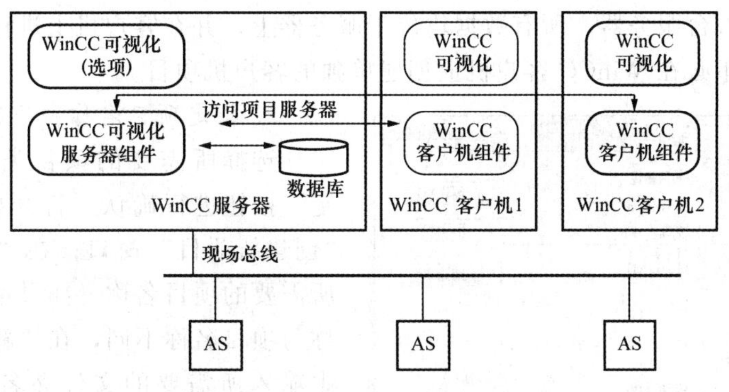

图 2-5 多用户项目示意图

在运行时多客户机能访问最多 6 个服务器，即 6 个不同服务器可以显示在多客户机的同一幅画面。

在服务器上创建多用户项目，与 PLC 建立连接的过程通信只在服务器上进行。多用户项目中的客户机没有与 PLC 的连接。在多用户项目中，可组态对服务器进行访问的客户机。

在客户机上创建的项目类型为客户机项目。

如果希望使用多个服务器进行工作，则将多用户项目复制到第二台服务器上，并对所复制的项目做相应的调整；也可在第二台服务器上创建一个与第一台服务器上的项目无关的第二个多用户项目。服务器也可以以客户机的角色访问另一台服务器的数据。

（3）客户机项目。能够访问多服务器数据，示意图如图 2-6 所示。

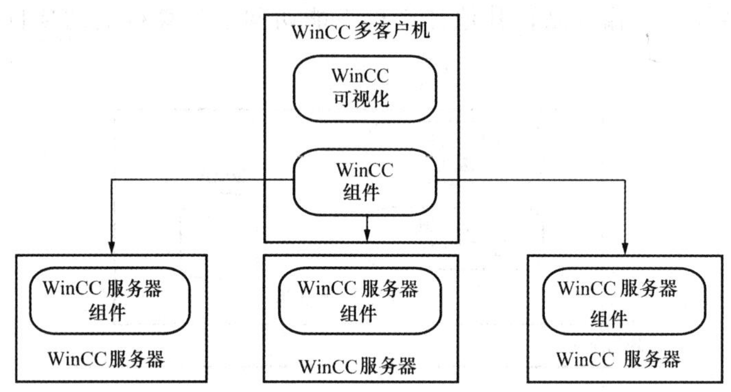

图 2-6　客户机项目示意图

每个客户机项目和相关的服务器具有自己的项目。在服务器或客户机上完成服务器项目的组态，在客户机上完成客户机项目的组态。如果创建了多用户项目，则必须创建对服务器进行访问的客户机，并在将要用做客户机的计算机上创建一个客户项目。对于 WinCC 客户机，存在下面两种情况：

（1）具有一台或多台服务器的多用户系统。

客户机访问多台服务器。运行系统数据存储在不同服务器上。多用户项目中的组态数据位于相关服务器上，客户机上的客户项目可以存储本机的组态数据如画面、脚本和变量等。在这样的多用户系统中，必须在每个客户机上创建单独的客户机项目。

（2）只有一台服务器的多用户系统。

客户机访问一台服务器。所有数据均位于服务器上，并在客户机上进行引用。在这样的多用户系统中，不必在 WinCC 客户机上创建单独的客户机项目。

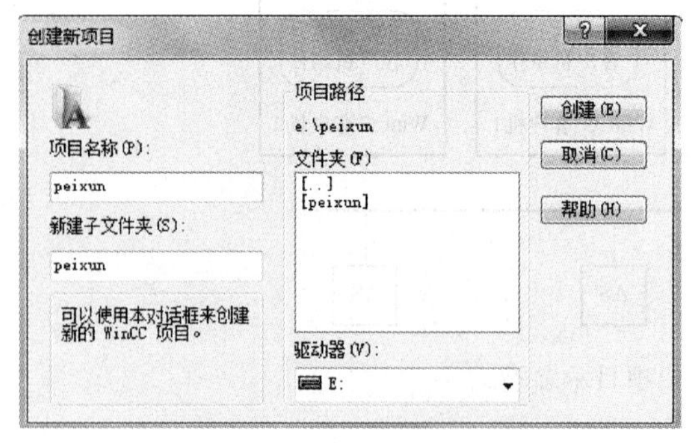

图 2-7　“创建新项目”对话框

2. 指定项目名称和项目文件夹

选择所需要的项目类型，并单击“确定”按钮进行确认，打开如图 2-7 所示的“创建新项目”窗口；在“项目名称”框中所需要的项目名称。如果希望项目文件夹名称与项目名称不同，在“新建子文件夹”框中输入所需要的文件夹名称。在“项目路径”下的“驱动器”列表框中选择希望在其中创建项目文件夹的驱动器。在“项目路径”下的“文件夹”列表框中，选择希望在其中创建文件夹的路径。单击“创建”按钮进行确认。WinCC 将创建具有所需名称的项目，并在 WinCC 项目管理器中将其打开。

2.3.3 设置项目属性

单击如图 2-8 所示的 WinCC 项目管理器浏览窗口中的项目名称，并在右键快捷菜单中选择“属性”命令，打开如图 2-9 所示的“项目属性”对话框。

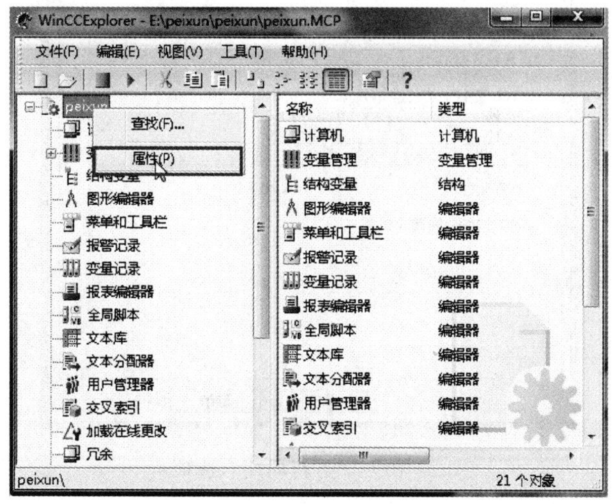

图 2-8 项目管理器浏览窗口

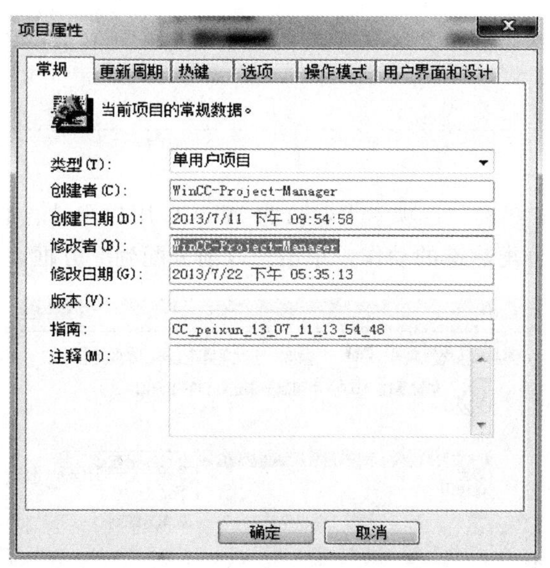

图 2-9 “项目属性”对话框

1. “常规”选项卡

在“常规”选项卡上，可修改项目类型、组态工程师名字、项目版本和注释等内容。

2. “更新周期”选项卡

在如图 2-10 所示的“更新周期”选项卡上，可选择更新周期，并可定义 5 个用户周期。用户周期的时间可选择，范围在 100ms～10h。

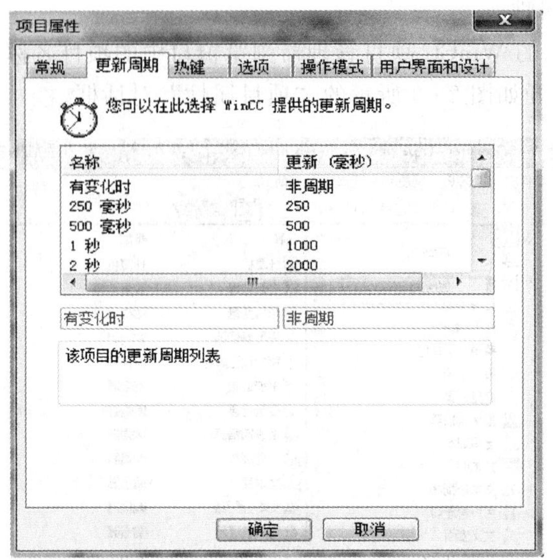

图 2-10 “更新周期”选项卡

温馨提示

如果项目在运行状态时，更改自定义更新周期，直到取消/激活项目为止，更改不会产生作用。

3. “热键”选项卡

在如图 2-11 所示“热键”选项卡上，可为 WinCC 用户登录、退出及硬拷贝定义热键。在动作列表中选择需要分配热键的动作，单击“以前分配到”方框，按下键盘的功能键同时

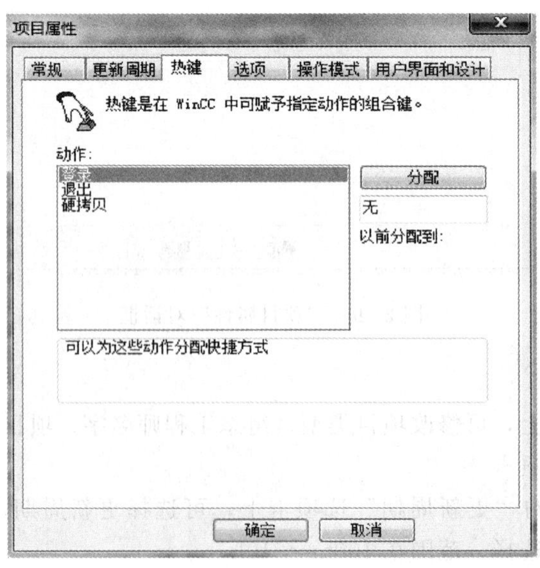

图 2-11 “热键”选项卡

单击“分配”按钮。当热键使用＜ctrl＞、＜shift＞、＜alt＞键时必须是组合键。

4. “选项”选项卡（WinCC V7 新增项）

“选项”选项卡上用户可以选择“运行期间帮助可用”选项和“ES 上允许激活”选项。“选项”选项卡如图 2-12 所示。

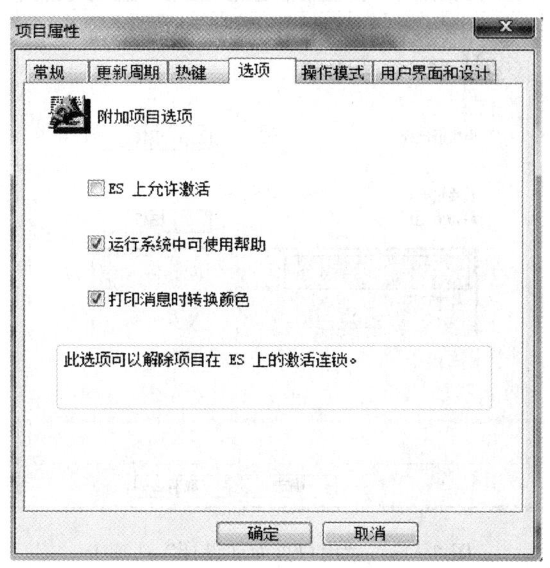

图 2-12 “选项”选项卡

5. “操作模式”选项卡（WinCC V7 新增项）

在如图 2-13 所示的“操作模式”选项卡上用户可选择系统的操作模式，“标准（兼容式）”和“服务”两种模式。

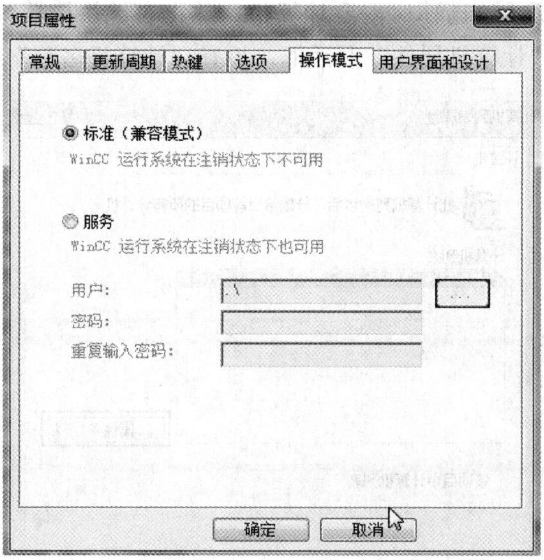

图 2-13 “操作模式”选项卡

6. “用户界面和设计”选项卡（WinCC V7 新增项）

在如图 2-14 所示的“用户界面和设计”选项卡上，用户可以为 WinCC 项目定义颜色、图案和其他光学效果。

图 2-14 “用户界面和设计”选项卡

2.3.4 设置计算机属性

创建项目后，必须调整计算机的属性。如果是多用户项目，必须单独为每台创建的计算机调整属性。其操作步骤如下：

在 WinCC 项目管理器浏览窗口中单击“计算机”图标，在右边的数据窗口中将显示用户列表，如图 2-15 所示。选择所需要计算机，并在右键快捷菜单中选择“属性”命令，打开如图 2-16 所示的“计算机属性”对话框。检查“计算机名称”输入框中是否输入了正

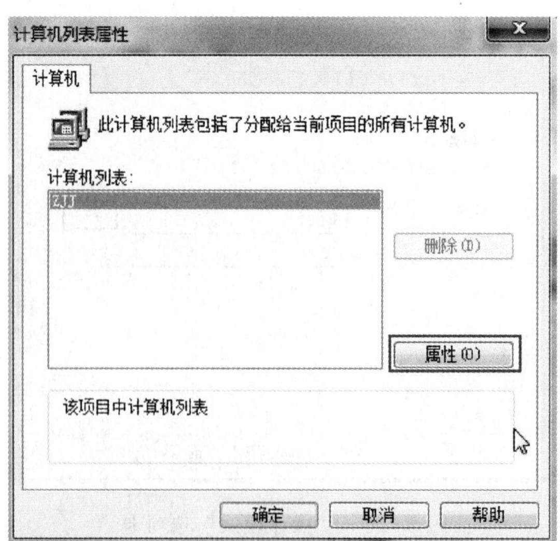

图 2-15 “计算机列表属性”对话框

确的计算机名称。在Windows控制面板中“系统”下的计算机名称（Windows XP或Windows 7）标签中可找到计算机名称。如果创建了一个多用户项目，则“计算机类型”指示出计算机是组态服务器还是客户机。如果已经在项目中报告创建了其他计算机，则这些计算机将显示在“客户机名称”或“服务器名称”框中。单击“确定”按钮关闭对话框。

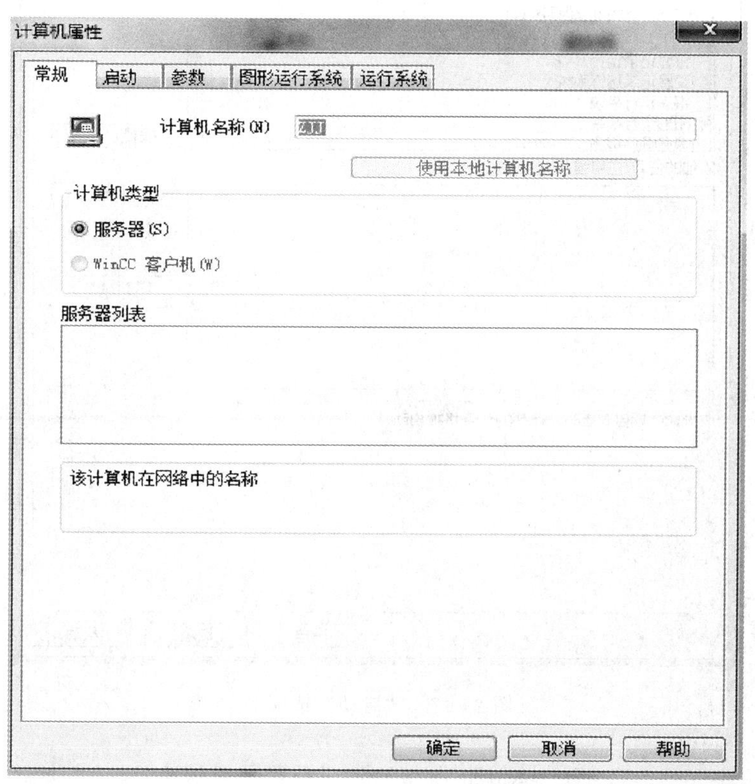

图2-16 “计算机属性”对话框

温馨提示

如果对项目中的计算机名称进行了修改，则必须关闭并重新打开项目才能生效。

1. “常规”选项卡

显示计算机名称和当前计算机的类型是服务器还是客户机，如图2-16所示。

2. “启动”选项卡

如图2-17所示的“启动”选项卡中，在“WinCC运行系统的启动顺序”列表框中，激活运行系统启动时要装载的应用程序。激活的模块通过列表条目前的复选标记进行标识。单击“编辑”按钮，可以打开一个对话框，可以在其中输入应用程序的启动参数。如果希望在启动运行系统时打开附加的程序或任务，则单击“添加”按钮，打开如图2-18所示的“添加应用程序”对话框。在“应用程序”输入框中输入所需要的应用程序及其完整路径。单击“浏览”按钮可对文件进行定位。如果需要，选择应用程序的启动参数、工作文件夹以及窗口属性。所添加的应用程序将输入到“附加的任务/应用程序”框中。单击“删除”按钮，可将应用程序从启动列表中删除。通过单击“向上”和“向下”按钮指定应用程序的启动顺序。

图 2-17 “启动”选项卡

图 2-18 “添加应用程序”对话框

3. “参数”选项卡

在如图 2-19 所示的“参数”选项卡中可以设置 WinCC 运行时的语言和默认语言。若将“禁止键”项下的相应复选框勾选则 WinCC 运行时该组合键不起作用。另外，还可以设置 PLC 时钟及运行时显示的时间基准等。

4. “图形运行系统”选项卡

在如图 2-20 所示的“图形运行系统”选项卡中，通过单击“浏览”按钮可以设置 WinCC 运行时的起始画面；在“窗口属性”项中可以勾选运行时图形画面上的相应功能，还可以定义各种热键。

5. “运行系统”选项卡

在如图 2-21 所示的“运行系统”选项卡中，可以定义 VBS 画面脚本和全局脚本的调试特性，还可以设置是否启用监视器键盘等选项。

图 2-19 “参数”选项卡

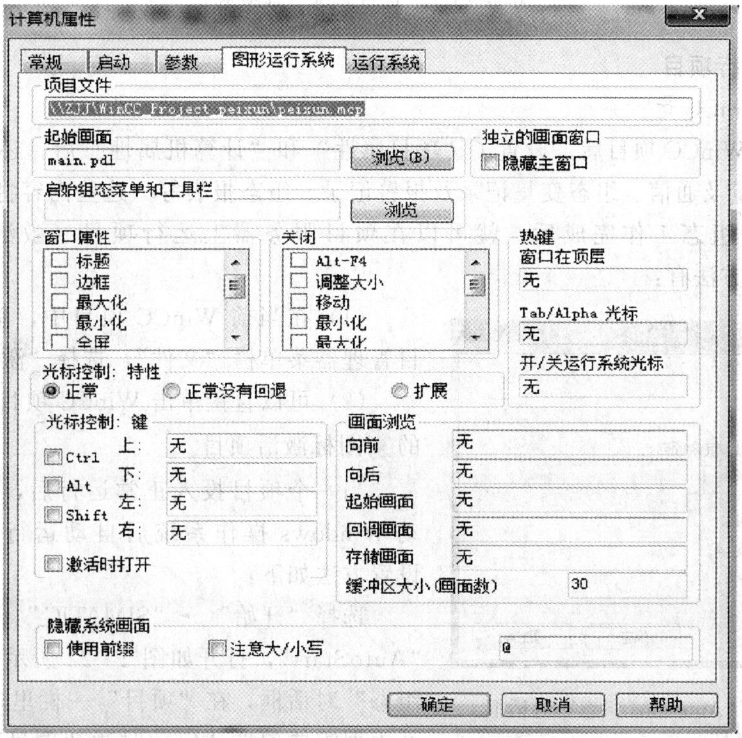

图 2-20 “图形运行系统”选项卡

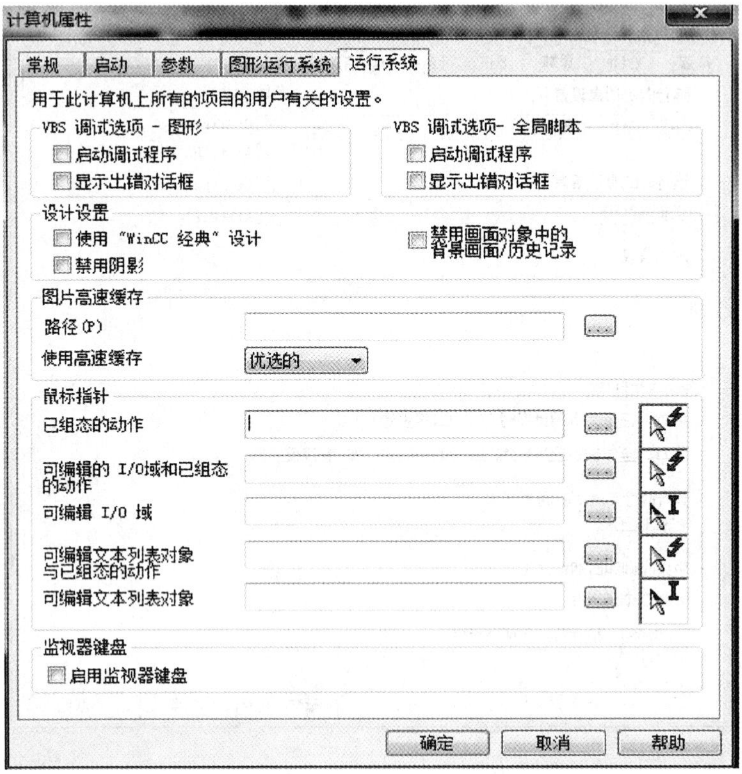

图 2-21 “运行系统”选项卡

2.3.5 运行项目

1. 启动 WinCC 运行系统

创建一个 WinCC 项目后，设置了“项目属性”和“计算机属性”后，还需要组态图形画面、建立变量及通信、组态变量记录及报警记录、组态报表等（这些内容将在后续章节中介绍），在所有组态工作完成后，就可以在项目服务器上运行项目（激活项目）。激活 WinCC 项目的方法有：

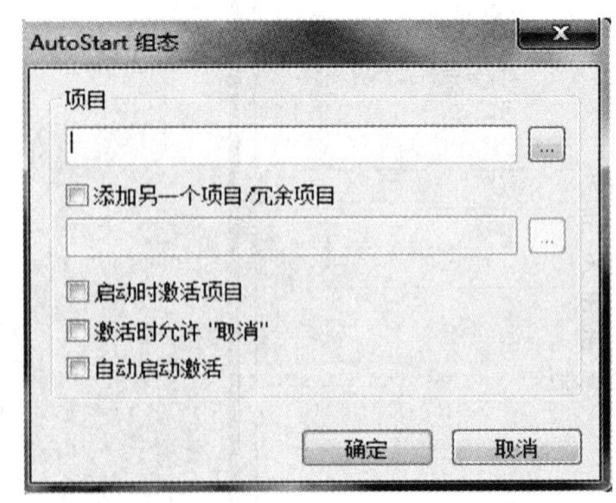

图 2-22 “AutoStart 组态”对话框

（1）在当前 WinCC 项目中，单击 WinCC 项目管理器菜单栏“文件”，选择“激活”。

（2）可以直接单击 WinCC 项目管理器工具栏的 ▶ 图标激活项目。

当一个项目投入正常运行后，可以设置在启动 Windows 操作系统后自动运行 WinCC 项目。设置方法如下：

选择“开始”→“SIMATIC”→“WinCC”→“AutoStart”，打开如图 2-22 所示的“AutoStart 组态”对话框，在“项目”一栏里选择启动项目，并根据需要勾选“启动时激活项目”、“激活时允许‘取消’”和“自动启动激活”，则计算机下一次启动时，WinCC 项目将自动启动。

2. 退出运行系统

退出 WinCC 运行系统可以通过如下方法实现：

（1）在当前 WinCC 项目，单击 WinCC 项目管理器菜单栏中的“文件”，选择“取消激活”。

（2）可以直接单击 WinCC 项目管理器工具栏的■图标取消激活项目。

（3）可关闭在运行系统中运行的项目。这将取消激活项目。

（4）在项目激活时关闭 WinCC。这将取消激活项目。

（5）可以在项目中编辑 C 动作来执行退出系统。例如，在项目的一个画面里组态一个按钮，选择“按钮”→“属性”→“事件”，右键单击“鼠标动作”，选择“C 动作”，打开“C 脚本编辑器”，在“C 脚本编辑器”中添加“ExitWinCC()；”语句即可执行按钮的鼠标动作退出 WinCC 运行系统。

2.4 项目的复制和移植

2.4.1 复制项目

复制项目是指将项目与所有重要的组态数据复制到同一台计算机的另一个文件夹或网络中的另一台计算机上。复制项目是通过项目复制器来完成的。使用项目复制器，只复制项目和所有组态数据，不复制运行系统数据。

通过选择“开始”→“所有程序”→“SIMATIC”→“WinCC”→“Tools”→“Project Duplicator”，打开如图 2-23 所示的“WinCC 项目复制器”，单击浏览按钮，选择要复制的源项目，选择好的源项目将显示在输入框中，单击“另存为（S）”按钮，弹出“保存一个 WinCC 项目”的对话框，在此对话框中为复制的 WinCC 项目寻找路径并为其命名，此复制项目名称可与源项目名称不同。复制完成后，单击“关闭”按钮，可关闭项目复制器。

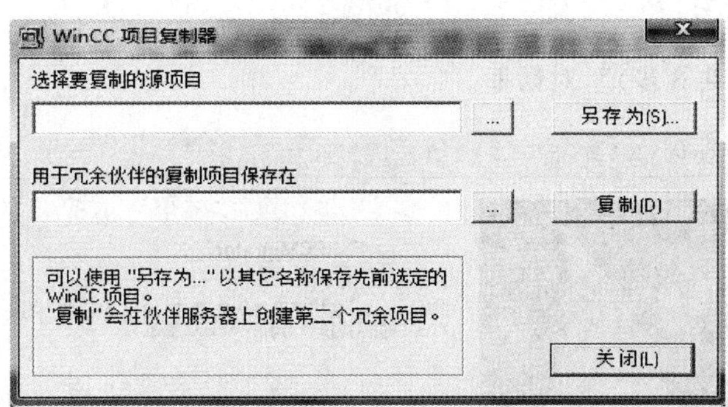

图 2-23 “WinCC 项目复制器”对话框

如果创建了一套冗余系统，则在完成主服务器项目的任何修改之后必须对冗余系统上的 WinCC 项目进行同步更新。冗余系统上的 WinCC 项目必须完全相同。复制冗余服务器项目，不能使用 Windows 的复制粘贴功能，只能通过 WinCC 项目复制器进行复制。

复制冗余服务器项目与复制项目方法相同。打开“WinCC 项目复制器”对话框，选择希望在项目复制器中复制的项目，在“选择要复制的源项目”文本框中选择需要复制的源项目，在“用于冗余伙伴的复制项目保存在”文本框中指定冗余系统中对项目进行复制的计算机和文件夹。冗余系统不能复制本地计算机上的项目，而是复制网络中具有访问权限的其他计算机上的项目。

2.4.2 项目移植

进行项目移植时，必须考虑到 WinCC V6.X 和 WinCC V7.0 之间的差异所导致的下列限制：WinCC V7.0 将不再在 Windows 2000 上运行。同时要考虑到与早期版本相比 WinCC V7.0 提供了许多新功能和扩展功能。

1. V7.0 与 V6.2 之间的重要差异

WinCC V7.0 在以下功能方面有所不同：

（1）在 WinCC V7.0 中，已使用新控件来显示消息、趋势和表格。所移植项目中的先前控件仍然可用。

（2）已在 WinCC V7.0 中实施了新的按钮和用户对象。所移植项目中的先前按钮和用户仍然可用。

（3）可为 WinCC 项目定义全局设计和全局颜色方案。

（4）用于构建多语言项目的文本管理已更改。除“文本库”编辑器之外，文本分配器可用于导出/导出数据。智能工具“易语言”（Easy Languages）已废弃。

（5）将不在交付 Autodesk Volo View 控件。

2. V7.0 与 V6.0 之间的差异

WinCC V7.0 在以下功能方面不同于 V6.0：

（1）在 WinCC V7.0 中，WinCC/中央归档服务器（WinCC CAS）用于实现中央归档。

（2）不能使用压缩的硬盘或软盘驱动器。

（3）数据库是 SQL Server 2005，而非 SQL Server 2000。

在进行项目移植前，建议现将项目进行复制保存。具体的项目移植的操作步骤如下：

（1）打开操作系统“开始”菜单上的“Simatic”→“WinCC”→“工具（Tools）”→“项目移植器（Project Migrator）”。将打开如图 2-24 所示的项目移植器的开始菜单“CC-Migrator-第 1 步（总共 3 步）”对话框。

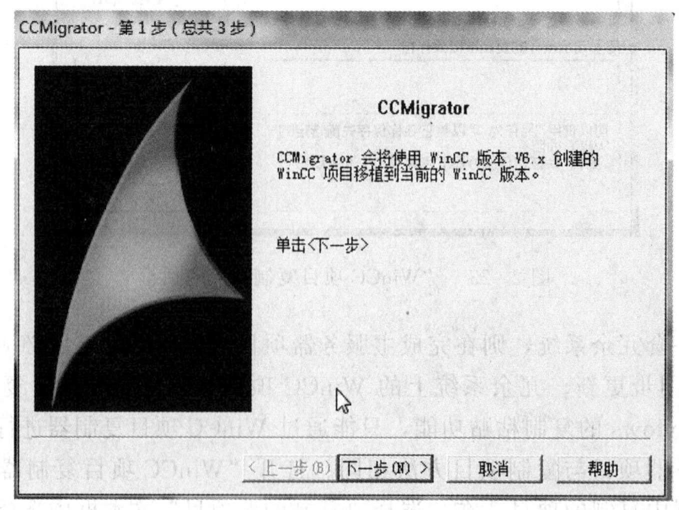

图 2-24 “WinCC 项目移植器”第 1 步对话框

(2) 单击“下一步”按钮，将打开如图 2-25 所示的“CCMigrator-第 2 步 (总共 3 步)”对话框。选择 V6 项目所在的项目目录。

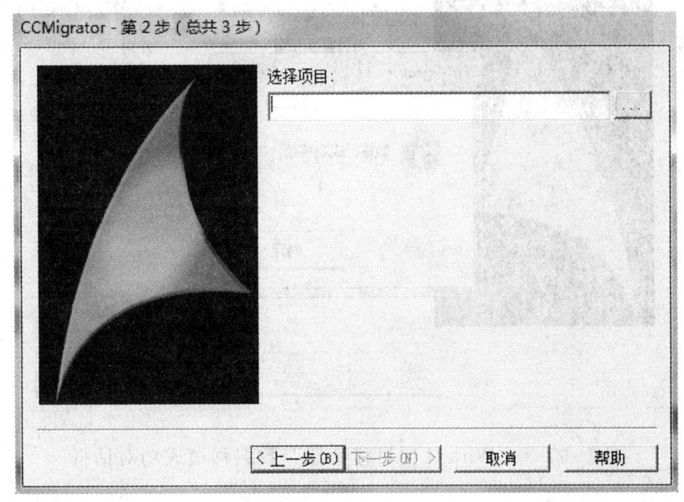

图 2-25 “WinCC 项目移植器”第 2 步对话框

(3) 单击“下一步”按钮，将打开如图 2-26 所示的“CCMigrator-第 3 步 (总共 3 步)”对话框。项目移植器将显示移植的步骤。项目移植器将指出估计的移植持续时间：“估计的移植持续时间：××小时××分钟”。这只是一个大致的指导值。项目的移植可能需要好几个小时。

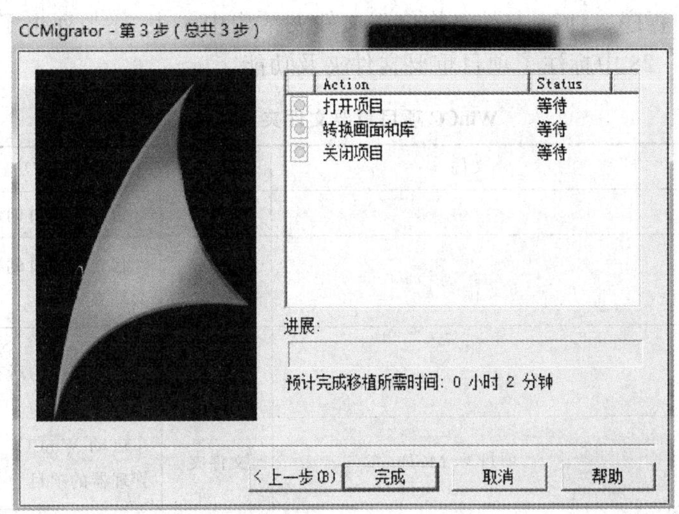

图 2-26 “WinCC 项目移植器”第 3 步对话框

(4) 如果不执行移植，可单击“取消”按钮。将关闭项目移植器。移植可在以后再启动。

(5) 单击“完成”按钮。项目移植器将启动移植，并核对已移植项目的所有步骤。

(6) 移植成功完成后，项目移植器将显示如图 2-27 所示的消息：“数据已成功移植”。

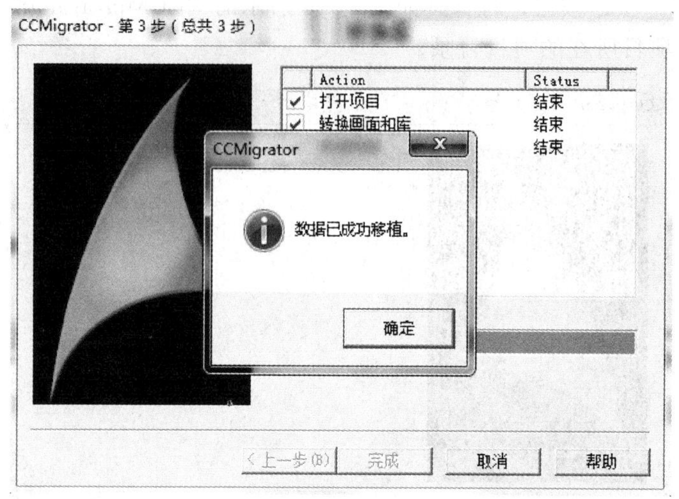

图 2-27 “WinCC 项目移植器”数据移植成功对话框

（7）单击“确定”关闭该对话框。

2.5 WinCC 项目的文件结构

WinCC 项目在默认状态下将存储在路径 Siemens\WinCC\WinCCProjects\＜项目＞中。在 WinCC 项目中，在某些文件夹和文件中可查找到附加的信息。已导入的文件，例如，图形、脚本、文本、程序、OCS 文件，均位于文件夹结构中。表 2-1 列出了项目重要的文件夹及功能，在图 2-28 中标注了项目重要文件夹及功能。

表 2-1　　WinCC 项目重要文件夹及功能

路径	文件	类型	功　　能
＜项目文件夹＞	—	文件夹	包含为项目创建的全部文件
＜项目文件夹＞\GraCS	—	文件夹	包含为项目创建的所有画面和画面文件夹
＜项目文件夹＞\CommonArchiving	—	文件夹	包含归档的所有数据库
＜项目文件夹＞	＜项目＞.MCP	文件夹	启动 WinCC，并打开 WinCC 项目管理器的项目
＜项目文件夹＞	＜项目＞.MDF	数据库	组态数据库
＜项目文件夹＞	＜项目＞RT.MDF	数据库	进行系统数据库、数据库管理器（“主站数据库”）
＜项目文件夹＞	＜计算机＞＜项目＞_ALG_YYYYMMTTHHMM.MDF	数据库	运行系统数据报警记录

续表

路径	文件	类型	功　　能
<项目文件夹>	<计算机><项目>_TLG_F_YYYYMMTTHHMM.MDF	数据库	运行系统数据快速量记录（采集周期<1min>）
<项目文件夹>	<计算机><项目>_TLG_S_YYYYMMTTHHMM.MDF	数据库	运行系统数据低速量记录（采集周期<1min>）
<项目文件夹>	UAEditor.loc	临时文件	当编辑器的用户归档均打开时创建。如果编辑器没有正确关闭，必须将其删除
Siemens \ WinCC \ bin	WinCC_SQL.MDF	数据库	在需要时，可将空白运行系统数据库复制到项目，并重新命名。当创建新的项目时创建
Siemens \ WinCC	*.LOG	日志文件	记录：安装、系统状态、出错消息

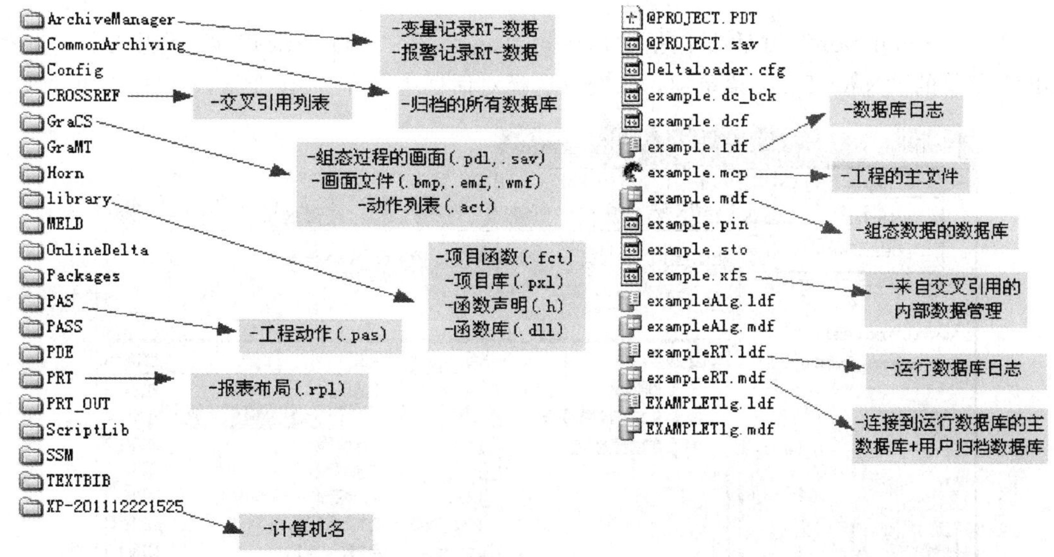

图 2-28　WinCC 项目重要文件夹

2.6 WinCC 变量模拟器

如果 WinCC 没有连接到 PLC，而又想测试项目的运行情况，则可使用 WinCC 提供的工具软件变量模拟器（WinCC Tag Simulator）来模拟变量的变化，具体操作步骤如下：

（1）单击 Windows 任务栏的“开始”→“所有程序”→“SIMATIC”→“WinCC”→“Tools”→“WinCC Tag Simulator”，打开如图 2-29 所示的运行变量模拟器。

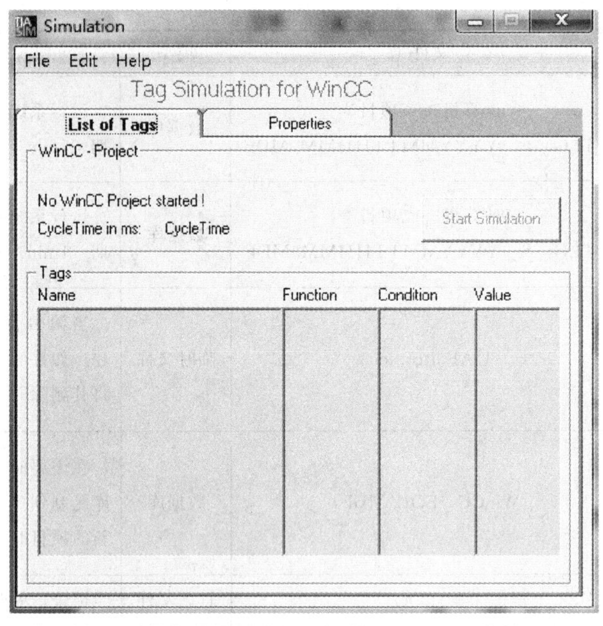

图 2-29 “WinCC Tag Simulator”模拟器

(2) “Simulation”对话框包括“List of Tags”和“Properties”两个选项卡。选择“Edit”菜单的“New Tag”菜单项，从变量选择对话框中选择 Test 变量，如图 2-30 所示。

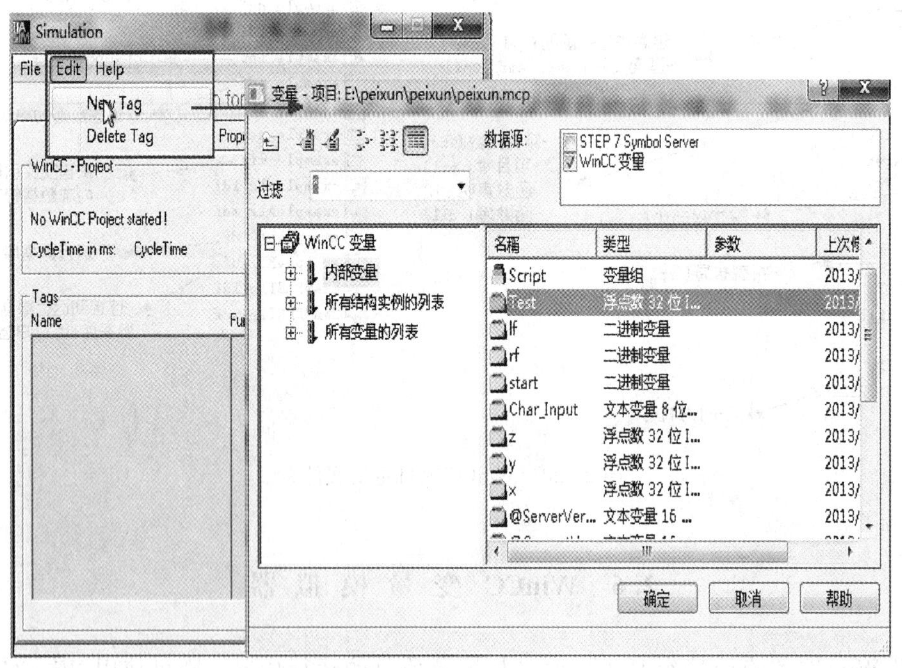

图 2-30 添加变量

(3) 单击“确定”按钮，“Test”变量添加显示在“Properties”选项卡中。“WinCC TAG Simulation”模拟器提供了正弦（Sine)、振荡（Oscillation)、随机（Random)、增加

(Inc)、减少(Dec)和滚动条(Slider)6种仿真算法，分别输入各种模型的相关参数，然后勾选“active”选项，如图2-31所示。

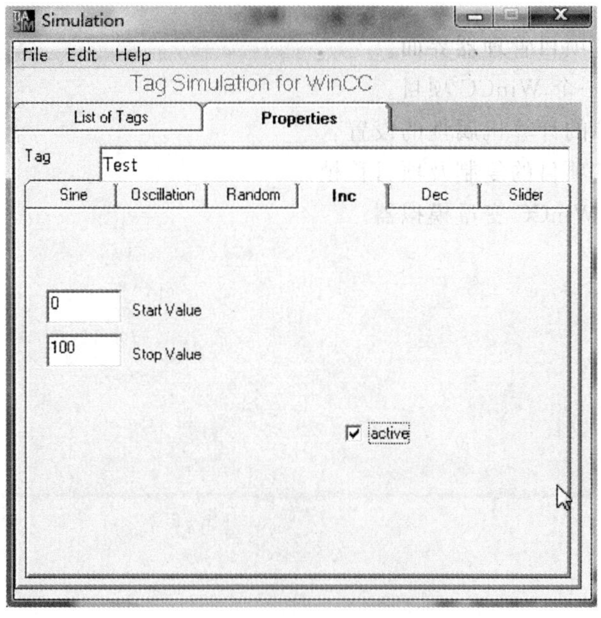

图2-31 “Properties”选项卡

(4)在“List of Tags”选项卡上，单击“Start Simulation”按钮，变量开始模拟，如图2-32所示。

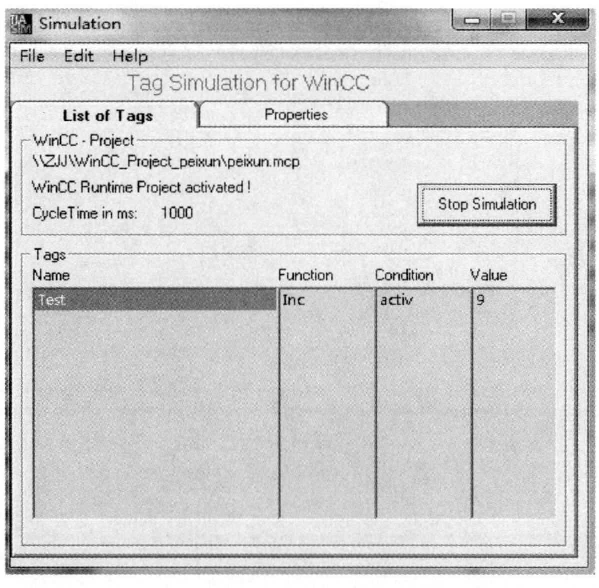

图2-32 监视变量模拟

习 题

（1）熟悉 WinCC 项目管理器界面。

（2）创建并激活一个 WinCC 项目。

（3）熟悉 WinCC 的计算机属性的设置。

（4）熟悉 WinCC 项目的复制及项目移植。

（5）熟悉并使用 WinCC 变量模拟器。

3 WinCC 的变量系统

变量系统是组态软件的重要部分。在系统运行环境下，工业现场的生产状况将实时的反映在变量的数值中，操作员在计算机前发布的指令也通过变量迅速传达到生产现场。WinCC 工程项目与自动控制系统的通信及数据交换是通过组态项目中的变量管理器来实现。

3.1 变量管理器

WinCC 变量管理器位于 WinCC 项目管理器的浏览窗口中，将对项目所使用的变量和驱动程序进行管理。

在变量管理器中创建变量将生成一个目录结构，可按照类似于 Windows 目录中的方式对该结构进行浏览。变量管理器可通过 WinCC 与自动化系统的连接以及数据交换的方式来确定通信驱动程序，WinCC 将在变量管理器中为每个已安装驱动程序创建一个新的目录，在通信驱动程序下，可找到通道单元并创建连接以及相关联的变量组和过程变量；对于没有过程为其提供变量值的变量，将被当做“内部变量”，内部变量及其变量组均在“内部变量”目录中创建。

在变量管理器中所使用的图标及含义见表 3-1。

表 3-1　　变量管理器中的图标及含义

图　　标	含　　义	图　　标	含　　义
	变量管理器		连接
	内部变量		变量组
	通信驱动程序		变量
	通道单元		结构类型

3.2 变　　量

数据将通过变量在 WinCC 项目中进行传递。变量将具有数据地址和符号名，在项目中将要使用符号名。数据地址用于与自动化系统的通信。

WinCC 使用两种变量：过程变量和内部变量。

WinCC 将通过两种其他的对象类型来简化变量的处理：变量组和结构类型。

3.2.1　变量命名约定

当对变量进行命名时，必须遵守某些约定：

(1) 变量名称在整个项目中必须是唯一的。当创建变量时，WinCC 将区分名称中的大写和小写字符。

(2) 变量名称不得长于 128 个字符。对于结构变量而言，该限制将适用于整个表达式"结构变量名称＋圆点＋结构变量元素名称"。

(3) 在变量名称中不能使用某些特定的字符。名称中不能包含的字符有：:、?、""、\、*、$、%和空格。

温馨提示

(1) 不能创建已"@"作为名称开头的变量。因为以@做前缀的变量只能由 WinCC 和 PCS7 来创建。

(2) 在 WinCC 中将区分组态中的大写和小写字符。如果改变了变量名称中的大写和小写字符，则必须相应地调整组态。

3.2.2　变量的分类

1. 过程变量

过程变量也被引用为系统上的"外部变量"，用于 WinCC 和自动化系统之间的通信。过程变量的属性取决于所使用的通信驱动程序。因此，在变量管理器中所创建的过程变量，将具有特定的通信程序、通道单元和连接。可设置的过程变量的属性如下：名称、数据类型、通道单元上的地址、改变格式、限制值、开始值、替换值、线性标定等。过程变量的数目由 Power Tags 授权限制。

2. 内部变量

WinCC 内部变量不能连接到过程，内部变量没有对应的过程驱动程序和通道单元，不需要建立相应的通道连接。使用内部变量可对项目内的数据进行管理或将数据传送给归档。可设置内部变量的属性包括：名称、数据类型、更新项目范围/本地计算机（只涉及没有附加客户机项目的多用户项目)、限制值、开始值等。

3. 系统变量

系统变量是 WinCC 提供的预定义的中间变量。它是由 WinCC 应用程序创建的项目内部管理所需要的变量。这些变量的名称均以"@"字符开头。不能删除或重新命名这些变量。用户可以评价该变量的值但不能改变变量的值。每个系统变量均有明确的含义，可以实现一些现成的功能。

3.2.3　结构类型和结构变量

在 WinCC 中，如果某个变量组态在系统中出现多次，可以使用结构类型。例如，根据同一原理设置的多个电动机，那么可以创建一个名为 Motor 的结构类型，其中的每个变量都由一个结构元素来表示，例如，ON_OFF、SetValue、ActualValue 等。每次使用该结构类型创建结构实例时，WinCC 都会为相应的电动机自动生成所有结构变量。

使用结构类型可以创建内部变量和过程变量。结构类型变量为一个复合型变量。要创建结构类型变量必须创建相应的结构类型。

1. 结构类型

在创建结构变量前需要先创建结构类型，结构类型表示一种策划或安排，在 WinCC 中，将根据它来创建特定的变量组。每个结构类型至少有一个结构元素。

通过在浏览窗口中右键单击“结构变量”，选择“新建结构类型”，创建新的结构类型并命名，为结构类型下的每个结构元素分配数据类型并命名。

2. 结构元素

结构元素是结构类型的组件。再通过结构类型创建结构变量时，将用它作为模板。在“创建结构类型”时会弹出“结构属性”对话框，为新创建的结构类型命名，并在其下新建结构元素并为其分配数据类型。

3. 结构变量

结构变量是通过结构类型创建的一种变量。结构变量的模板是结构元素。结构变量的名称由所创建的结构实例的名称和结构元素的名称组成，中间由一个圆点隔开。

4. 结构实例

如果通过结构类型来创建按照结构类型定义的变量，则将生成一个结构实例。所创建的具有同样结构类型的结构实例显示在数据窗口中的该结构类型下。结构实例的名称也可作为结构变量前缀来引用。

3.2.4 变量组

当在项目中创建大量的变量时，可根据主题将其组合成变量组。例如，可在项目中为每个画面创建一个变量组。可将在某个画面中用到的变量创建到相应的变量组中。采取这种方式，WinCC 将使变量的分配和检索更容易。不能创建子组，变量组的名称在整个项目中必须唯一。WinCC 不区分变量组名称中的大小写字符。如果改变了变量名称中的大写和小写字符，必须相应地调整组态。在变量组名称中不得使用某些特定字符。为了便于变量的管理，用户可以将同一设备或同一功能的变量组成一个变量组。

3.3 变量的数据类型

创建变量时，除变量名外必须给变量分配某种可能的数据类型，该数据类型将取决于用户将怎么样使用该变量。WinCC 中外部变量的数据类型可能会不同于自动化系统中所使用的数据类型，但 WinCC 中定义的外部变量的数据类型要与自动化系统中的数据类型相匹配。

如果修改现有过程变量的数据类型，则先前定义的变量地址将被删除，需要重新输入变量地址，其原因就是当前数据类型改变时，PLC 的地址也要改变。

3.3.1 数值型变量

数值型变量时 WinCC 项目中最常用到的数据类型，几乎所有的过程连接都使用到了数值型变量。

WinCC 中数值型变量的数据类型包括以下几类：

1. 二进制变量

二进制变量数据类型对应于位，可取为数值 FALSE 或“0”以及 TRUE 或“1”；二进制变量以字节形式存储于系统中。对于“二进制变量”数据类型，不可能发生类型转换。

2. 有符号 8 位数

有符号 8 位数数据类型具有 1 个字节长，且有符号（正号或负号）。“有符号 8 位数”数据类型也可作为“字符型”或“有符号字节”来引用，取值范围为－128～＋127。如果创建具有“有符号 8 位数”数据类型的新过程变量，则缺省状态下，“调整格式”框将显示“CharToSignedByte”。

3. 无符号 8 位数

无符号 8 位数数据类型为 1 个字节长，且无符号。“无符号 8 位数”数据类型也可作为“字节”或“无符号字节”来引用，取值范围为 0～255。如果创建具有“无符号 8 位数”数据类型的新过程变量，则缺省状态下，“调整格式”框将显示“ByteToUnSignedByte”。

4. 有符号 16 位数

有符号 16 位数数据类型具有 2 个字节长，且有符号（正号或负号）。“有符号 16 位数”数据类型也可作为“短整型”或“有符号字”来引用，取值范围为－32 768～＋32 767。如果创建具有“有符号 16 位数”数据类型的新过程变量，则缺省状态下，“调整格式”框将显示“ShortToSignedWord”。

5. 无符号 16 位数

无符号 16 位数数据类型为 2 个字节长，且无符号。“无符号 16 位数”数据类型也可作为“字”或“无符号字”来引用，取值范围为 0～65 535。如果创建具有“无符号 16 位数”数据类型的新过程变量，则缺省状态下，“调整格式”框将显示“WordToUnSignedWord”。

6. 有符号 32 位数

有符号 32 位数数据类型具有 4 个字节长，且有符号（正号或负号）。“有符号 32 位数”数据类型也可作为“长整型”或“有符号双字”来引用，取值范围为－2 147 483 647～＋2 147 483 647。如果创建具有“有符号 32 位数”数据类型的新过程变量，则缺省状态下，“调整格式”框将显示“LongToSignedDword”。

7. 无符号 32 位数

无符号 32 位数数据类型为 4 个字节长，且无符号。“无符号 32 位数”数据类型也可作为“双字”或“无符号双字”来引用，取值范围为 0～4 294 967 295。如果创建具有“无符号 32 位数”数据类型的新过程变量，则缺省状态下，“调整格式”框将显示“DwordToUnSignedDword”。

8. 浮点数 32 位

“浮点数 32 位 IEEE 754”数据类型具有 4 个字节长，且具有符号（正号或负号）。“浮点数 32 位 IEEE 754”数据类型也可作为“浮点数”来引用，取值范围为±3.402 823E＋38。如果创建具有“浮点数 32 位 IEEE 754”数据类型的新过程变量，则缺省状态下，“调整格式”框将显示“FloatToFloat”。

9. 浮点数 64 位

“浮点数 64 位 IEEE 754”数据类型具有 8 个字节长，且具有符号（正号或负号）。“浮点数 64 位 IEEE 754”数据类型也可作为“双精度型”来引用，取值范围为±1.797 693 134 862 31E＋308。如果创建具有“浮点数 64 位 IEEE 754”数据类型的新过程变量，则缺省状态下，“调整格式”框将显示“DoubleToDouble”。

各种不同数值型变量在 WinCC、Step 7 和 C 动作中的声明见表 3-2。

表 3-2 各种数值型变量的 WinCC、Step7 和 C 动作变量的类型声明

变量类型名称	WinCC 变量	Step7 变量	C 动作变量
二进制变量	Binary Tag	BOOL	BOOL
有符号 8 位数	Signed 8bit Value	BYTE	char
无符号 8 位数	Unsigned 8bit Value	BYTE	Unsigned Char
有符号 16 位数	Signed 16bit Value	INT	short
无符号 16 位数	Unsigned 16bit Value	WORD	Unsigned short，WORD
有符号 32 位数	Signed 32bit Value	DINT	int
无符号 32 位数	Unsigned 32bit Value	DWORD	Unsigned int，WORD
32 位浮点数	Floating-point 32bit IEEE 754	REAL	float
64 位浮点数	Floating-point 64bit IEEE 754		double

3.3.2 文本变量

文本变量可根据必须显示的字符集来区分：使用“文本变量 8 位字符集”数据类型和使用“文本变量 16 位字符集”数据类型。

1. 文本变量 8 位字符集

在该变量中必须显示的每个字符将为 1 个字节长。例如，使用 8 位字符集，可显示 ASCII 字符集。对于过程变量，必须制定文本变量的长度。例如，某一需要容纳 10 个字符的文本变量，若其数据类型为文本变量 8 位字符集，则其必须具有 10 个字符的长度。

2. 文本变量 16 位字符集

在该变量中必须显示的每个字符将为 2 个字节长。例如，需要有该类型的变量来显示 Unicode 字符集。对于过程变量，必须制定文本变量的长度。例如，某一需要容纳 10 个字符的文本变量，若其数据类型为文本变量 16 位字符集，则其必须具有 20 个字符的长度。

对于“文本变量 8 位字符集”和“文本变量 16 位字符集”数据类型，不存在任何类型转换。

3.3.3 原始数据变量

原始数据类型变量也称为自定义型变量，WinCC 允许用户使用一些自定义数据类型的变量。原始数据类型变量多用于数据报文或用于自动化系统传送用户数据块和将用户数据块传送到自动化系统。

外部和内部原始数据类型变量均可在 WinCC 变量管理器中创建。原始数据变量的格式和长度均不是固定的。其长度范围可以是 1～65 535 个字节。它既可以由用户来定义，也可以是特定应用程序的结果。原始数据变量的内容是不固定的。只有发送方和接收方能够解释原始数据变量的内容。WinCC 不能对其进行解释。

需要注意的是：原始数据变量不能再“图形编辑器”中显示。

原始数据变量可用在 WinCC 内的下列模块中：

1. 报警记录

用于与具有消息的自动化系统上的消息模块进行数据交换，以及消息系统的确认处理。

2. 全局脚本

在使用"Get/SetTagRaw"函数进行数据交换的脚本中。

3. 变量记录

用于过程值归档中具有过程控制变量的过程控制归档。

4. 用户归档

用于 WinCC 与自动化系统之间的作业、数据、过程确认的传送。

3.3.4　文本参考

对于具有"文本参考"数据类型的变量，指的是 WinCC 文本库中的条目。只可将文本参考组态为内部变量。

例如，当希望交替显示不同文本块时，可使用文本参考。可将文本库条目中的相应文本 ID 分配给变量。

创建文本参考时，将具有"文本参考"数据类型的变量创建为内部变量。在"变量属性"对话框中，选择"限制/报表"标签上的"起始值"复选框。输入文本库中的文本 ID 作为起始值。

3.4　WinCC 的通信

3.4.1　通信术语

1. 通信

通信是指用于描述两个通信伙伴之间的数据交换。

2. 通信伙伴

通信伙伴是指可以相互进行通信的模块，也就是说它们之间可以相互交换数据。它们可以是 PLC 中的中央处理器板和通信处理器，也可是 PC 中的通信处理器。

3. 站

站是可以作为一个单元与一个活多个子网连接的设备。它可以是 PLC，也可以是 PC。

4. 子网

子网是用于描述一个通信单元的术语。该单元包含建立链接所必需的所有物理组件以及相关的数据交换方式。

5. 网络

网络是由一个或多个互相连接的子网组成的单元，它包括所有可以相互通信的站。

6. 通信驱动程序

在 WinCC 中通信驱动程序也指通道。它是一个软件组织，可在自动化系统和 WinCC 中的变量管理器之间设置连接，以便能向 WinCC 变量提供过程值。在 WinCC 中有很多通信驱动程序，可通过不同的总线系统连接不同的自动化系统。

7. 通道单元

通道单元指的是一种网络或连接类型。每个使用的通道单元必须分配给相关的通信处理器。一些通道单元需要附加系统参数的组态。

8. 连接

连接时两个通信伙伴组态逻辑分配，用于执行已定义的通信服务。每个连接有两个端点。它们包含对通信伙伴进行寻址所必需的信息，以及用于建立连接的附件属性。

一旦 WinCC 与自动化系统建立正确的物理连接，就需要 WinCC 的通信驱动程序和相关的通道单元建立或组态与自动化系统间的逻辑连接。每个通道单元下可有多个连接。

3.4.2 WinCC 通信原理及通信结构

WinCC 的通信主要是与自动化系统之间的通信及 WinCC 同其他应用程序之间的通信。

WinCC 与自动化系统（automation system，AS）之间的通信是通过过程总线来实现的。WinCC 除了提供用于连接到 SIMATIC S5/S7/505 等系列的 PLC 专用通道之外，还提供了如 PROFIBUS DP/FMS、DDE（动态数据交换）和 OPC（用于过程控制的 OLE）等通用通道连接到第三方控制器。此外，WinCC 还可以以附加件（Add-ons）的形式提供连接到其他控制器的通信通道。

WinCC 使用变量管理器来处理变量的集中管理，此变量管理器不为用户所见，它处理 WinCC 项目产生的数据和存储在项目数据库中的数据。在 WinCC 运行系统中，它管理 WinCC 变量。WinCC 的所有应用程序必须以 WinCC 变址的形式从变量管理器中请求数据，这些 WinCC 应用程序包括图形运行系统、报警记录运行系统和变量记录运行系统等。

WinCC 变量管理器管理在运行期间的 WinCC 变量，它的任务是从过程中取出请求的变量值。这个过程通过集成在 WinCC 项目中的通信驱动程序来完成。通信驱动程序利用其通道单元构成 WinCC 与过程处理之间的接口。在大多数情况下，WinCC 到过程处理的基于硬件的连接是利用通信处理器来实现的。WinCC 通信驱动程序使用通信处理器来向 PLC 发送请求消息，然后，通信处理器将回答相应消息请求的过程值返回到 WinCC 管理器中。

WinCC 与 AS 进行工业通信也是通过变量和过程值交换信息。WinCC 中的过程变量可以读取 AS 的过程值数据，也可将 WinCC 中的过程变量值写回自动化系统。WinCC 通信结构层次如图 3-1 所示。

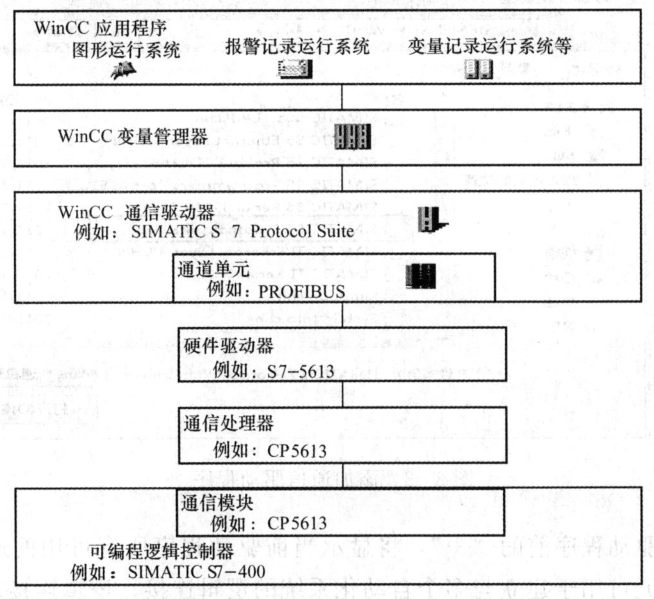

图 3-1 WinCC 通信结构层次图

3.4.3 WinCC 通信驱动程序

WinCC 通信驱动程序适用于在 AS 和 WinCC 的变量管理器之间建立连接的软件组件。通过连接可以提供 WinCC 变量和过程值。在 WinCC 中，提供了许多用于通过不同总线系统连接各个 AS 的通信驱动程序。

每个通信驱动程序一次只能绑定到一个 WinCC 项目。

WinCC 中的通信驱动程序也称为“通道”，其文件扩展名为“*.chn”。计算机安装的所有通信驱动程序都位于 WinCC 安装的子目录“\bin”中。

一个驱动程序针对不同通信网络会有不同的通道单元。WinCC 与可编程控制器之间可通过相应驱动程序中的通道连接。例如，WinCC 通过工业以太网或 PROFIBUS 等与 PLC 之间进行通信连接。而自动化系统的后起之秀 TDC 通过以太网的 TCP/IP 与 WinCC 之间进行通信连接。

要组态 WinCC 应用与 WinAC（视窗自动化中心）之间的通信，首先在 WinCC 项目管理器中用鼠标右键单击“变量管理”图标，选择添加新驱动管理程序，加入一个新的驱动程序，在弹出的“添加新的驱动程序”对话框列表中选择“SIMATIC S7 Protocol Suite.chn”，单击“打开”按钮，这时可以看到所选的协议集已添加在变量管理图标下面，如图 3-2 所示。

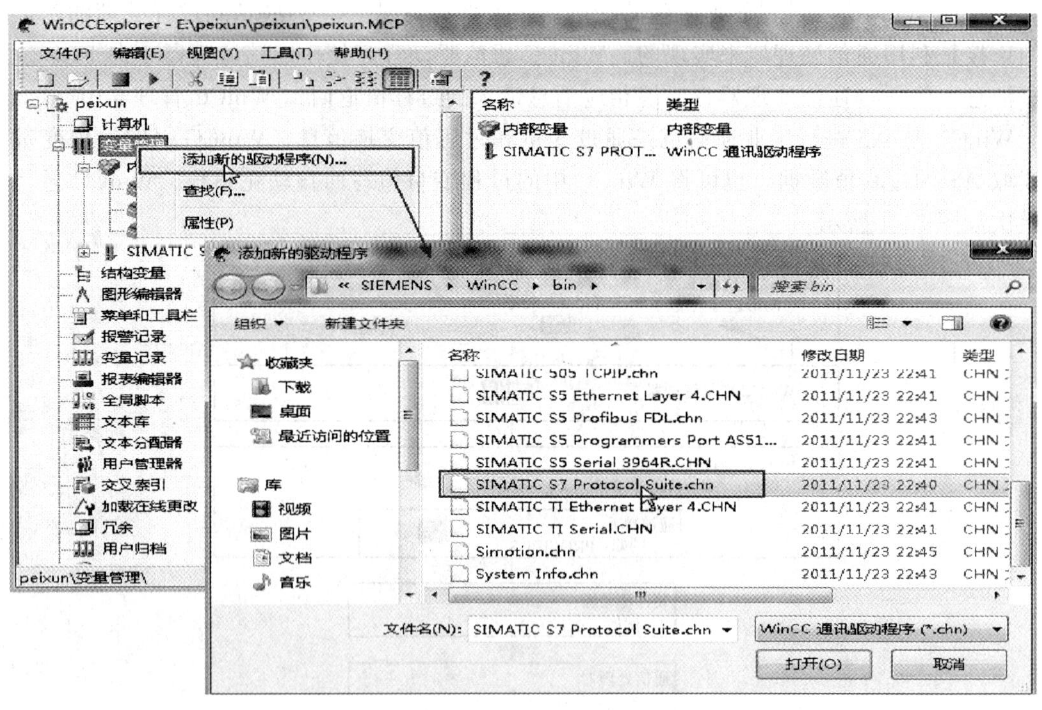

图 3-2 添加通信驱动程序

单击所显示的驱动程序前的“+”，将显示当前驱动程序所有可用的通道单元，其含义见表 3-3。通道单元可用于建立与多个自动化系统的逻辑连接。逻辑连接表示与单个的已定义的自动化系统的接口。

表 3-3 **SIMATIC S7 Protocol Suite 通道单元含义**

通道单元的类型	含义
Industrial Ethernet Industrial Ethernet（II）	皆为工业以太网通道单元，使用 SIMATIC NET 工业以太网，通过安装在计算机的通信卡与 S7 PLC 通信，使用 ISO 传输层协议
MPI	通过编程设备上的外部 MPI 端口或计算机上通信处理器在 MPI 网络与 PLC 进行通信
Named Connections	通过符号连接与 STEP 7 进行通信。这些符号连接是使用 STEP7 组态的，且当与 S7-400 的 H/F 冗余系统进行高可靠性通信时，必须使用此命名连接
PROFIBUS PROFIBUS（II）	实现与现场总线 PROFIBUS 上的 S7 PLC 的通信
Slot PLC	实现与 SIMATIC 基于 PC 的控制器 WinAC Slot 412/416 的通信
Soft PLC	实现与 SIMATIC 基于 PC 的控制器 WinAC BASIS/RTX 的通信
TCP/IP	通过工业以太网进行通信，使用的通信协议为 TCP/IP

计算机上的通信卡有工业以太网卡和 PROFIBUS 网卡，插槽有 ISA 插槽、PCI 插槽和 PCMCIA 槽，通信卡有 Hardnet 和 Softnet 两种类型，其中 Hardnet 卡有自己的微处理器，可减轻 CPU 的负荷，可同时使用两种以上的通信协议；Softnet 卡没有自己的微处理器，同一时间只能使用一种通信协议。表 3-4 列出了通信卡的类型。

表 3-4 **计算机上的通信卡类型**

通信卡型号	插槽类型	类型	通信网络
CP5412	ISA	Hardnet	PROFIBUS/MPI
CP5611	PCI	Softnet	PROFIBUS/MPI
CP5613	PCI	Hardnet	PROFIBUS/MPI
CP5611	PCMCIA	Softnet	PROFIBUS/MPI
CP1413	ISA	Hardnet	工业以太网
CP1412	ISA	Softnet	工业以太网
CP1613	PCI	Hardnet	工业以太网
CP1612	PCI	Softnet	工业以太网
CP1512	PCMCIA	Softnet	工业以太网

3.4.4 WinCC 与 SIMATIC S7 PLC 的通信

WinCC 提供了一个称为 SIMATIC S7-300 Protocol Suite 的驱动程序。此通信程序支持多种网络协议和类型。通过它的通道单元提供与各种 SIMATIC S7-300 和 S7-400PLC 的通信。

对于 WinCC 与 SIMATIC S7 PLC 的通信，首先要确定 PLC 上通信接口的类型，对于 S7-300/400 CPU 至少集成了 MPI 接口，还有的继承了 DP 口或工业以太网接口。此外，PLC 上还可以配置 PROFIBUS 或工业以太网的通信处理器。其次，要确定 WinCC 所在计算机与自动化系统连接的网络类型。WinCC 所在计算机既可与现场控制设备在同一网络上，也可在单独的控制网络上。连接的网络类型决定了 WinCC 项目中的通道单元类型。

1. S7 PLC 与 WinCC 之间的 MPI 通信

（1）PC 上 MPI 通信卡的安装和设置。在 PC 机的扩展槽内插入 CP5611（MPI 或 DP 通信卡），在 PC 的控制面板中选择“设置 PG/PC 接口”，打开设置对话框。在对话框的“为使用的接口配置参数”下拉菜单中选择“CP5611（MPI)”。

温馨提示

如果在控制面板中，找不到“设置 PC/PG 接口设置”这个选项，则右击“开始”→“属性”→“经典（开始）菜单”→“自定义”→“扩展控制面板”选项打上钩就可以了。

（2）选择 WinCC 通信卡（MPI 通信协议）。在 WinCC 变量管理器中添加的“SIMATIC S7 Protocol Suite. chn”驱动程序内选择“MPI”通道单元。再单击“MPI”，选择“系统参数”，打开“系统参数—MPI”设置对话框，在“单元”选项中，“逻辑设备名称”选择 CP5611（MPI)，如图 3-3 所示。

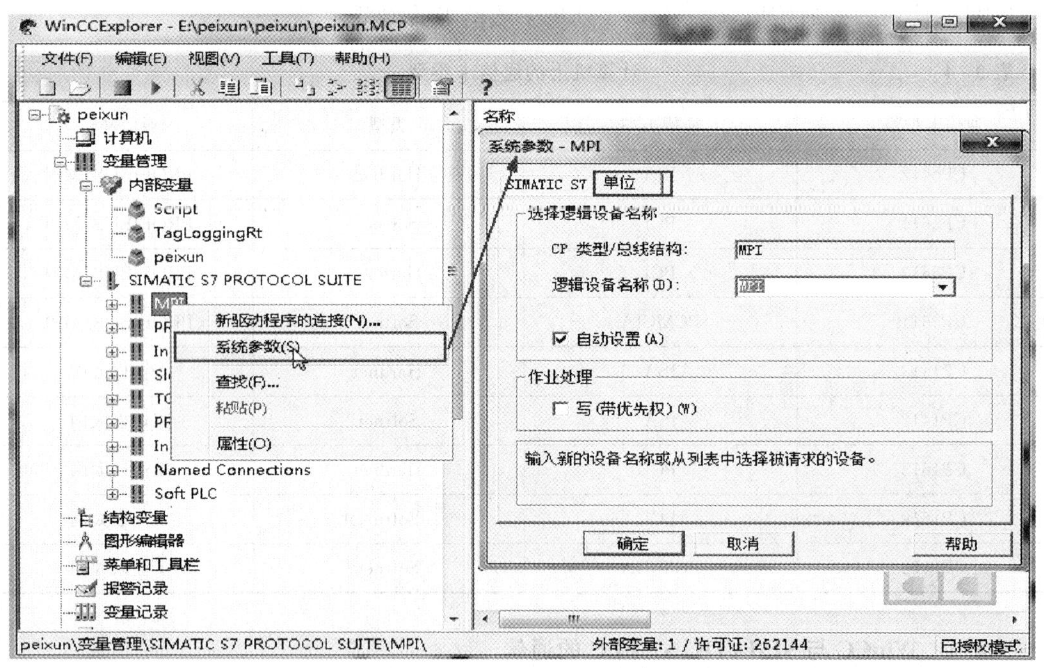

图 3-3 选择 WinCC 通信卡

（3）在 WinCC 的 MPI 通道单元建立连接并设置连接属性。

选择 MPI 通信驱动并按鼠标右键选择“新驱动程序的连接”，并为其命名，如图 3-4 所示。每个连接只能连接一个 CPU。如果要连接多个 CPU，需要再建立连接。例如，CP5611 所能支持的最大连接数是 8 个。

建立连接后需要设置连接的属性，选择 PLC 的 CPU 站地址和插槽号，如图 3-5 所示。如果连接 S7-300PLC 的 CPU 插槽号是 2，连接 S7-400PLC 的 CPU 插槽号应参照 STEP7 硬件组态的槽号。

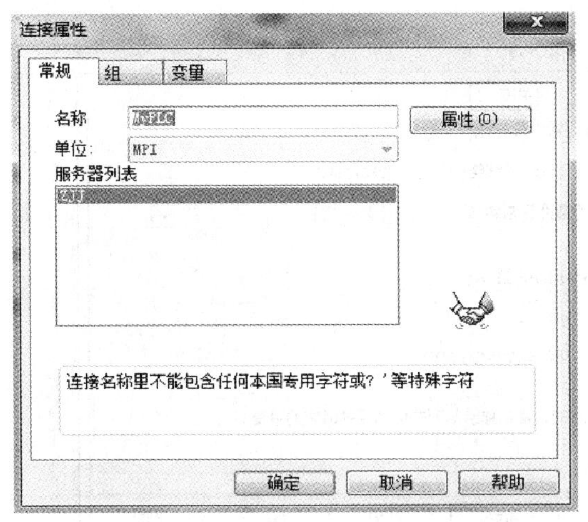

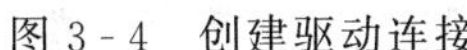
图 3-4 创建驱动连接

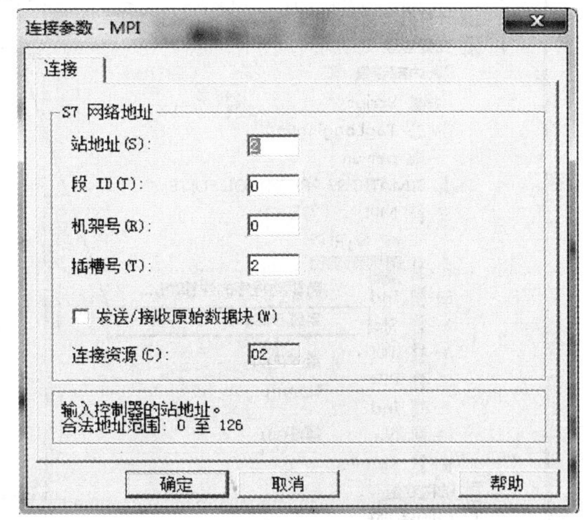

图 3-5 设置 WinCC 通信连接参数

2. PROFIBUS-S7 与 WinCC 之间的连接

(1) PC 上 CP5611 通信卡的安装和设置。在 PC 的扩展槽内插入 CP5611 通信卡，在 PC 的控制面板中选择“设置 PG/PC 接口”，打开设置对话框。在对话的“为使用的接口配置参数”下拉菜单中选择“CP5611 (PROFIBUS)”。

(2) 选择 WinCC 通信卡 (PROFIBUS 通信协议)。在 WinCC 变量管理器中添加“SIMATIC S7 Protocol Suite. chn”驱动程序中选择“PROFIBUS”通道单元。再右键单击“PROFIBUS”，选择“系统参数”，打开“系统参数—PROFIBUS”设置对话框，在“单元”选项中，“逻辑设备名称”选择 CP5611 (PROFIBUS)，如图 3-6 所示。

(3) 在 WinCC 的 PROFIBUS 通道单元建立连接并设置属性。选择 PROFIBUS 通信驱动并右键单击选择“新驱动程序的连接”，每个连接只能连接一个 CPU。如果要连接多个 CPU，需要再建立连接。建立连接后需要设置连接的属性，选择 PLC 的 CPU 的站地址和插槽号。

温馨提示

PROFIBUS DP 与 WinCC 之间的通信方式与上述不同。PROFIBUS-DP 通信是一主多从的通信方式。使用 WinCC 的上位机只能一台服务器作为主站，其他只能作为服务的客户机，且服务器不能冗余。添加连接时在 WinCC 变量管理器下添加“Profibus DP. chn”驱动程序。

3. S7 PLC 与 WinCC 之间的以太网通信

工业以太网是工业环境中最有效的一种子网。它适用于工厂和车间一级，有利于大量成员在大范围内的大数据量的交换。工业以太网是一种开放式的通信网络，且符合 IEEE802.3

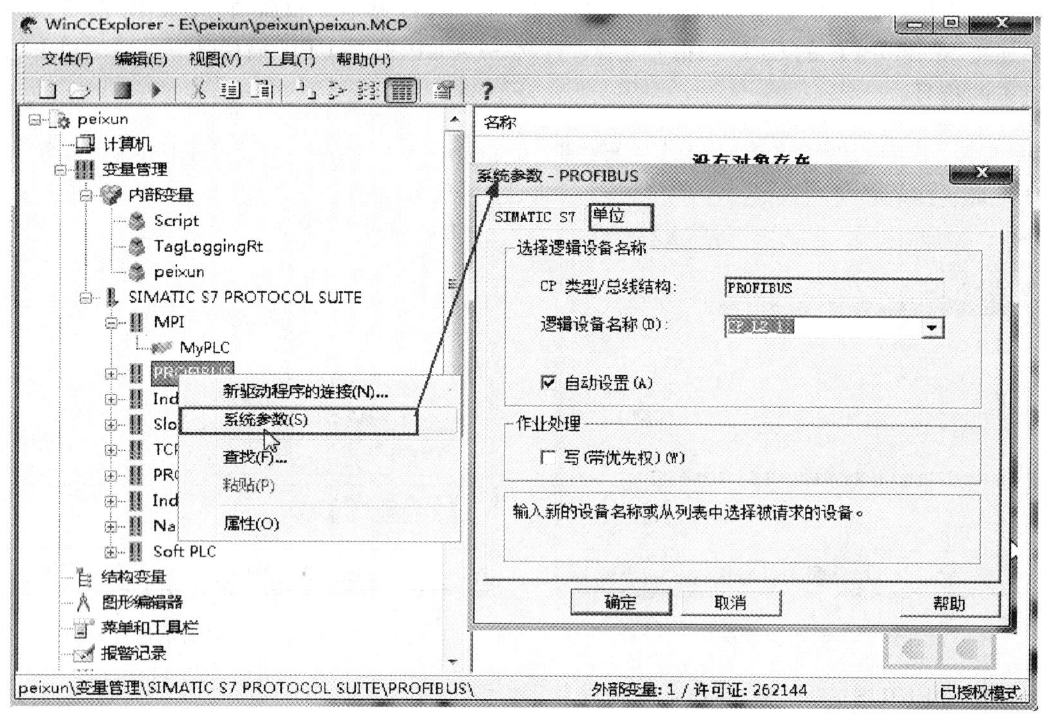

图 3-6 选择 WinCC 通信卡

标准。其主要优点不仅在于其高可靠性、使用范围广，而且速度快、易扩展和开放性。组态过程十分简单。

通道单元“工业以太网”用于通过工业以太网将 WinCC 连接到 S7 自动化系统。可以通过通信模块（CP）进行通信。例如，通过 CP343-1 实现自动化系统 37-300 通信，通过 CP443-1 实现自动化系统 S7-400 通信。

通信处理器（CP）是支持 WinCC 计算机和特定网络之间通信的模块。

在 WinCC 中可以使用不同的通信处理器，例如，CP1613。可以通过通道单元“工业以太网（II）”对第二个通信处理器进行寻址。因为通信是通过“ISO”传输协议进行的，因此不需再本地数据库组态逻辑连接。与这些通道单元有关的功能和组态是相同的。

例如，WinCC 通过工业以太网与自动化系统 S7-400PLC 的连接。

（1）硬件配置和软件要求。一个 S7-400 底板、一块 S7-400 电源、一块 CPU416-2DP 模块和一块 CP443-1 模块，以及装有 SIMATIC STEP7 软件的编程器。

装有 WinCC 软件和 SIMATIC NET 软件的 PC 作为 WinCC 服务器，一块 CP1613 通信卡安装在 WinCC 服务器（装有 WinCC 软件的 PC）上。一条交叉的、在两块网卡间进行连接的 RJ45 网络电缆。

如果 HMI 是一个多用户系统，需要一个以太网交换机。在 WinCC 服务器上不用安装 CP1613 通信卡，只要普通的 3com 或 Dlink 网卡即可，通过网线连接到交换机。而 PLC 通过 CP443-1 通信模块用网线连接到交换机，与 HMI 通信连接。

（2）在 WinCC 上组态与 S7-400PLC 的通信连接。在 WinCC 项目浏览器窗口的变量管理器下添加驱动程序“SIMATIC S7 Protocol Suite”，在通道单元“Industrial Ethernet”的

快捷菜单中选择“新驱动程序的连接”选项，打开“连接属性”对话框，输入连接的名称如 S7-400。

单击“属性”按钮，打开“连接参数-Industrial Ethernet”对话框。输入 PLC 的 MC 地址、CPU 的机架号和 CPU 的插槽号。

3.5 创建变量

用户创建 WinCC 变量时，按照功能可分创建内部变量和外部变量，外部变量即过程变量。内部变量或外部变量都可以根据主题组合成变量组便于查找变量。也可将具有相同属性的多个变量创建为结构变量，简化创建变量的过程。本节将描述如何创建变量和结构：过程变量、内部变量、结构类型变量和系统信息变量。

3.5.1 创建过程变量

过程变量用于 WinCC 与自动化系统之间的通信。WinCC 服务器与自动化系统如 PLC 在满足物理连接的基础上，需要建立于 PLC 型号匹配的通信驱动连接，设置于 PLC 连接通道的属性。在通道单元下建立过程变量，其变量名称与所通信的 PLC 无关，变量的地址及数据类型应与通信的 PLC 数据一致。也可在变量组中创建过程变量，或过程变量一创建完毕，就将其移动到变量组中。

温馨提示

在创建过程变量之前，必须安装驱动程序，并至少创建一个连接。

1. 创建过程变量的步骤

（1）在 WinCC 项目管理器的变量管理器中，打开将为其创建过程变量的通信驱动程序，如 SIMATIC S7 Protocol Suite. chn，选择所需要的通道单元，如 MPI 及相应的连接（如 MyPLC）。

（2）右键单击相应的连接（如 MyPLC），从快捷菜单中选择“新建变量”选项，打开“变量属性”对话框。在“常规”选项卡上输入变量的名称，并选择变量的数据类型。

（3）单击“选择”按钮，打开“地址属性”对话框，输入变量的地址，如图 3-7 所示。单击“确定”按钮，关闭对话框。

（4）变量创建完成后还可以对地址进行修改。右键单击希望修改的过程变量，从快捷菜单中选择“寻址”选项，即可打开“地址属性”对话框，修改变量的地址。

2. 设置线性标定

如果希望以不同于自动化系统所提供的过程值进行显示时，可使用线性标定。只是对过程值进行线性标定，不能对过程值进行修改。例如，选择了“线性标定”，线性标定当过程值为 0 时，变量值为 0；当过程值为 1000 时变量值为 100。当过程值为 2000 时对应于变量的值为 200。在实际应用中如过程值发过来的数据单位是千牛（kN），而在 WinCC 画面中显示的过程值单位是吨（t），可以使用“线性标定”的方法来实现。

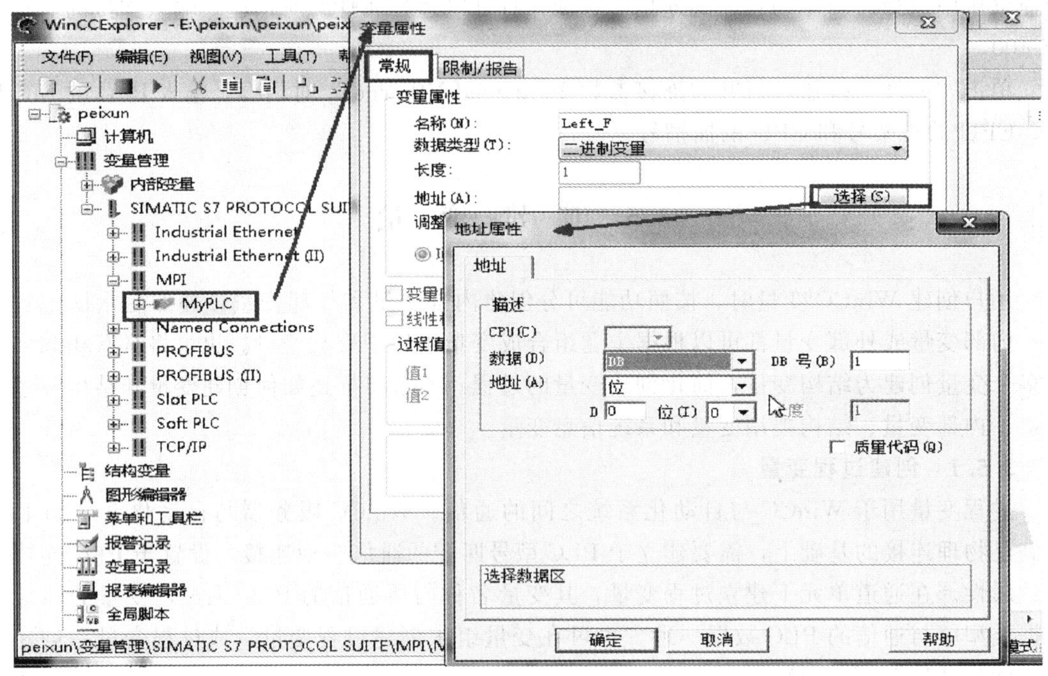

图 3-7　“变量属性”对话框

3. 设置限制值

除二进制变量外，过程变量和内部变量的数值型变量都可以设定上限值和下限值。设置限制值，可以避免变量的数值超出所设置的限制值。当过程值超出上限值和下限值时，在 WinCC 画面中显示的此变量的数值变为灰色，且不再对其进行任何处理，如图 3-8 所示。

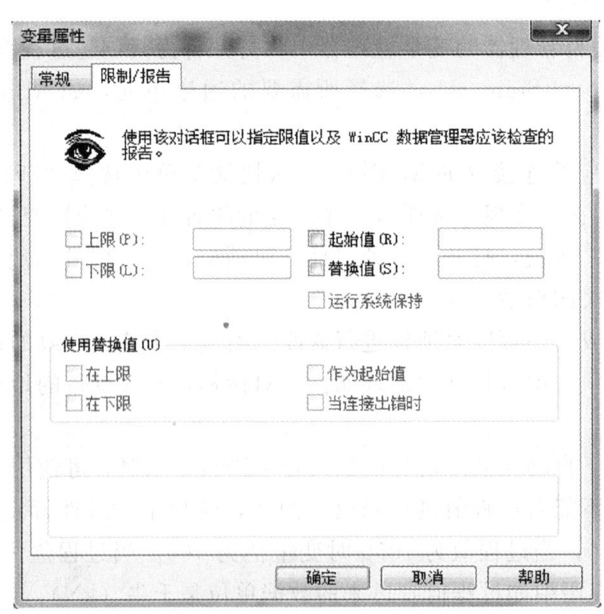

图 3-8　“变量属性”中“限制/报告”设置

4. 设置替换值

当与自动化系统连接出错，或不存在有效的过程值，或过程值超出上、下限值时，可以用预先定义的替换值代替，内部变量无替换值。

3.5.2 创建内部变量

用户通过创建内部变量来传送项目内的数据。可在“内部变量”目录下的变量组中创建内部变量，或创建内部变量后将其移到变量组中。

创建内部变量的步骤如下：

(1) 在 WinCC 项目管理器的变量管理器中，右键单击“内部变量”选择新建变量，可以在“内部变量”目录中建立变量，也可以选择“新建组”来建立一个组，然后在所建的变量组中新建变量。组的建立是便于变量的管理。

(2) 打开如图 3-9 所示的“变量属性”对话框，输入期望的变量名称和变量的数据类型，单击“确定”按钮后该变量则加入到内部变量目录中。

(3) 对于内部变量，除了可以指定变量的名称和变量的数据类型外，还可以确定变量更新的类型，“项目范围内更新”和“计算机本地更新”在大多数情况是没有影响。在服务器上所创建的内部变量将始终在项目范围内进行更新。在 WinCC 客户机上创建的内部变量将始终是对本地计算机进行局部更新。如果在 WinCC 客户机上没有创建客户机项目时，则更新的设置类型仅与多用户系统相关。

(4) 除二进制变量外，和外部变量一样，内部变量的数值型变量都可以设定上限值和下限值。使用限制值，可以避免变量的数值超出所设置的范围。当过程值超出上限值和下限值时，WinCC 将使数值变为灰色，且不再对其进行任何处理。在如图 3-9 所示的“变量属性”对话框中选择如图 3-10 所示的“限制/报告”选项卡，根据需要设置限制值、替换值和起始值。

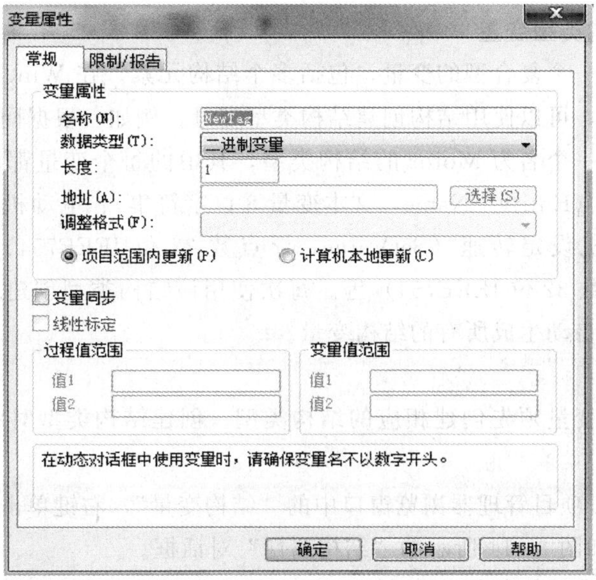

图 3-9 “变量属性”对话框

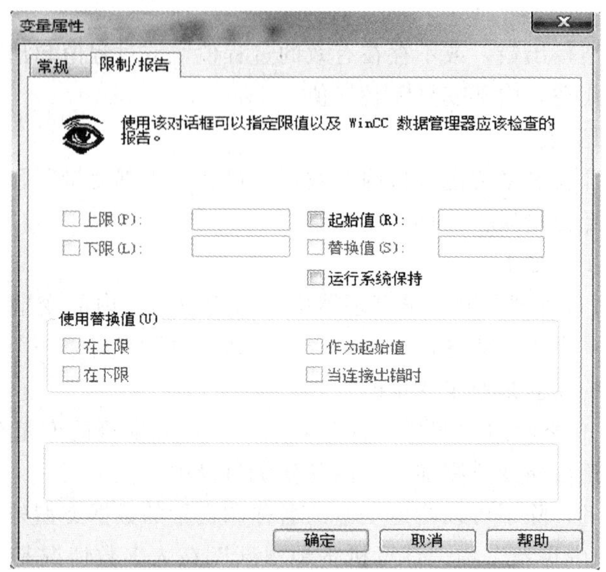

图 3-10 “限制/报告”选项卡

温馨提示

WinCC 7.0 版本新增加了保留内部变量值的功能，即重新启动运行系统后内部变量的值将用作起始值，可通过在“限制/报告”选项卡中选择“运行系统保持”选项来实现保留内部变量值的功能。

3.5.3 创建结构类型变量

结构类型变量为一个复合型的变量，包括多个结构元素。在 WinCC 中如果某个变量组态在系统中出现多次，可以使用结构创建结构类型变量。例如，根据同一原理设置的多台电动机，那么可以创建一个名为 Motor 的结构类型，其中的每个变量都由一个结构元素来表示，如电动机的名称（Entity _ Name，文本变量 8 位字符集）、电动机的启停（ON _ OFF，二进制变量）、电动机设定转速（SetValue，浮点数 32 位 IEEE754）和电动机实际转速（ActualValue，浮点数 32 位 IEEE754）等。每次使用该结构类型创建结构实例时，WinCC 都会为相应的电动机自动生成所有的结构变量。

1. 创建结构类型

要创建结构类型变量须先创建相应的结构类型。创建结构类型时将创建不同的结构元素。操作步骤如下：

（1）单击 WinCC 项目管理器浏览窗口中的“结构变量”，右键单击选择选项“新建结构类型（S）…”打开如图 3-11 所示的“结构属性”对话框。

（2）右键单击标准结构名称“NewStructure”并为该结构重新命名，指定一个有意义的名称，如“Motor”。

（3）单击“新建元素”按钮，默认创建一个数据类型为“SHORT”，名称为

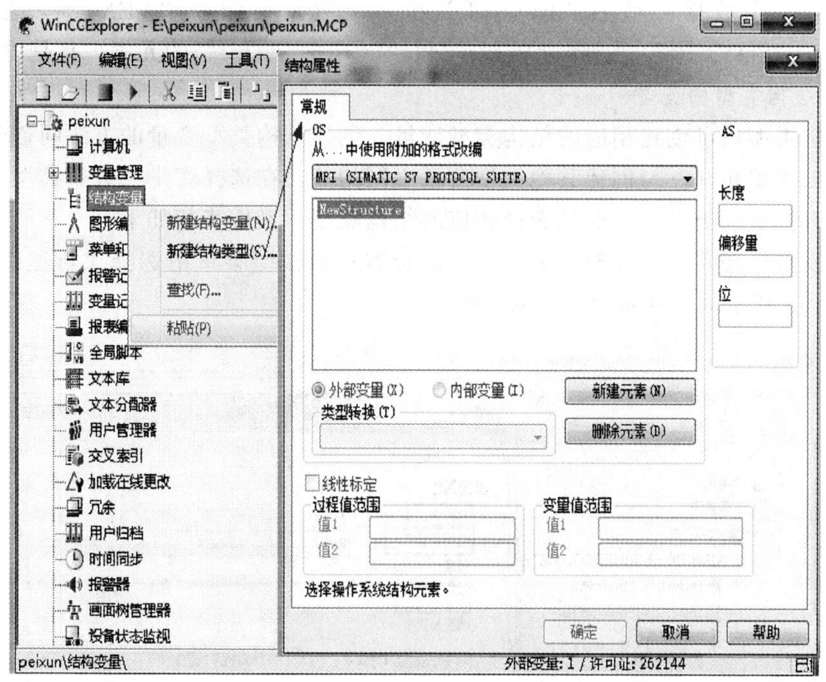

图 3-11 新建结构类型

"NewTag"的新的结构元素。右键单击"SHORT NewTag"，在弹出的快捷菜单（数据类型列表）中重新选择数据类型为"BIT"，重新命名为"ON_OFF"，如图 3-12 所示。通过单击"新建元素"，继续创建新的结构元素。为新建元素选择数据类型及命名。如果需要再创建一个不同的类型，可重复步骤（2）和（3）。创建结构类型结束，单击"确定"按钮，关闭该对话框。由此可以创建一个名为"Motor"的结构类型。此结构类型包括 1 个数据类

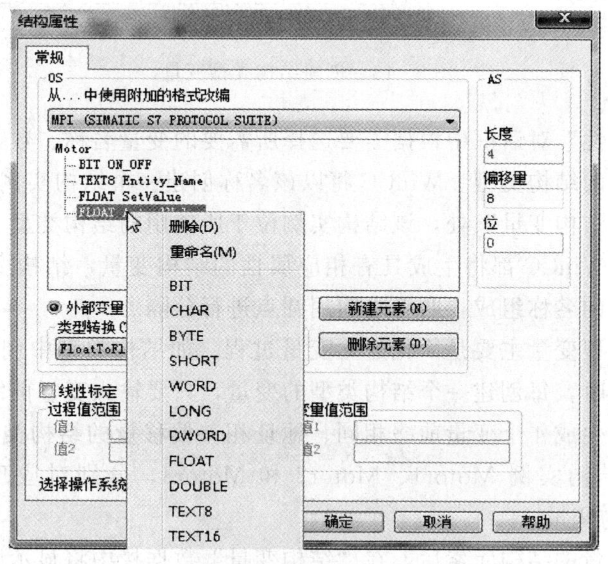

图 3-12 新建结构元素

型为“BIT”、2 个数据类型为“FLOAT”和 1 个数据类型为“TEXT8”，名称分别为“ON _ OFF”、“SetValue”、“ActualValue”和“Entity _ Name”的元素，且是内部变量。

2. 创建结构类型的变量

创建结构类型后可创建相应的结构类型变量。创建结构类型变量的方法同创建其他类型的变量的方法大致相同。与创建其他类型变量不同的是，在选择变量“数据类型”选择框中不是简单的选择数据类型了，而是选择相应的结构类型。操作步骤如下：

(1) 在变量管理器中，选择要创建变量的位置；从快捷菜单中选择“新建变量”选项，打开如图 3 - 13 所示的“变量属性”对话框。

图 3 - 13 创建结构类型变量

(2) 在“变量属性”对话框中根据需要选择所需要的变量名称、数据类型以及相应的地址选择框中选择所需的结构类型。WinCC 将以该名称创建一个结构实例。在 WinCC 项目管理器浏览窗口中的“结构变量”处，该结构实例位于所使用的结构类型下。对于在结构类型中创建的每个元素，WinCC 都将生成具有相应属性的结构变量。结构变量的名称由结构实例的名称及结构元素的名称组成，两者之间用圆点进行分隔。

(3) 创建结构类型变量主要是简化建立变量过程。如结构类型中创建了 4 个结构元素，那么在创建结构变量时，每创建一个结构类型的变量，只要输入变量前缀、结构类型和首变量的地址，即可自动生成 4 个变量前缀相同、地址相差偏移量的结构类型变量。如图 3 - 14 所示，创建了 3 个结构实例 Motor1、Motor2 和 Motor3，分别对应现场的三台电动机，WinCC 自动生成结构变量。

创建结构类型变量的结构元素后，在“结构变量”数据栏中将显示所创建的结构变量及地址，如图 3 - 15 所示。

图 3-14　新建的结构变量的结构元素

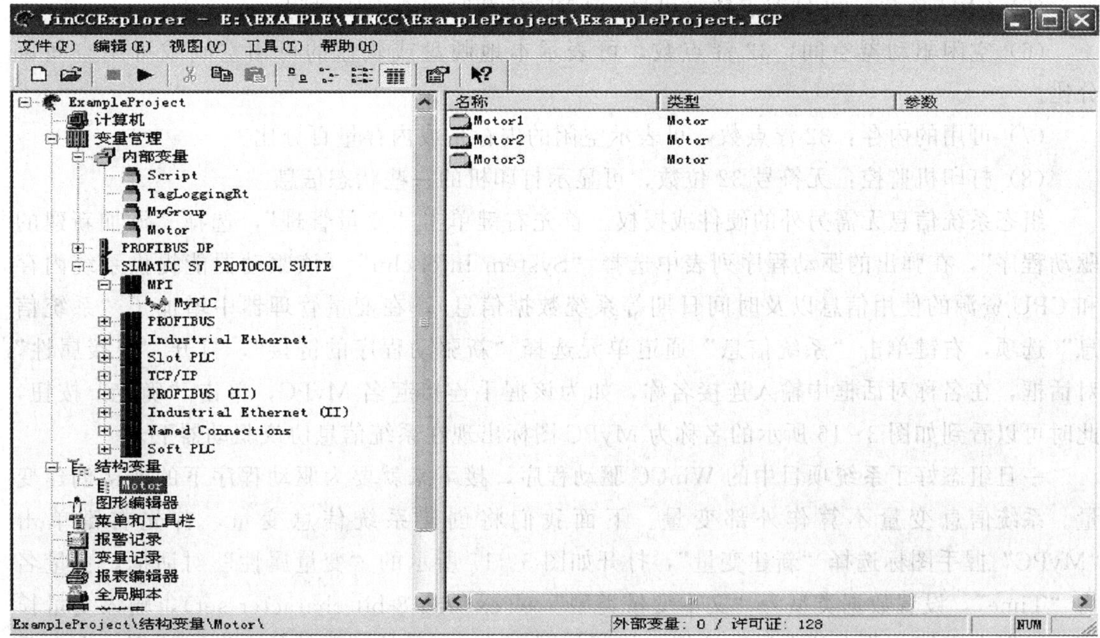

图 3-15　新建的结构变量

温馨提示

请在应用结构类型创建变量之前完成所有的设置。在稍后只可修改所创建结构元素的地址，而要修改结构类型的名称、结构元素的名称和数据类型，必须先删除所有相关联的结构变量，再重新创建结构类型和结构元素产生新的结构变量。

3.5.4 创建系统信息变量

WinCC 的 System Info 通道通信程序下的 WinCC 变量专门用于记录系统信息。系统信息中的通道功能包括：在过程画面中显示时间，通过在脚本中判断系统信息来触发事件，在趋势图中显示 CPU 负载，显示和监控多用户系统中不同服务器上可用的驱动器的空间，触发消息。

系统信息通道可用的系统信息如下：

（1）日期、时间：以 8 位字符集表示的文本型变量，可用各种不同的表示格式。

（2）年、月、日、星期、时、分、秒、毫秒：16 位无符号数变量，星期也可以 8 位字符集的文本变量来表示。

（3）计数器：有 32 位数，可设置起始值和终止值，这种类型变量按从最小更新周期加 1 计数。

（4）定时器：有 32 位数，可设置起始值和终止值，这种类型变量按每秒加 1 计数。

（5）CPU 负载：32 位浮点数，可显示 CPU 负载时间或空闲时间的百分比。

（6）空闲驱动器空间：32 浮点数，可表示本地硬盘或软盘的可用空间或可用空间百分比。

（7）可用的内存：32 浮点数，可表示空闲的内存量或内存量百分比。

（8）打印机监控：无符号 32 位数，可显示打印机的一些状态信息。

组态系统信息无需另外的硬件或授权。首先右键单击“变量管理”，选择“添加新建的驱动程序”，在弹出的驱动程序列表中选择“System Info. chn”（该驱动器能提供系统内存和 CPU 资源的使用信息以及时间日期等系统数据信息），在变量管理器中增加了“系统信息”选项，右键单击“系统信息”通道单元选择“新驱动程序的链接”，打开“连接属性”对话框，在名称对话框中输入连接名称，如为该握手连接起名 MyPC，单击“确定”按钮，此时可以看到如图 3-16 所示的名称为 MyPC 图标出现在系统信息协议驱动器下。

一旦组态好了系统项目中的 WinCC 驱动程序，接下来就要为驱动程序下的连接创建变量。系统信息变量不算作外部变量。下面我们将创建系统信息变量，首先右键单击“MyPC”握手图标选择“新建变量”，打开如图 3-17 所示的“变量属性”对话框，变量名为“Time”，设置数据类型为“文本变量类型”（Text tag 8-bit character set），输入变量长度“30”个字符，单击“选择”按钮，打开如图 3-18 所示的“系统信息”对话框，在“系统变量”面板中设置函数为“时间”（Time）并选择变量显示格式（HH：MM：SS AM，PM）然后确认，关闭“系统信息”对话框，此时这个变量创建完毕。用同样的方法创建另一个新的变量，起名为“CPU _ UTIL”，设置数据类型为浮点类型（Floating-point number 32-bit IEEE 754），选择地址设置函数为“CPU 利用率”、格式化为“过程（%）”，然后确

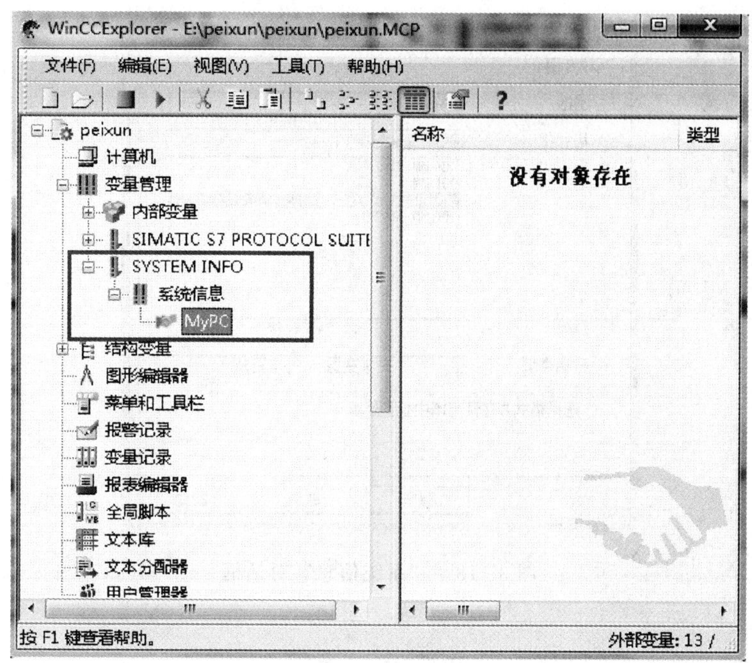

图 3-16 建立系统信息驱动程序的连接

认，关闭变量对话框。这里我们还按照相同的流程创建了 RAM［设置数据类型为浮点数 32 位 IEEE 754，选择地址设置函数为：“可用主存储器”、格式化为：“空闲存储空间（%）”］和 HDD _ C［设置数据类型为无符号 16 位数，选择地址设置函数为：可用磁盘空间、格式化为：“空闲存储空间（%）”］。

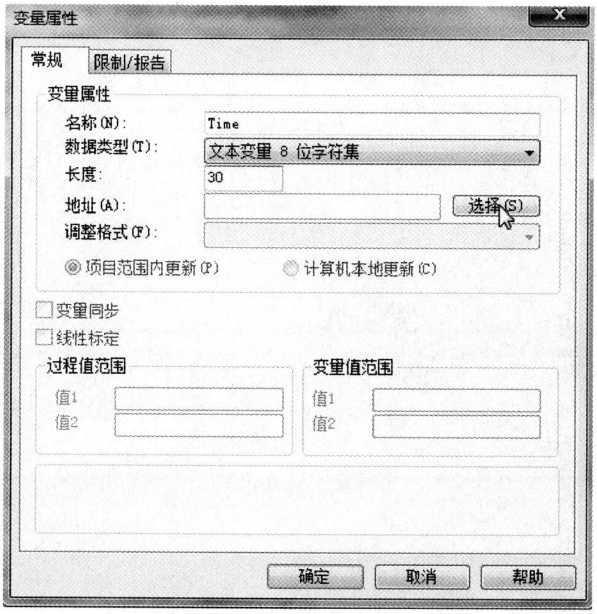

图 3-17 “变量属性”对话框

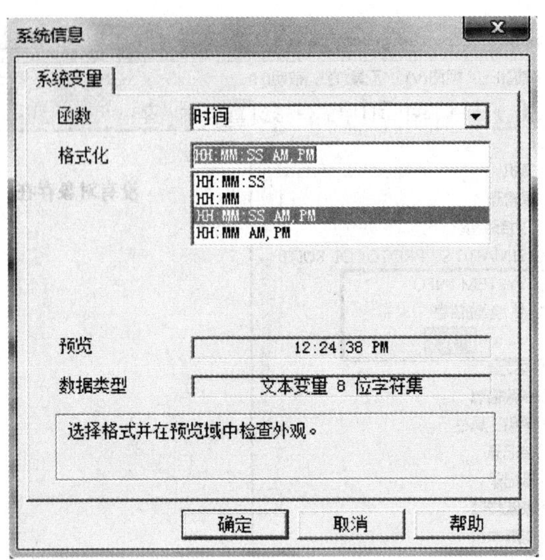

图 3-18 “系统信息”对话框

习 题

(1) 简述 WinCC 变量管理器的作用。

(2) WinCC 的变量有哪几种?

(3) WinCC 的数据类型有哪些?

(4) 内部和外部标签变量有什么区别?

4 组态过程画面及组态技巧

4.1 WinCC 图形编辑器

WinCC 的图形编辑器是创建过程画面并使其动态化的编辑器。WinCC 只能作为项目管理器中当前打开的项目启动图形编辑器。WinCC 项目管理器可以用来显示当前项目中可用画面的总览。

WinCC 图形编辑器所编辑画面文件的扩展名为 .PDL，WinCC 项目所创建的画面保存在项目目录"GraCS"文件夹中。如果在 WinCC 项目管理器中重命名画面，则画面名称只能使用一次。软件不会检查新名称是否存在。在通过 VBA 访问期间或动态化期间，重复的画面名称会导致冲突。项目之间的画面复制可通过此文件夹进行复制。

基于 Windows 标准，图形编辑器具有创建和动态修改过程画面的功能。打开 WinCC 项目管理器，选择"图形编辑器"，鼠标右键单击选择"新建画面"，这就生成了一个画面对象(NewPdl0. pdl)，我们需要重命名该画面。右击选择重命名画面，给这个画面起名，例如，Process，然后确认，建立画面过程如图 4-1 所示。

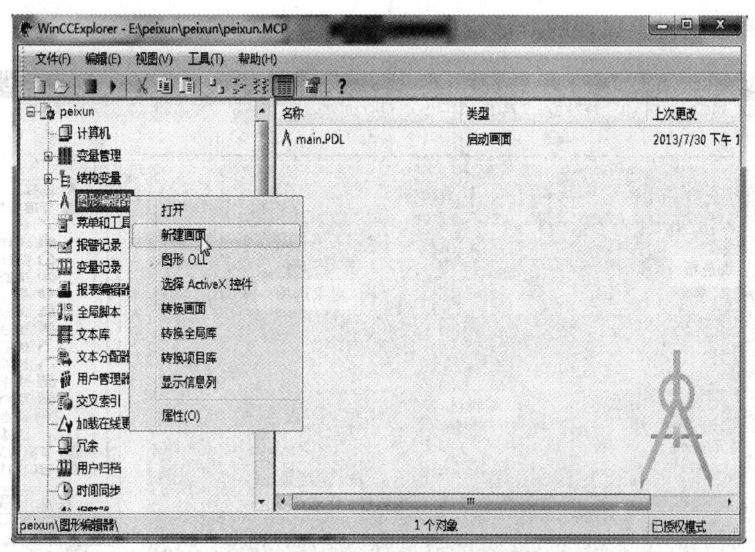

图 4-1 建立过程画面

WinCC 图形编辑器具有如下特性：

(1) 易于使用简单的工具界面和图形调色板。

(2) 具有集成的对象和图库。

(3) 开放的输入图形接口及支持 OLE2.0 接口。

(4) 通过功能强大的脚本组态可以链接附加的函数。

(5) 可以与创建的图形对象链接。

（6）32 位应用软件，能够在 Windows 95 和 Windows NT 环境下运行。

4.2 图形编辑器的结构

图形编辑器由图形程序和各种各样的工具组成，图形编辑器界面如图 4-2 所示，其中包括：

（1）用于创建和编辑图形对象的选项板。

1）颜色调色板。

2）对象选项板。

3）风格选项板。

4）对齐选项板。

5）缩放选项板。

6）字体选项板。

（2）用于操作图形编辑器的选项板。

1）菜单栏。

2）标准选项板。

3）状态栏。

4）层面栏。

（3）设置和改变对象属性的对话窗口。

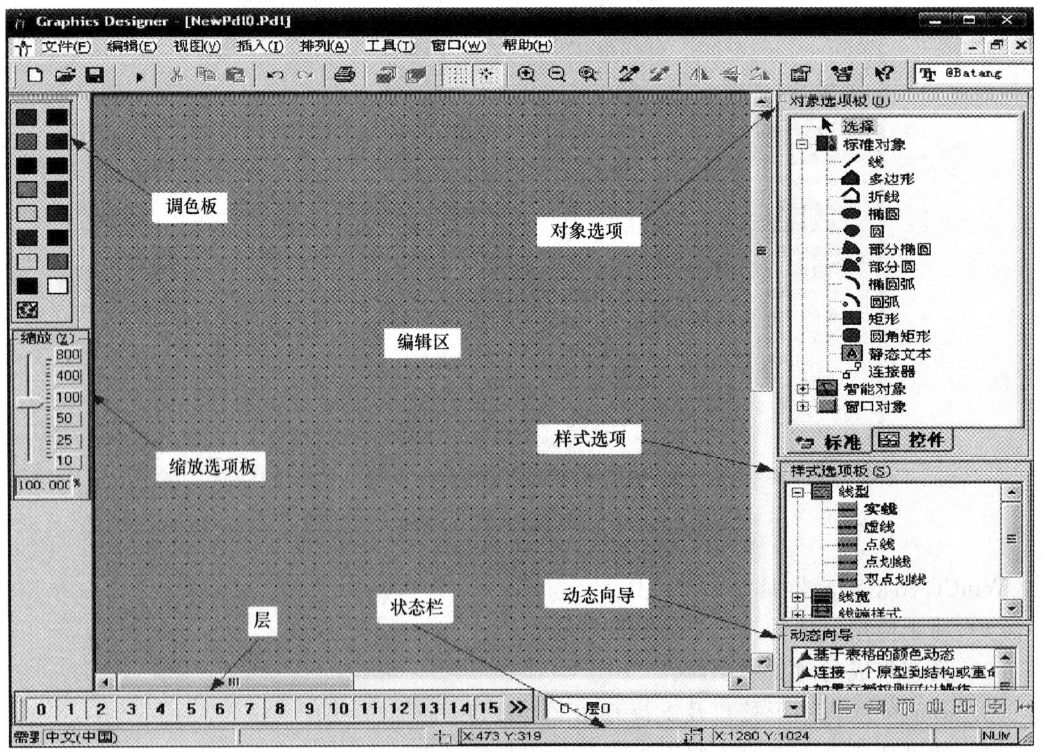

图 4-2 图形编辑器界面

4.2.1 颜色调色板

通过颜色调色板如图 4-3 所示。可以将 16 种标准颜色、基本颜色或者自己定义的颜色赋给鼠标选定的对象。例如，颜色调色板内单击鼠标可以改变任何下列颜色。其中各部分含义如下：

(1) 区域对象填充颜色（例如，矩形）。

(2) 线性对象的颜色（例如，折线）。

(3) 文本对象的背景颜色。

温馨提示

颜色调色板功能可以通过“浏览”菜单中的“视图”→“工具栏”中的“颜色”前的复选框来开启或关闭。

4.2.2 对象选项板

对象选项板包含在过程画面中频繁使用的不同类型的对象，从中选择对象插入图形编辑区，如图 4-4 所示。

图 4-3 颜色调色板

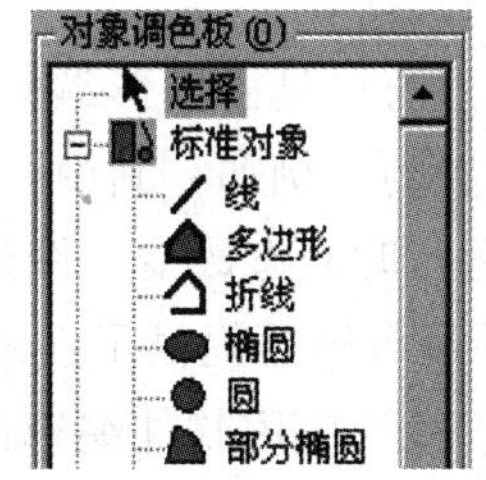

图 4-4 对象调色板

使用对象调色板，选择一个将在图形工作区第一可见层面创建的对象。对象是按下列各主题域来排列的：标准对象、智能对象、窗口对象和管对象。每类对象所包含的具体对象见表 4-1。

表 4-1 对象选项板中的对象

标准对象	智能对象	窗口对象	管对象
线	应用程序窗口	按钮	多边形管
多边形	画面窗口	复选框	T 形管
折线	控件	选项组	双 T 形管
椭圆	OLE 元素	圆形按钮	管弯头
圆	输入/输出域	滚动条对象	
椭圆部分	棒图		
扇形	图形对象		

续表

标准对象	智能对象	窗口对象	管对象
椭圆弧	状态显示		
圆弧	文本列表		
矩形			
圆角矩形			
静态文本			
连接器			

1. 标准对象

标准对象中包含用于生成复杂图形的各种简单图形，例如，线、椭圆、多边形等，以及可作为生成对象的文字标题的静态文本。

2. 智能对象

智能对象中包含那些已经预编辑的对象，只需设置相应的参数或进行相应的组态。

(1) 应用程序窗口。应用程序窗口是由信息系统（报警记录）、归档系统（标签记录）、报告系统（打印任务）以及应用程序（全局脚本）管理的对象。在图形编辑器中，外部属性（位置、尺寸和其他属性）经过配置并在运行时传送给应用程序。应用程序打开应用程序窗口，并管理其显示和运行。

(2) 图形窗口。图形窗口是由图形编辑器所建立的图形的对象。它们是按照位置、尺寸以及它们的动态属性配置的。例如，其中一个重要的属性就是以在图形窗口中所显示的图形（图形名）为参考。在运行时动态改变“图形名”属性，即可动态改变窗口的内容。

(3) OLE元素。图形编辑器提供了在图形中插入OLE元素的机会。在组态模式中，通过双击，可以用相应的OLE应用软件编辑几个对象；其他的则由双击激活。当对已链接的OLE对象进行更改之后，必须手动更新该链接，以便显示更改。不能在运行模式下编辑。

(4) 输入/输出域。可以将输入/输出域用作为输入域、输出域或者复合的输入/输出域。可以使用的数据格式有二进制、十六进制、十进制或者字符串。也可以规定限位值、隐藏输入或者填满后接受。

(5) 棒图。棒图的属性会对它的外观和功能产生影响。它可以图形化地显示相对高限和低限的值，即可以作为纯粹的图形总览或者作为定义刻度的值的复合表达式。

(6) 图形对象。使用图形对象将在外部图形格式中建立的画面接收到图形编辑器画面之中。

(7) 状态显示。使用状态显示来显示对象的不同状态。可以通过将它连接到其数值与状态有关的标签上而进行动态显示。可以分配从0到$2^{32}-1$（位组合）的任何数。状态可以有间隔（如1，2，5，6等）。没有指定的画面，仍有可能建立状态。如果有必要，可用“清除列表”命令删除。

(8) 文本列表。使用文本列表对文本赋值。它可以被用作输入列表（文本输入→值输出）、输出列表（值输入→文本输出）或者组合文本列表。可采用十进制、二进制或位数据格式。允许插入在报警，变量存档或其他WinCC编辑器生成的应用程序。

3. 窗口对象

(1) 按钮。按钮被用来控制过程事件（例如，确认消息或者警告）。它可以识别两种状态（“一按下”和“未按下”）。与过程的链接可以通过使用相关属性动态化来实现。

(2) 复选框。复选框可以再需要进行多重选择时使用。可以通过在复选框内单击来选择一个或多个框。与过程的一种非常灵活的链接也可以在这里通过使相关属性动态化来实现。

(3) 选项组。选项组功能类似于复选框但只允许进行单个选择。与选项组的过程链接可以在运行时通过使属性动态化来实现。

(4) 圆形按钮。圆形按钮的实现类似于操作过程事件的按钮。然而，所不同的是，圆形按钮还有一种用于“已按下”或“未按下”状态的锁定设置。过程链接可以通过使相关属性动态化来实现。

(5) 滑块。滑块用作调节运动的控制过程（例如，温度控制）。其控制范围在最小值和最大值之间。可以通过将相应的属性动态化而建立与过程的链接。

4.2.3　样式选项板

使用样式选项板（如图 4-5 所示）可以改变所选对象的外观。不同的对象类型可以使用不同的风格类型。例如：线/边框风格；线/边框粗细；线尾风格；填充风格。

1. 改变线条风格

线和边框的外观可以通过修改线的属性来改变。可以使用的线条风格有点线、虚线和实线等。可以从样式选项板选择线和边框的类型。这里需要注意的是选择了线/边框风格“虚线”、“点线”、“点划线”和“双点划线”，不管所选择的线的粗细，屏幕上始终显示成 1 像素的粗细。

2. 改变线条粗细

线和边框的外观可以通过修改线的粗细来改变。可以从样式选项板选择线和边框的粗细。需要注意的是粗细的放大功能只能用于“实线”线条/边框样式。

3. 改变线尾样式

线条尾部的外观可以通过修改线的属性来改变。可以使用的线尾样式有无风格、单向、双向和细或者粗箭头等。可以从样式选项板选择线尾样式的类型。需要注意的是“线尾样式”属性不能用于表面对象的边框。

4. 改变填充样式

对象背景表面的外观可以用改变对象属性的方法来修改。可以使用的填充样式有实心、条纹和透明等。可以从样式选项板选择填充风格。

4.2.4　对齐选项板

使用对齐选项板（如图 4-6 所示），可以执行下列动作：

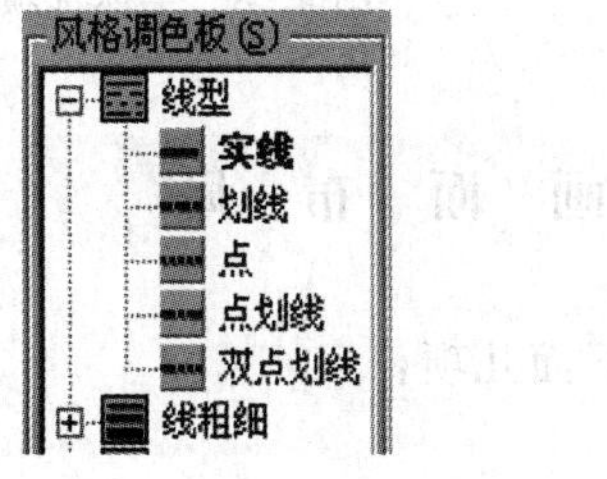

图 4-5　样式选项板

图 4-6　对齐选项板

（1）改变对象的绝对位置。

（2）改变所选对象相互之间的定位。

（3）统一多个对象的高度和宽度。

对于已选中的对象可使用的对齐功能见表 4 - 2。

表 4 - 2　对齐选项功能

对齐方式选项	功　　能	对齐方式选项	功　　能
	与左边的对象对齐		水平空间划分对象
	与右边的对象对齐		垂直划分空间对象
	与上边的对象对齐		统一对象宽度
	与底部的对象对齐		统一对象高度
	与中心对象水平对齐		统一对象宽度和高度
	与中心对象垂直对齐		

4.2.5　缩放选项板

图形编辑器提供了独立的缩放选项板（如图 4 - 7 所示），允许过程画面中非常方便地进行缩放。通过使用鼠标或者按钮来设置激活窗口的缩放系数。可以使用标准工具栏功能设置缩放。

4.2.6　字体选项板

使用字体选项板（如图 4 - 8 所示），可以方便快捷地改变文本对象字体和颜色以及标准对象的线条颜色。

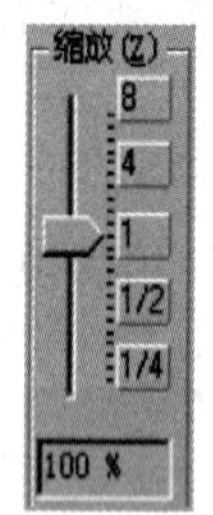

图 4 - 7　缩放选项板

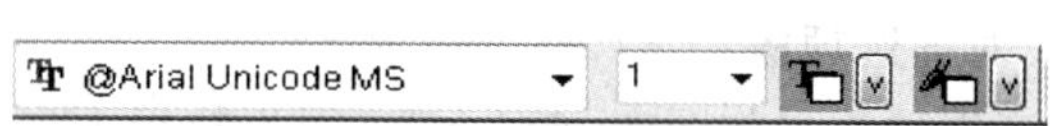

图 4 - 8　字体选项板

4.3　画面布局

一般在绘制监控系统画面时应包括下面几项：

1. 初始画面

初始画面是开机时显示的画面，从初始画面可以切换到所有其他画面。

2. 运行画面

运行画面可以显示现场设备工作状态、对现场设备进行控制。系统有上位控制和下位控制两种运行方式，由控制面板上的选择开关设置。当运行方式为上位控制时，可以通过画面中的按钮启动和停止设备运行。

3. 参数设置画面

参数设置画面用于通过触摸屏来设置现场中根据工艺的不同需要修改变化的数据，如限制值、设备运行时间等参数。在本例中，参数设置画面作为画中画出现。

4. 趋势视图画面

趋势图画面用于监视现场过程值的变化曲线，如物料温度的变化、流量的变化、液罐中液位的变化等。

5. 报警画面

报警画面实时显示当前设备运行状态的故障消息文本和报警记录，在该画面中对消息变量、消息类别、消息文本、故障点以及报警消息的“进入”、“离开”、“已确认”等状态进行组态。

与通用的绘图软件相同，在绘制画面前首先需要设计画面的大小及布局，再在画面中添加对象、组态对象属性。画面的大小由分辨率决定，如 1024×768 像素、1280×1024 像素等。

画面布局应按照功能分为 3 个部分，如总览部分、按钮部分和现场画面部分。其中：

(1) 总览部分：可组态标志符、画面标题、带有日期时间的时钟、当前用户名和报警行。

(2) 按钮部分：实现不同流程画面的切换。

(3) 现场画面部分：包括各个设备流程画面和信息报警等。

使用一个空白的起始画面，然后在其中创建三个画面窗口（总览、按钮和现场）。运行期间，可以根据需要切换这些画面窗口内显示的画面。对与三个窗口画面，有两种布局方法。

(1) 画面布局一。如图 4-9 所示，画面上方是总览部分，中间是现场画面部分，下方是按钮部分。

(2) 画面布局二。如图 4-10 所示，画面左上是标志，左下是按钮部分，右上是总览部分，右下是现场画面部分。

图 4-9　画面布局一

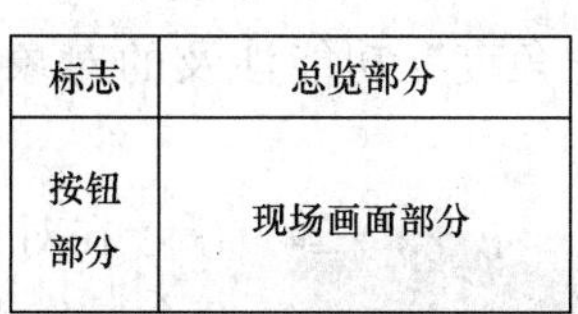

图 4-10　画面布局二

4.4 图 形 对 象

图形编辑器中的“对象”是预定完成的图形元素，它们可以有效地创建过程画面。可以轻松地将所有对象选项板插入到画面中，再对插入到画面中的对象进行组态，与过程动态链接，实现对象的动态化，用来控制和监视过程。

4.4.1 绘制对象

要创建过程对象，所需要的对象必须从图形编辑器对象选项板中插入到画面中，所有对象在图形工作区第一可见层内使用缺省对象属性来绘制。

1. 绘制对象

打开想要绘制图形对象的画面，使用鼠标在“对象选项板”中选择期望的对象，在工作区内，将鼠标指针放置在画面中想要插入图形对象的位置，当鼠标指针变为附带对象符号的十字形光标，按住鼠标左键并拖动图形对象符号到所需大小，松开鼠标左键即可。或者使用鼠标在对象选项板中选择期望的对象，单击工作区，对象就会以系统缺省尺寸显示。在完成了一个对象的绘制以后，对象选项板就会自动地切换成“选择对象”模式。就能够建立另一个对象或者选择工作区中已存在的对象并改变它的属性。

温馨提示

如果打开了“网格”功能和“网格对齐”功能可以更好地对齐已绘制的对象。

2. 选择对象

可以通过鼠标单击某一对象来选择已经插入的一个对象；也可以按下“Shift”键并用鼠标单击各个对象来选择多个对象或者通过按下鼠标按钮围住所要选择对象即可。

3. 移动对象

单击对象并按住鼠标左键，拖动对象到期望的位置。

4. 改变对象的大小

在对象上单击鼠标，被选中的对象就会被包围在带有不同数目操作点的图内，单击这些操作点并按住鼠标左键，拖动到期望的大小即可。

5. 改变对象的起始角度/终止角度

“改变起始和终止角度”功能涉及的对象有“部分椭圆”、“椭圆弧”、“部分饼图”和“圆弧”。

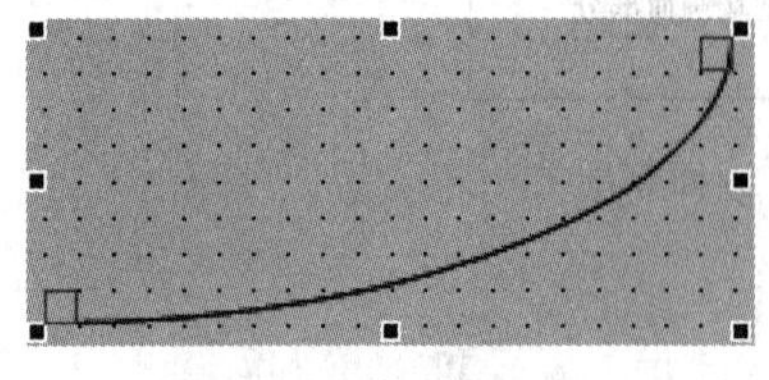

图 4-11 椭圆弧对象

在对象上单击鼠标，被选中对象就会被包围在带有8个操作点的矩形图内，如图 4-11 所示。单击某一较大的操作点并按住鼠标键，光点会变成带有 S（起始角度）或者 E（终止角度）的十字准线，拖动到期望的大小即可。同时也可使用四个角上的操作点来改变对象的对角线上的大小。使用边线中部的某一个操作点来改变对象的水平或者垂直线上的大小。

4.4.2 对象的静态属性

双击画面中的对象或者右键单击对象打开弹出式菜单，选择“属性”项打开如图 4-12 所示的对象属性对话框，可以看到属性对话框包括“属性”和“事件”两个选项卡。

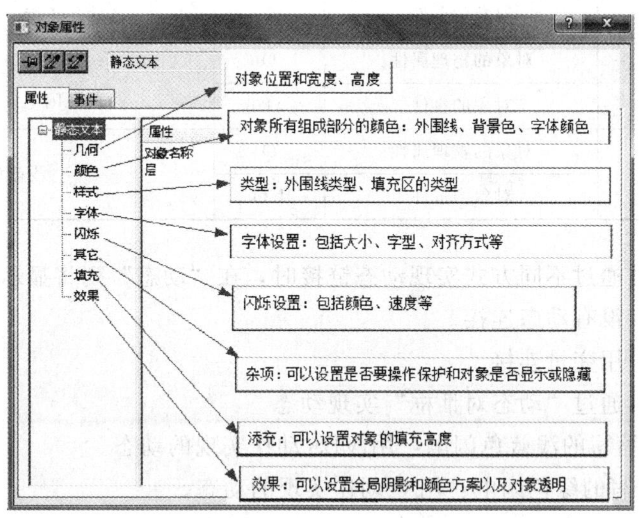

图 4-12 “文本”对象的属性对话框

“属性”选项卡中包括对象的几何尺寸、颜色、样式、填充等外观属性，定义对象是如何在画面上。可以修改对象“属性”中的相关值来改变对象的外观。

对象的静态属性包括对象的几何（X、Y 位置和大小）、颜色（边框颜色、边框背景颜色、背景颜色、填充图案颜色和字体颜色）、样式（边框粗细、边框样式和填充图案）和字体（字体、字号、粗体、斜体、下划线、文本方向、X 对齐和 Y 对齐）等。

4.5 画面对象动态

通常需要采用一些动态效果来模拟现实的生产过程，其中最重要的是组态对象的动态属性，WinCC 画面中的动态连接属性可以由多种方法来实现，主要包括：动态向导、变量选择、动态对话框、直接连接、C 动作、VBS 动作等，具体见表 4-3。

表 4-3 WinCC 动态组态方法及说明

方法	说明	类型	显示标志
组态对话框 （快速组态）	智能对象 Windows 对象	I/O	物理属性：绿色灯泡（变量连接） 事件：蓝色闪电（直接连接）
动态向导 （组态助手）	用 C 脚本组态复杂功能	I/O	绿色闪电 黄色闪电（未通过编译）
变量连接 （1 对 1 的连接）	对象的物理属性	O	绿色灯泡

续表

方　法	说　明	类　型	显　示　标　志
动态对话框 （复杂的连接）	对象的物理属性	O	红色闪电
直接连接	对象的事件	I	蓝色闪电
C 动作 （C 语言编程）	对象的物理属性	O	绿色闪电 黄色闪电（未通过编译）
	对象的事件	I	
VB 动作 （VB 语言编程）	对象的物理属性	O	浅蓝色闪电
	对象的事件	I/O	

对象的某一属性通过不同方式实现动态链接时，在“动态”列将显示不同的图标：

（1）白色灯泡：没有动态连接。

（2）绿色灯泡：用变量连接。

（3）红色灯泡：通过“动态对话框”实现动态。

（4）带“VB”缩写的浅蓝色闪电：用 VBS 动作实现的动态。

（5）带“C”缩写的绿色闪电：用 C 动作实现的动态。

（6）带“C”缩写的黄色闪电：用 C 动作实现的动态，但 C 动作还未通过编译。

4.5.1 通过“组态对话框”建立动态

“组态对话框”是图形编辑器提供的快速组态工具。具有组态对话框功能的对象包括：“智能对象”和“窗口对象”，其中“智能对象”中有控件、输入/输出域、棒图、图形对象、状态显示、文本列表；“窗口对象”中有按钮、滚动条对象等。

下面通过实例来说明组态对话框的使用。

【例 4-1】 组态按钮，实现画面切换。

（1）新建两个画面，Start.pdl，大小 1000×600，定义为起始画面；HM1.pdl，大小 800×600。

（2）分别在 Start 画面和 HM1 画面中插入图素完成画面的组态。

1）在 Start 画面中如图 4-13 所示，按图中所示内容进行画面组态，设置静态文本框文本属性为“起始画面”等，字号 20 号。按钮设置为“画面 1”等，要求按下“画面 1”按钮后，能切换到指定画面。

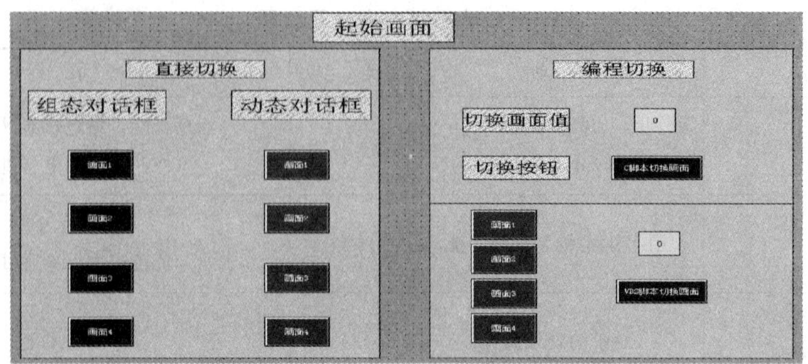

图 4-13　起始画面

2）打开 HM1 画面，分别插入静态文本框和按钮，设置静态文本框的属性为“画面 1”，字号为 20；按钮设置为“返回”，要求按下返回按钮后，能回到起始 Start 画面，如图 4 - 14 所示。

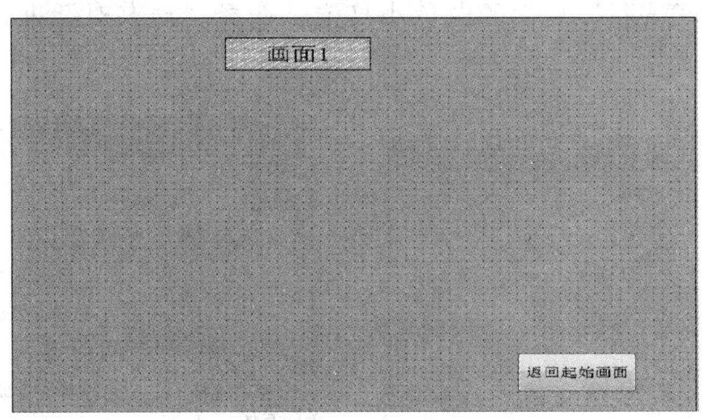

图 4 - 14　画面 1

（3）单击需要组态的按钮图素，右键打开“组态对话框”，在打开的“按钮组态”对话框中，在“单击鼠标改变画面”对话框中，单击图标，在打开的“画面”对话框中选择需要打开的画面，如图 4 - 15 所示。

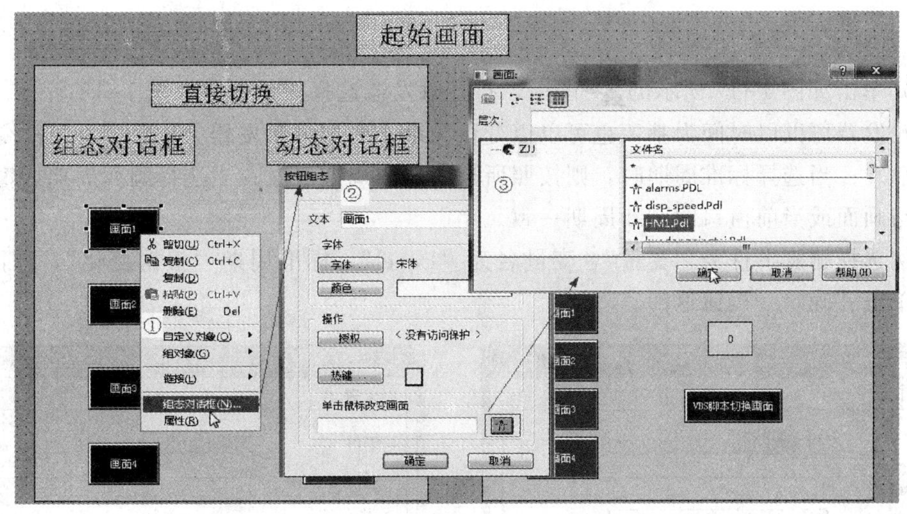

图 4 - 15　使用“组态对话框”组态过程

（4）按步骤（3）的操作，对 HM1 画面中的按钮进行组态完成后，激活项目，观察动态效果。

4.5.2　通过“动态对话框”建立动态

“动态对话框”允许定义某个对象属性的行为是根据表达式的值变化。表达式可以是一个变量这样简单的表达式，也可以是复杂的算术操作运算、C 功能返回值或者两者的结合等。实际上动态对话框是一个简化的脚本编程，根据用户输入的信息将其转化为 C 脚本程序。动态对话框只能用于组态对象的属性，不能用于对象的事件。动态对话框需要一个触发器才能执行。

【例 4-2】 在画面中组态一个矩形对象，通过动态对话框实现对矩形对象的动态填充。

（1）打开画面，在“对象选项板”→“标准对象”中选择“矩形”，插入到画面中，右键打开“对象属性”对话框，选择“填充”，如图 4-16 所示。

（2）右键单击“填充量”后面的白色小灯泡，选择“动态对话框…”，弹出如图 4-17 所示的动态对话框界面。

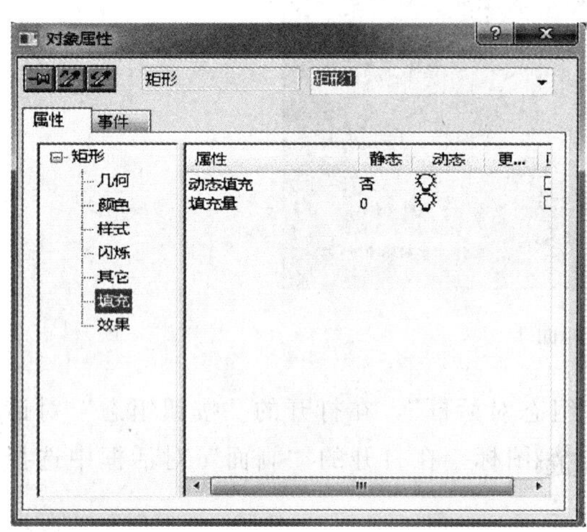

图 4-16 矩形对象属性

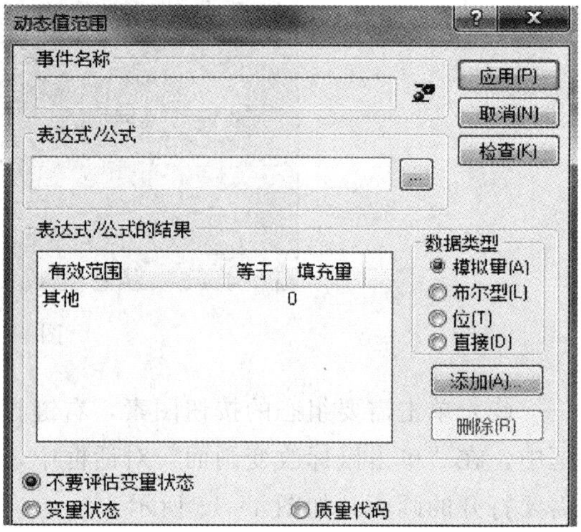

图 4-17 动态对话框界面

（3）单击如图 4-17 所示的图标，打开触发器选择对话框，如图 4-18 所示。动态对话框的触发器可以以时间为基，也可以以变量为基。当选择触发器为变量时，每次变量发生变化时触发；当选择标准周期时，则按照所选的时间周期触发；当选择画面周期或窗口周期时，则与画面或当前窗口的刷新周期一致。

本例选择触发事件为“变量”，变量名为“Level”，标准周期“根据变化”，如图 4-19 所示，单击“确定”按钮返回。

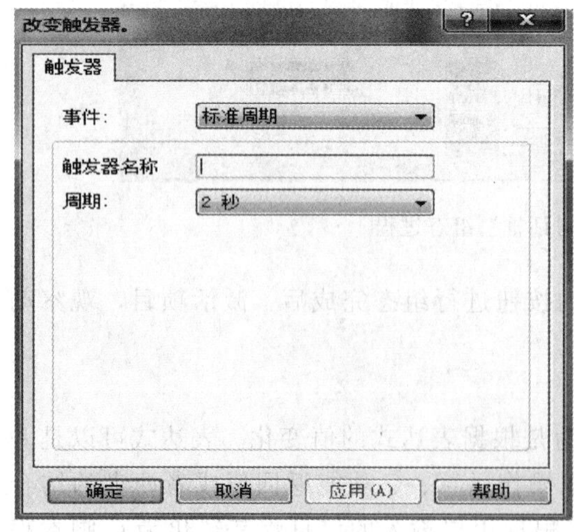

图 4-18 触发器设置界面

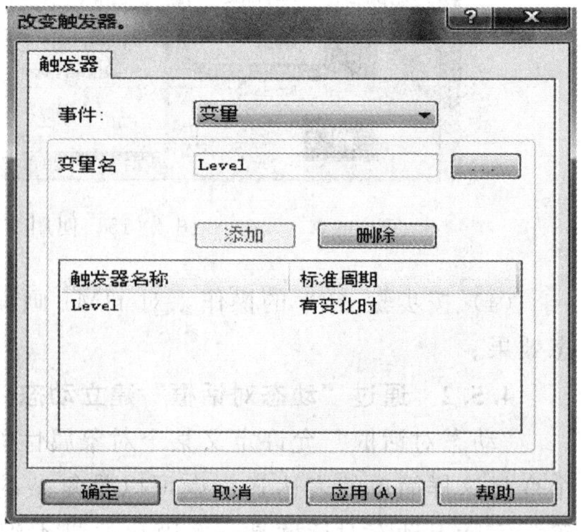

图 4-19 触发器参数设置

(4) 单击图 4-17 中的 ... 图标，出现如图 4-20 所示的“表达式选择”对话框。表达式可以是一个变量，单击“变量”打开变量选择对话框选择相应的变量；或者单击“函数”打开函数浏览窗口，选择适当的函数；或者单击“操作符”打开操作符对话框，选择合适的“+，-，*，/”操作符完成表达式。本例中选择的是变量“Level”，如图 4-21 所示。可以通过单击图 4-21 中的检查按钮检查表达式输入是否有错误。

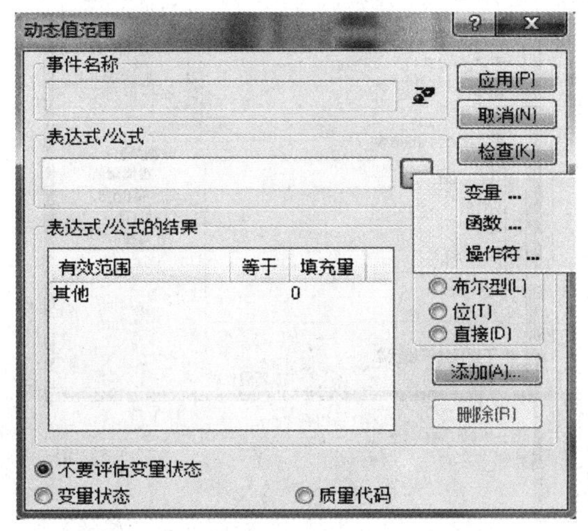

图 4-20 “表达式选择”对话框

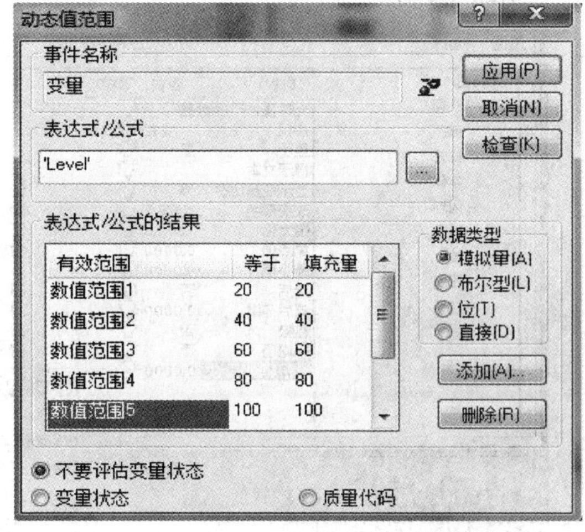

图 4-21 设置动态值范围

在图 4-21 的“动态值范围”对话框中可以选择表达式结果的“数据类型”，“数据类型”可以包括模拟量、布尔型、位和直接。

1)“数据类型”为“直接”，即将表达式的值直接传给属性值，需要注意的是确保表达式的数据类型和属性相配。

2)“数据类型”为“模拟量”，可以单击“添加…”按钮添加数值范围。

3)“数据类型”为“位”，允许选择某变量中的某一位。

4)“数据类型”为“布尔型”。布尔型是针对二进制而言的，如果变量或表达式数据类型不是二进制值，该值将转换成二进制值，返回一个最小的有意义的数字布尔值。

(5) 双击图 4-16 中的“动态填充”属性后的“否”，将其变为“是”，这样才能进行动态填充。

(6) 激活项目，运行测试，观察动态效果。

【例 4-3】 画一个带刻度的水箱。并实现水箱里液位的动态填充效果。

(1) 在 WinCC 画面中，从图库中选择一个罐添加的画面中，并从智能对象中添加一个棒图在罐上，从窗口对象中添加一个滚动条到画面中。通过调整棒图属性中的“轴”相关属性和“其他”属性，完成画面组态，如图 4-22 所示。

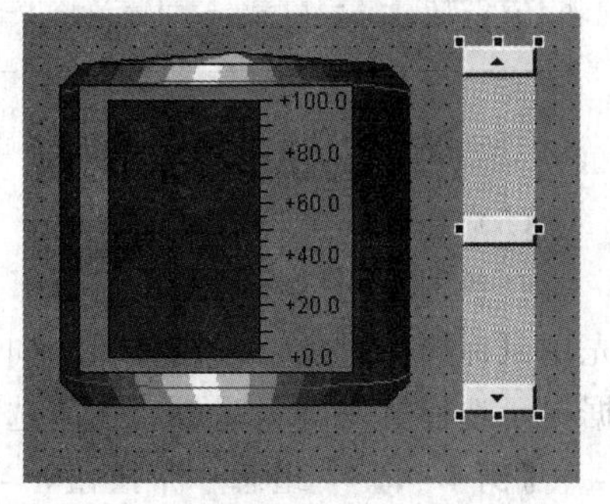

图 4-22 带刻度的水箱组态画面

(2) 右键单击棒图，选择打开棒图的“对象属性”对话框，选择“其他”属性，将最小值改为 0，最大值改为罐的液位最大值 100。右键“过程驱动程序连接”的白色小灯泡，选择“动态对话框”，在打开的“动态值范围”对话框中，“表达式/公式”对话框选择所定义的液位变量，在“表达式/公式的结果”对话框中的数据类型中选择“直接”，然后单击应用按钮完成画面的动态组态，如图 4-23 所示。

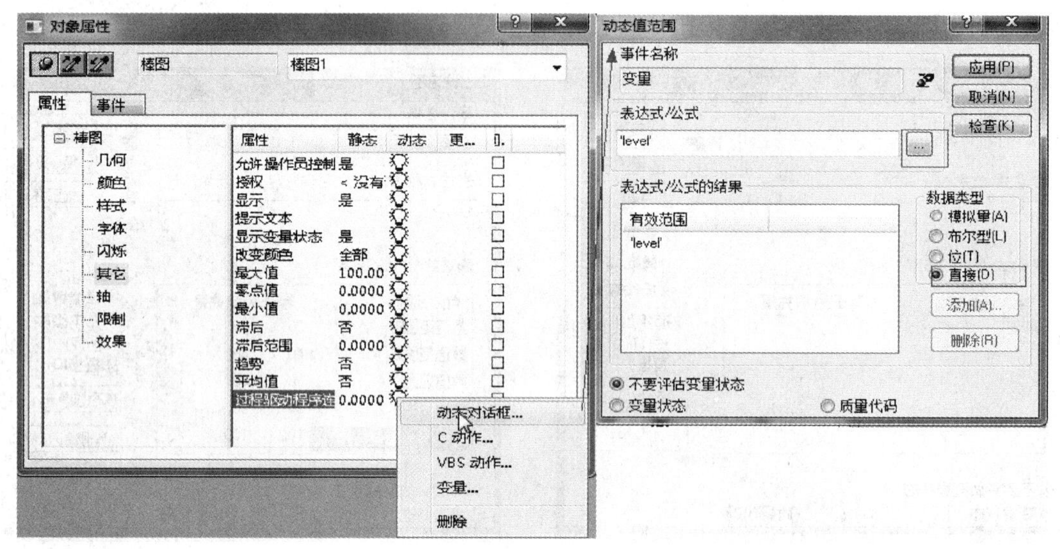

图 4-23　棒图动态组态过程

（3）激活项目，运行测试，观察动态效果。

4.5.3　通过“动态向导”建立动态

动态向导可作为附加函数在图形编辑器中使用。它可以支持用户经常重复的组态过程。这将简化组态工作，并且可以减少可能发生的组态错误。

动态向导由各种不同的动态向导函数组成。WinCC 中提供了许多可用的动态向导函数。它们可以由用户定义的函数进行补充。

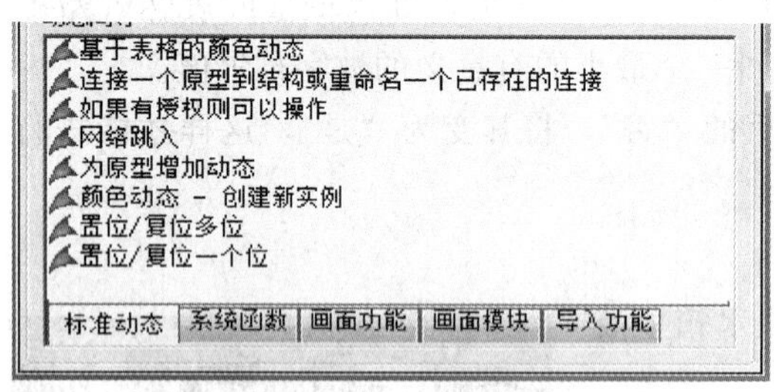

图 4-24　“动态向导”结构

使用动态向导通过“视图”→“工具栏”→“动态向导”菜单项来显示或隐藏在图形编辑器中，如图 4-24 所示就是一个显示了动态向导的结构，其中可以分为：

（1）系统函数标签。

（2）标准动态标签。

（3）动画功能标签。

（4）画面模块标签。

（5）导入功能标签。

在各种不同的标签中，显示了已经可以使用的向导函数。在创建一个动态向导时可以首先用鼠标选择对象，再在“动态向导”中选择需要的动态向导，打开动态向导选择窗口，根据提示选择触发器。完成后在所选择的对象中会自动产生所选择的动态的 C 动作。

【例 4-4】　组态一个按钮，当单击该按钮时可以退出 WinCC 运行系统。

定义这个“退出”（取消激活）按钮，用“动态向导”（动态向导卡可以通过选择菜单栏中“视图”→“工具栏”，在打开的工具栏中选中“动态向导”复选框）来组态这个导航按钮，在向导板中提供了许多功能函数运行在图形用户界面接口下，在这个项目中我们为“退出”按钮，选择“退出 WinCC 运行系统（Exit WinCC Runtime）”，双击“退出 WinCC 运行系统”，打开“动态向导”对话框，按“下一步”进入“选择触发器”对话框，选择“鼠标点击（Mouse Click）”，按“下一步”可以看到向导产生的动态功能说明，如图 4-25 所示，即可以通过鼠标点击就可以退出 WinCC 运行。

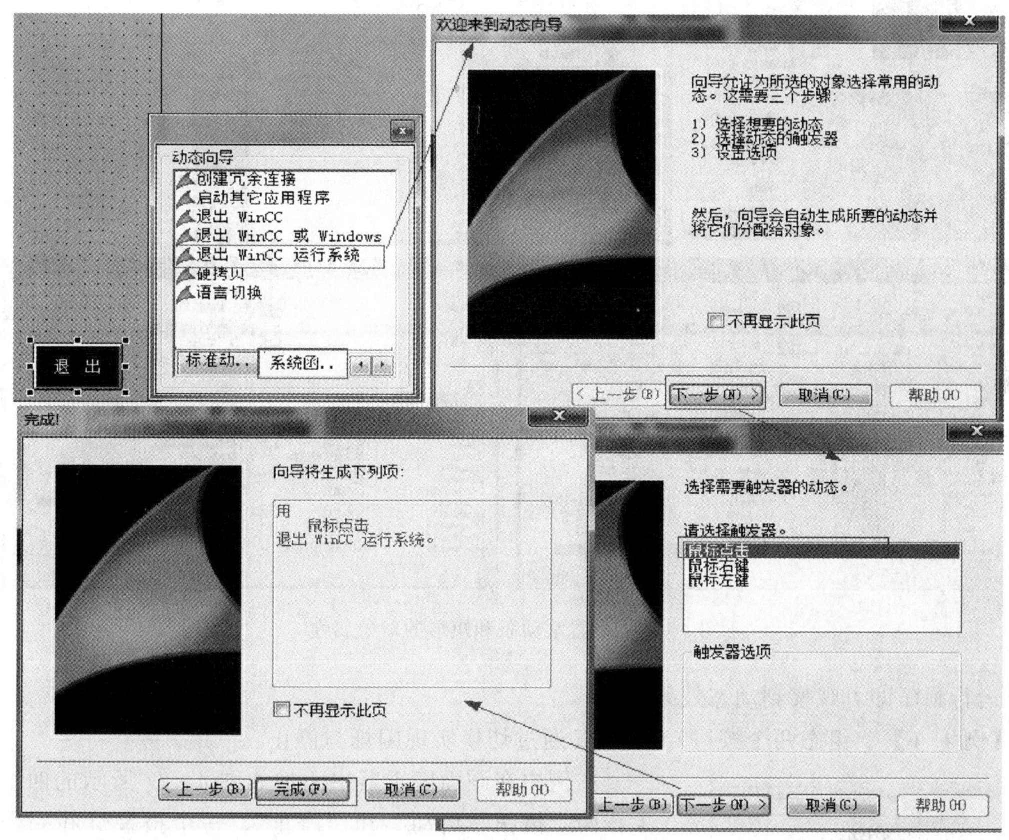

图 4-25　组态取消激活按钮

激活项目，运行测试，观察动态效果。

4.5.4　通过“直接连接”建立动态

直接连接允许用户在一个对象事件基础上，组态从源到目标直接动态传递任何类型的数据。直接连接可用于组态画面切换键，读写数据到过程变量中，或将数字值传给图形显示。直接连接中的数据源和数据目标可以是常数、变量的当前值，也可以是当前画面中任何对象的任何属性值。直接连接只能在事件中使用，不能用于属性。

【例 4-5】　将滚动条移动改变后的值传递给矩形的液位填充量属性，矩形液位填充量属性又传给静态文本。

本例中在画面编辑器中添加三个对象：一个滚动条、一个矩形和一个静态文本。右键单击滚动条属性，选择“事件→属性主题→其他→过程驱动器连接”，右键单击“更改”右边的图标，选择“直接连接…”打开直接连接属性对话框，按照“源”和“目标”项进行组态。同样，右键单击矩形对象属性对话框的“事件”选项卡中“属性主题→填充→填充量”中“更改”右边的图标，打开直接连接对话框，按照滚动条对象的组态过程进行组态。具体操作过程如图 4-26 所示。

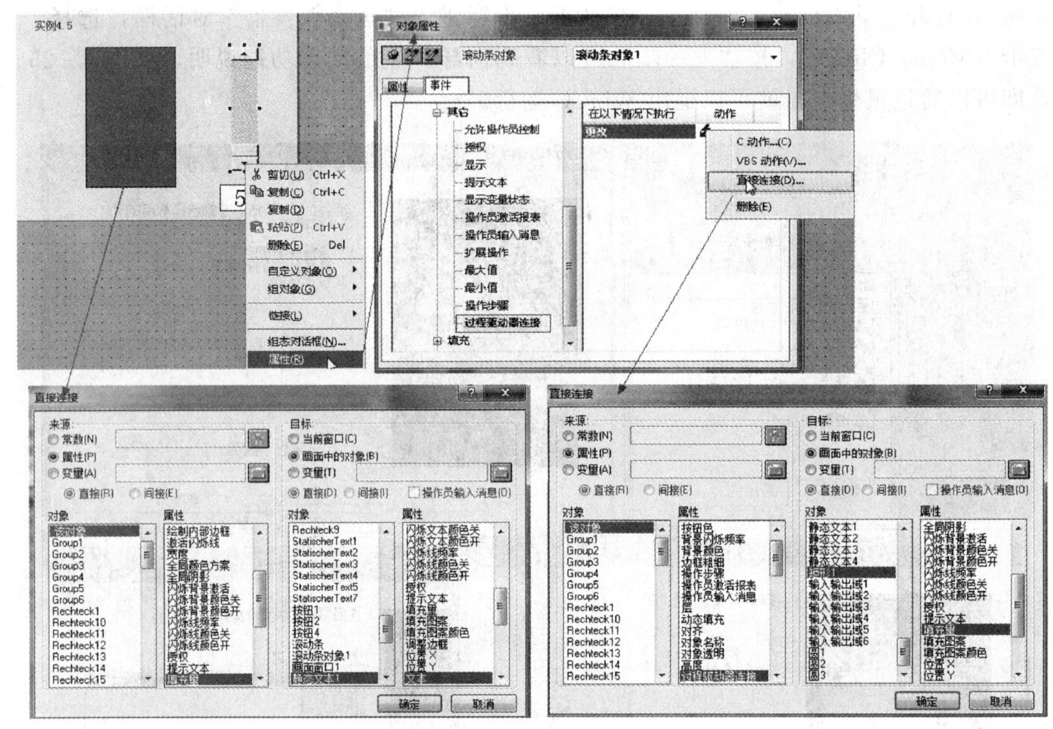

图 4-26　设置滚动条和矩形的对象属性

运行画面即可观察到动态效果。

【例 4-6】　组态两个按钮 ON/OFF 通过切换实现闪烁与停止。

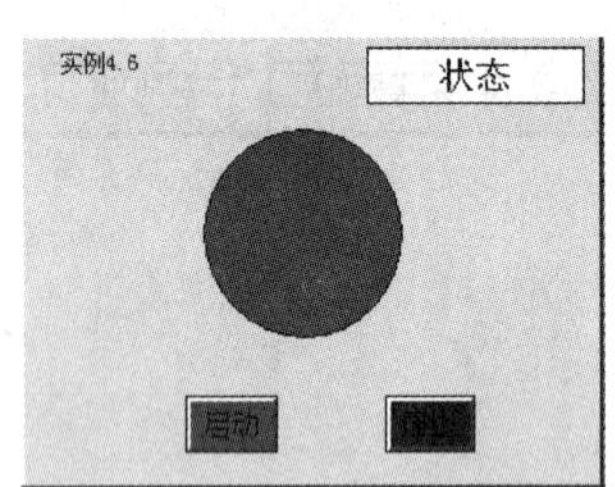

图 4-27　两个按钮对象、一个圆对象和一个文本对象

本例中在画面编辑器中添加如图 4-27 所示的四个对象：两个按钮“启动”和“停止”、一个报警灯和一个显示目前状态的文本，并新建一个内部变量 start _ stop，变量类型为“二进制变量”。设置按钮的颜色属性值：“启动”按钮为绿色，“停止”按钮为红色。单击“启动”按钮，在“对象属性”窗口的“事件”选项卡上组态一个“按左键”事件的直接连接。打开“直接连接”对话框，在“源”框中选中“常数”并输入 1，在“目标”框中选中“变量”并输入 start _ stop，如图 4-28 所示。

同样设置停止按钮的属性，单击“停止”按钮，打开“对象属性”窗口，选择“事件”选项卡，组态一个“按左键”事件的直接连接。打开“直接连接”对话框，在“源”框中选中“常数”并输入 0，在“目标”框中选中“变量”并输入 start _ stop。

选中画面编辑区所绘制的圆对象，右键单击属性，选择“闪烁→激活闪烁背景”，右键单击“激活闪烁背景”右边的图标，选择“变量…”打开变量浏览器，选择布尔型变量

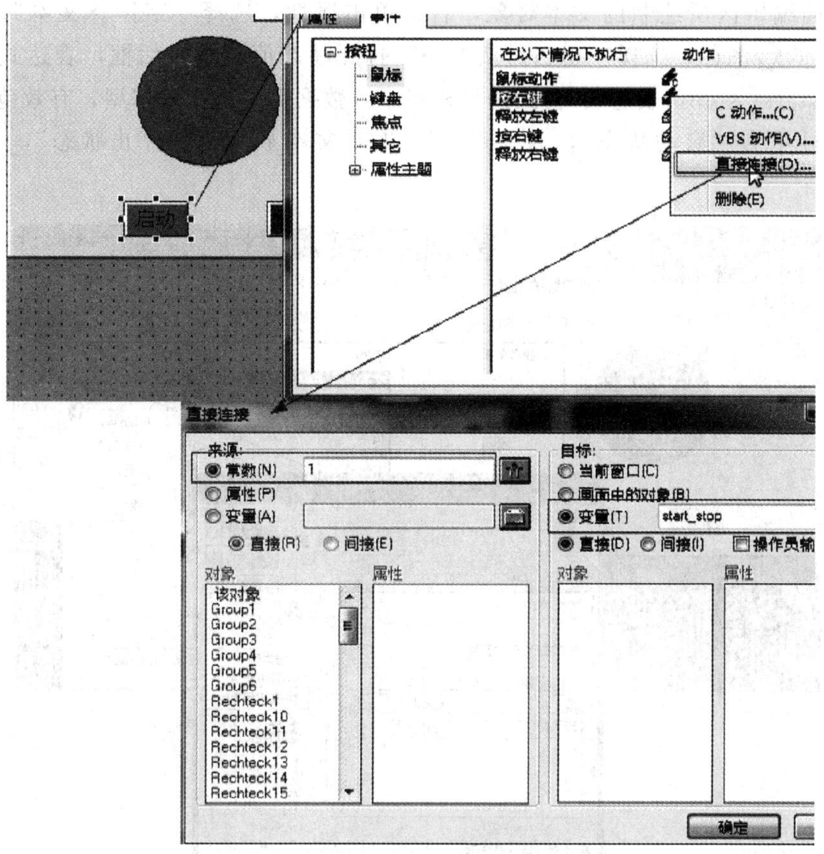

图 4-28 设置“启动”按钮的按键属性

start _ stop，刷新周期改为“根据变化”，如图 4-29 所示。还可以设置闪烁的颜色、闪烁的频率、闪烁线等。

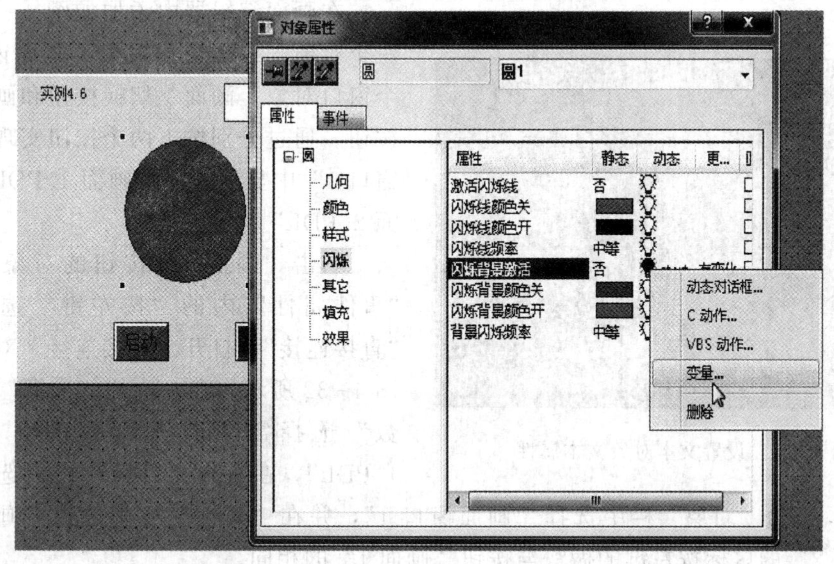

图 4-29 设置圆对象闪烁属性

选中画面编辑区所绘制的文本对象，右键单击属性，选择“字体→文本”，右键单击“文本”右边的图标，选择“动态对话框…”打开动态值范围对话框，表达式/公式对话框选择变量 start _ stop，表达式/公式结果栏当中：数据类型选择布尔型，有效范围为“是/真”时文本显示为“启动状态”，为“否/假”时，文本显示为“停止状态”，如图 4 - 30 所示。

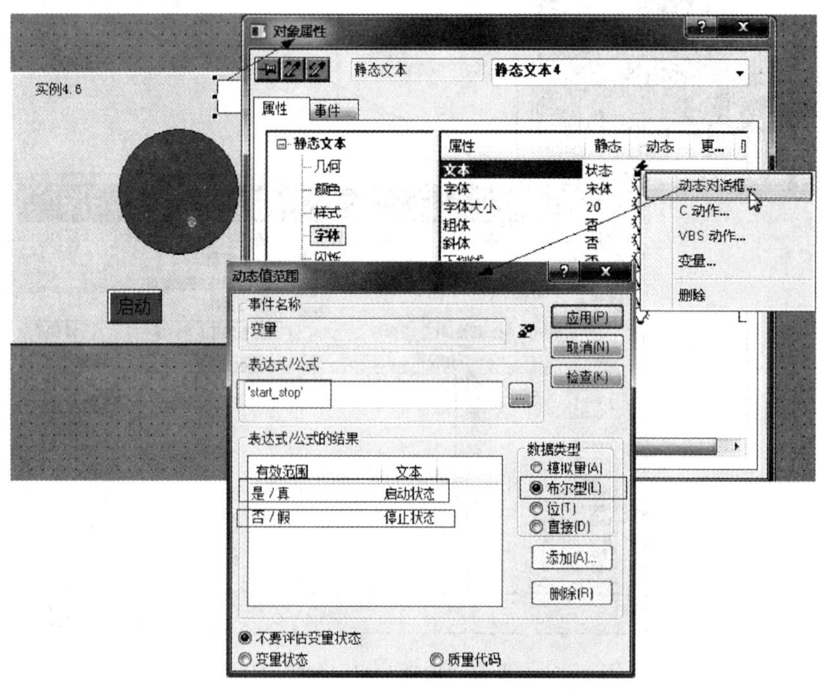

图 4 - 30　设置文本对象文本属性

【例 4 - 7】　通过直接连接实现在指定画面窗口中显示指定画面。

图 4 - 31　设置文本对象文本属性

在画面编辑器中添加如图 4 - 31 所示的三个对象：一个智能对象：画面窗口 1；两个窗口对象：画面 1 切换按钮和画面 2 切换按钮。通过分别按下两个按钮实现在“画面窗口 1”中显示画面“画面 1. PDL”和“画面 2. PDL”。

右击“画面 1”按钮的对象属性中的“事件属性”内的“按左键”选项，选择“直接连接”，打开“直接连接”对话框，如图 4 - 32 所示。在左边的“来源”栏中“常数”选择需要打开画面的名称“画面 1. PDL”，在右边“目标”栏中选择“画面中的对象”，下边“对象”栏中选择“画面窗口 1”，并在“属性”栏中选择“画面名称”。按钮“画面 2”的鼠标按左键的做法与按钮“画面 1”的相同。

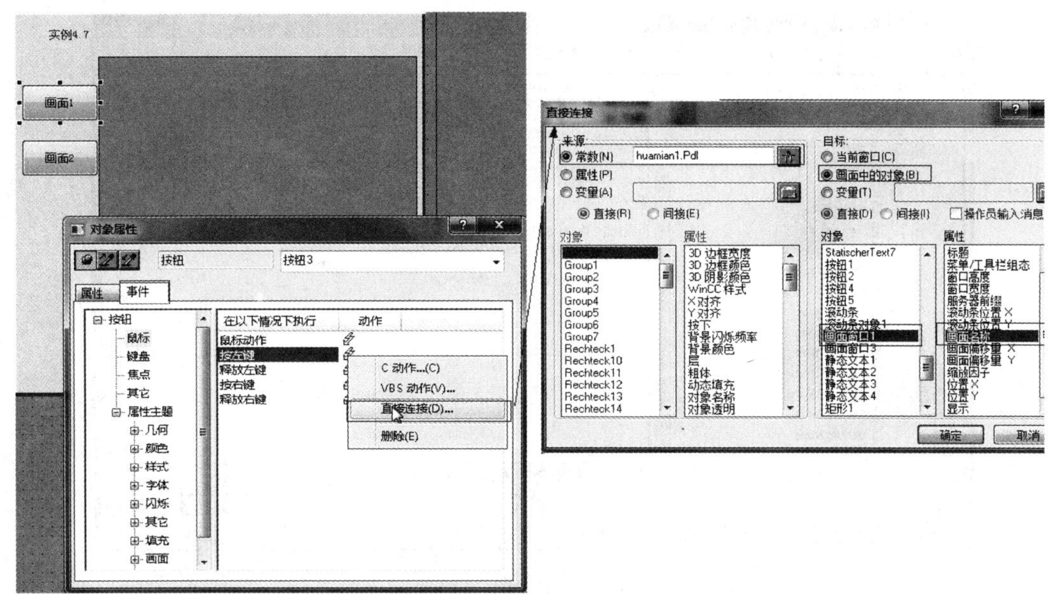

图 4-32 设置画面切换按钮的按左键“直接连接”属性

激活项目，运行测试，观察动态效果。按“画面 1”按钮，与之对应的“画面 1.PDL”显示在画面窗口中，按“画面 2”按钮，与之对应的“画面 2.PDL”显示在画面窗口中。

4.5.5 通过“C 动作”建立动态

WinCC 的 C 脚本的语法与采用 ANSI 的标准 C 语言相一致，并允许用最大的灵活性定义动态对象。C 动作可用于对象的属性和事件。作用于对象属性的 C 动作是用时间或变量触发器驱动的，作用于对象事件的 C 动作是当其属性改变或其他事件来激活。

对于 C 脚本的创建，WinCC 提供两个不同的编辑器。一个是图形编辑器中的动作编辑器，用于在对象处创建 C 动作；另一个是全局脚本编辑器，用于创建项目函数和全局动作。

在图形编辑器中，可以通过 C 动作使对象属性动作化。同样，也可以使用 C 动作来响应对象事件。对于 C 动作的组态，可以使用动作编辑器，如图 4-33 所示。该编辑器可以在对象属性对话框中通过以下方法打开，即点击鼠标右键期望的属性或事件，然后从显示的弹出式菜单中选择 C 动作。已经存在的 C 动作在属性或事件处用绿色箭头标记。

1. 函数浏览窗口

可以从函数浏览窗口中选择需要的函数用于脚本程序。单击所需要的函数，输入所要求的参数，然后在代码区光标位置将产生一行正确的代码。

函数浏览窗口中包括三种函数，其中：

(1) 项目函数。项目函数是在全局脚本编辑中生成的 C 函数，这些函数在本项目中是唯一的，可以从任何地方调用。

项目函数可以由用户自己创建、自己进行编辑，用户还可以进行口令保护，防止未授权的人员对其进行修改和查看。项目函数没有任何触发器，仅在项目内识别。

项目函数分配了文件扩展名“*.fct”，保存在 WinCC 项目的子目录“\library”中。

(2) 标准函数。用于 WinCC 编辑器，如报警、变量存档和用户档案库等，这些函数对于系统是唯一的，但对于项目不是唯一的。

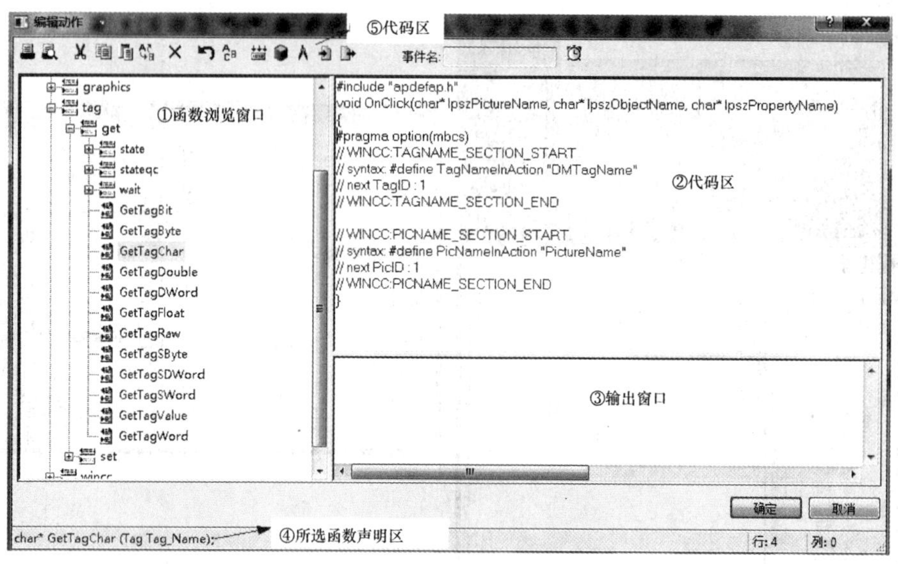

图 4-33　C 脚本编辑器

标准函数不能由用户自己创建，可由用户自己进行编辑，可以进行口令保护，防止未授权人员对其进行修改和查看。标准函数没有任何触发器，可在项目之间识别。

(3) 内部函数。内部函数是最常用的 C 函数库，包含标准的 C 库函数以及允许用户改变对象的属性值、读写外部变量和退出运行状态的函数。

内部函数在 WinCC 中使用，不可以由用户自己创建，不可以被编辑，不可以被重命名。没有任何触发器，项目范围内可用。

内部函数具有文件扩展名“*.icf”。内部函数保存在 WinCC 安装目录的“\aplib”子目录中。

2. 代码区

函数和动作在代码区进行写入和编辑。只有在所要编辑的函数和动作已经打开时，它才是可见的。每个函数或动作都将在自己的代码区窗口中打开。可同时打开多个代码区窗口。

说明：函数或动作所包含的字符包括空格在内，不能超过 32 767 个字符。

3. 输出窗口

在输出窗口中可以看到编译函数或动作时编译器输出的消息。

4. 所选函数声明区

给出所选函数的参数及声明。

5. 工具栏

工具栏提供各种编辑工具。为方便使用以提高效率，一般都在操作界面的相应位置上设立各种工具图标，如：

(1) 图标，出现“改变触发器”对话框，设置需要的触发器。

(2) 图标，打开代码属性对话框，可以设置程序代码的字体、字形和大小。

(3) 图标，对代码进行编译，创建相应的动作。

(4) 图标，打开变量浏览器，从中选择希望的变量。

(5) 图标，打开画面浏览器，从中选择希望的画面。

(6) 图标，用来导入和导出一个 ACT（动作）格式的文件。

关于 C 脚本更详细的内容介绍将在第 7 章中进行，此处仅仅给出使用 C 动作实现几个动态效果的实例。

【例 4-8】 利用 C 动作实现画面切换。

创建如图 4-13 所示的画面，右键单击“C 脚本切换画面”在弹出的“对象属性”中的“事件”内的“按左键”选项上，右击闪电图标选择“C 动作”打开“编辑动作”对话框，如图 4-34 所示。在函数浏览窗口中选择“标准函数”中的“GRAPHICS”选项下的“OpenPicture”函数，在弹出的“分配参数”窗口中“值”选项中选择需要打开的画面，如图 4-35 所示。

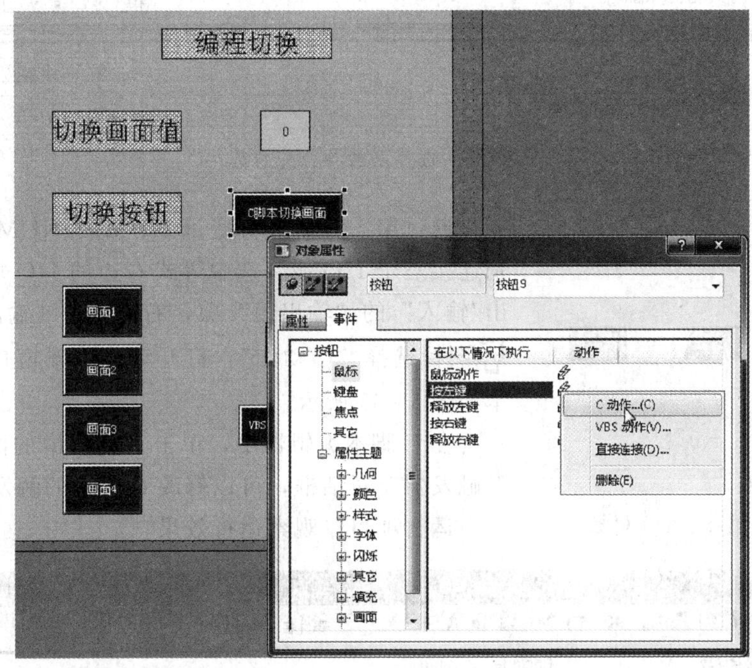

图 4-34　打开 C 脚本编辑器

运行项目，观察效果。

友情提示

如果希望通过 C 脚本将画面切换到指定的画面窗口中，可以通过内部函数 SetPictureName(“主画面.PDL”，“画面窗口名”，“XX.Pdl”）来实现。

【例 4-9】 新建三个 I/O 域，如图 4-36 所示，等号左边的两个 I/O 域分别与变量 NUM1 和 NUM2 连接，等号右边的 I/O 域与变量 SUM 连接，其值为左边两个 I/O 域值的和。

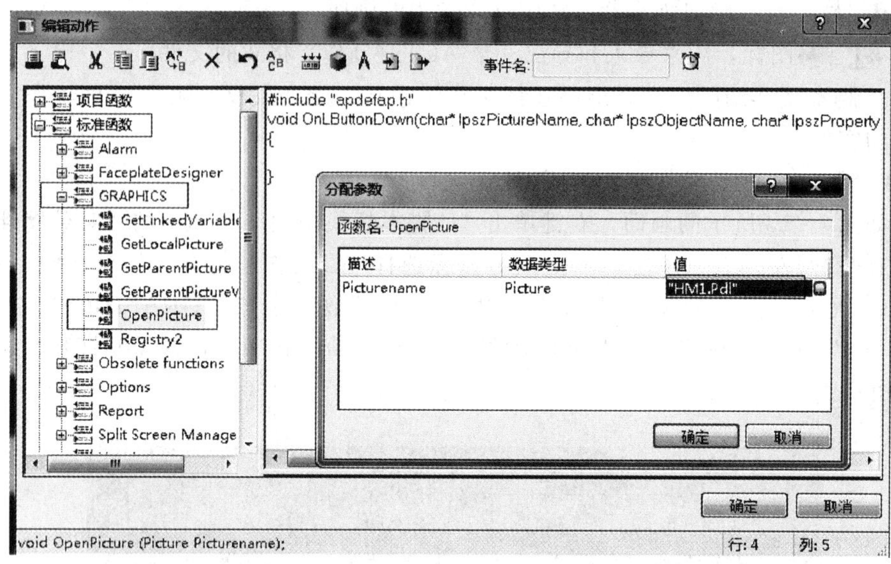

图 4-35 选择函数并分配参数

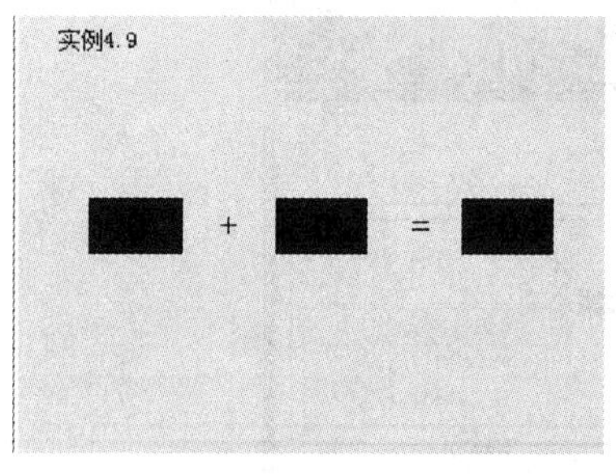

图 4-36 组态三个 I/O 域

通过组态对话框将变量 NUM1、NUM2 和 SUM 分别连接三个 I/O 域，选中等式右边的 I/O 域“属性→输出/输入”的“输出值”项，右键单击“输出值”项后的图标选择“C 动作”，打开动作编辑窗口，编写 C 脚本如图 4-37 所示。

在 C 脚本编辑器中，单击工具栏中的图标打开“改变触发器”对话框，可以修改 C 脚本的触发时间间隔。

运行项目，观察运行效果。

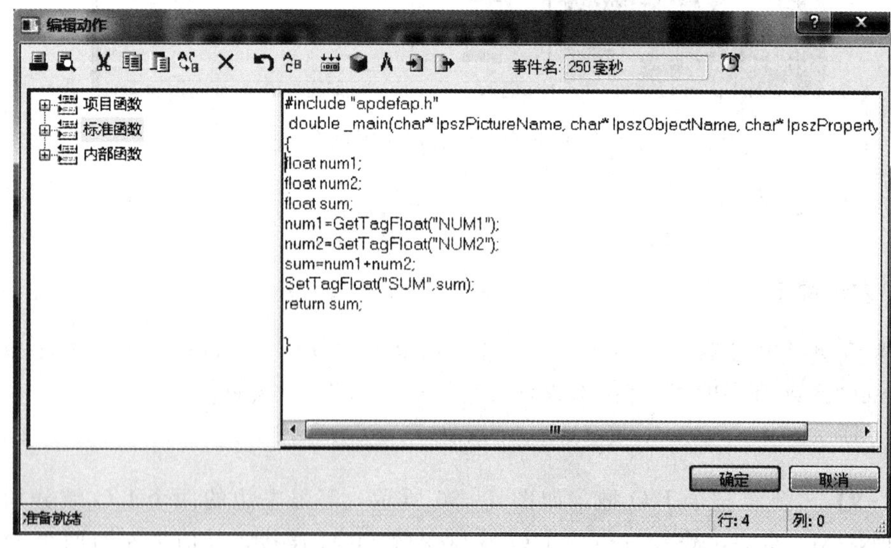

图 4-37 加法运算的 C 脚本程序

友情提示

GetTagFloat 为内部函数，它可以在函数浏览窗口中的“内部函数→tag→get”目录下找到。调用时，双击该函数，系统将打开如图 4-38 所示的“分配参数”对话框，该对话框主要便于用户方便选择相关函数的参数，单击“值”列中的 ... 按钮，可以进行变量、图形对象和画面的选择，单击确定完成函数参数的分配。

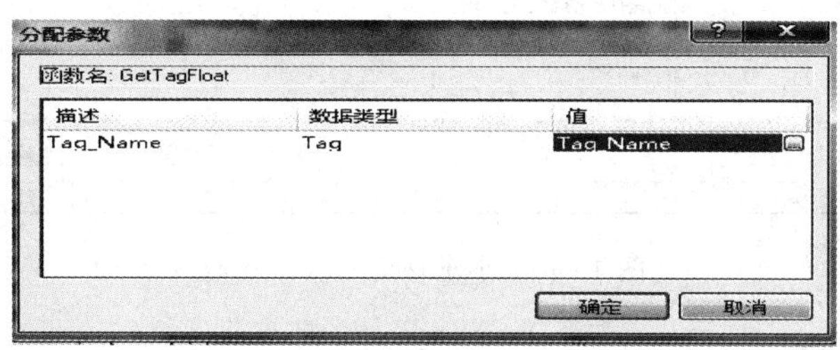

图 4-38 “分配参数”对话框

【例 4-10】 编写小车的模拟运动。要求实现当按下前进按钮时小车前进，当按下后退按钮时小车后退，当没有按任何按钮时小车不动。

本例中在画面编辑器中添加如图 4-39 所示的三个对象：两个按钮“前进”和“后退”、一个小车对象（以从“库→SIMENS HMI Symbol Library 1.4.1→交通工具”中找到），并新建两个内部变量 forward 和 back，变量类型为“二进制变量”。

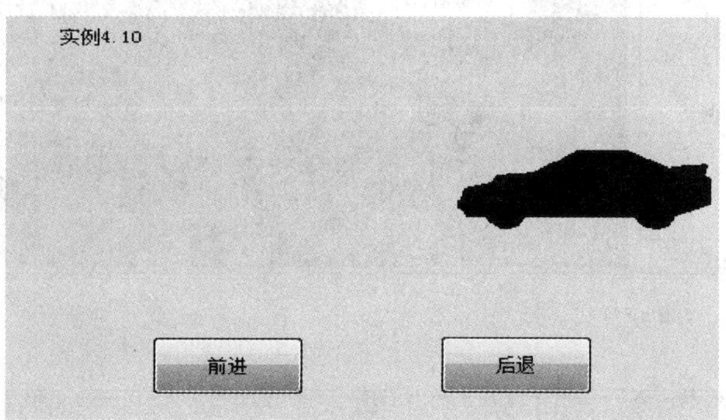

图 4-39 小车移动画面组态

通过直接连接分别组态两个按钮，当按下按钮时变量的值为 1，当释放按钮时变量的值为 0。在“小车”对象的属性对话框“几何→位置 X”的白色小灯泡图标上右键单击选择“C 动作”，打开 C 动作编辑器窗口，输入以下代码，如图 4-40 所示。

4.5.6 通过“VBS 动作”建立动态

WinCC V6.0 版本以上集成了 VBScript，简称 VBS 或 VB 脚本。VBScript 是 VB 的一个子集，可以实现部分 VB 的功能。它与 ANSI-C 脚本一样，既可以在全局脚本编辑器中创建和编辑 VBS 动作，也可以在图形编辑器中的对象属性和对象事件中创建和编辑 VBS 动作。VBS 简单易学，且便于测试，深受广大工程技术人员的欢迎。

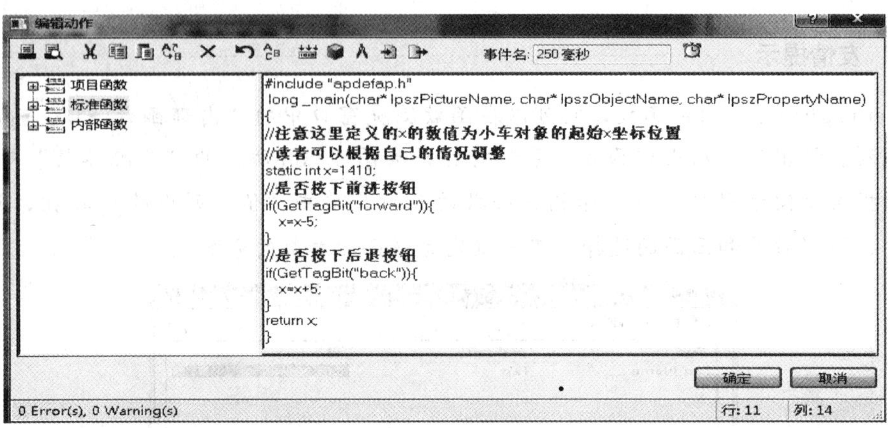

图 4-40　小车移动 C 脚本代码

1. 全局脚本编辑器

在 WinCC 项目管理器的浏览窗口中选择全局脚本中的 VBS-Editor（VBS 编辑器），双击打开全局脚本 VBS 编辑器，如图 4-41 所示。

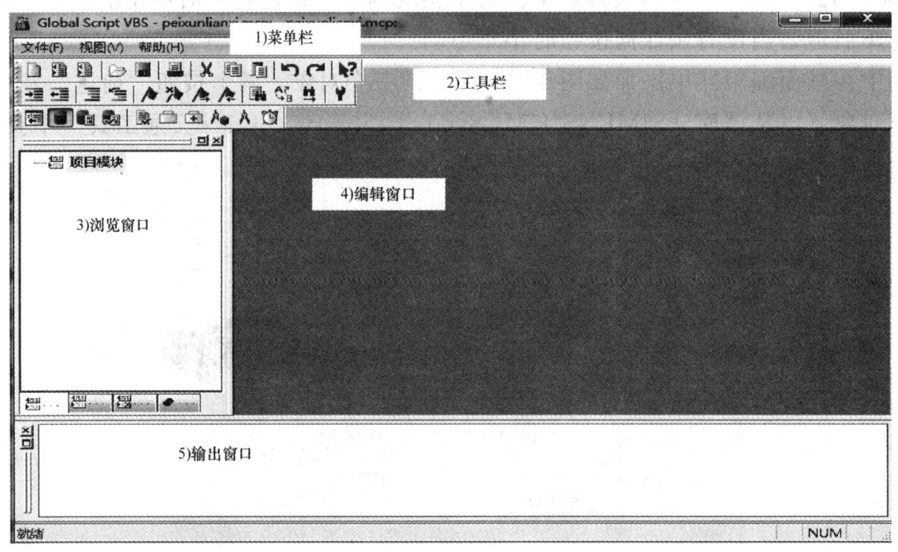

图 4-41　VBS 全局脚本编辑器

(1) 菜单栏。在菜单栏中 VBS 编辑器的菜单命令会根据编辑器内容的不同而有不同的显示。

(2) 工具栏。使用工具栏中的按钮可快速、方便地访问 VBS 功能。

(3) 浏览窗口。通过单击下方的图标选择将要编辑的模块、过程和动作。可选择项目模块、标准模块、动作和代码模板。

(4) 编辑窗口。在编辑窗口中编辑所选择的模块和动作。每个模块或动作都将在自己的编辑窗口中打开。同时可以打开多个编辑窗口。

(5) 输出窗口。单击工具栏中的图标，可检查编辑过程中的语法错误，检查的内容在输出窗口中显示，同时会弹出提示框。

2. 在图形编辑器中打开 VBS 编辑器

在图形编辑器中，可以对图形对象属性和对象事件编写动作。方法是在图形编辑器中选择对象，打开“对象属性”对话框，在需要编辑 VBS 动作的对象属性或对象事件的白色小灯泡图标或闪电图标上右键单击，在弹出菜单中选择菜单项“VBS 动作…”，打开 VBS 动作编辑器，如图 4-42 所示。

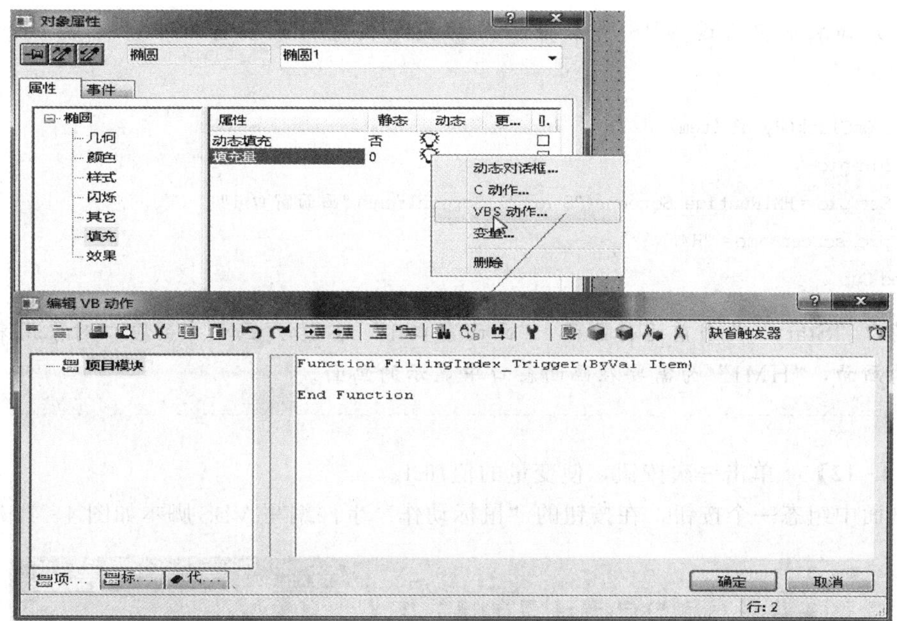

图 4-42 VBS 脚本编辑器

【例 4-11】 利用 VBS 动作实现画面切换。

创建如图 4-13 所示的画面，右键单击“VBS 脚本切换画面”按钮，在弹出的“对象属性”中的“事件”内的“鼠标动作”选项上，右击闪电图标选择“VBS 动作（V）…”打开“编辑 VB 动作”对话框，在编辑窗口添加如图 4-43 所示的脚本。

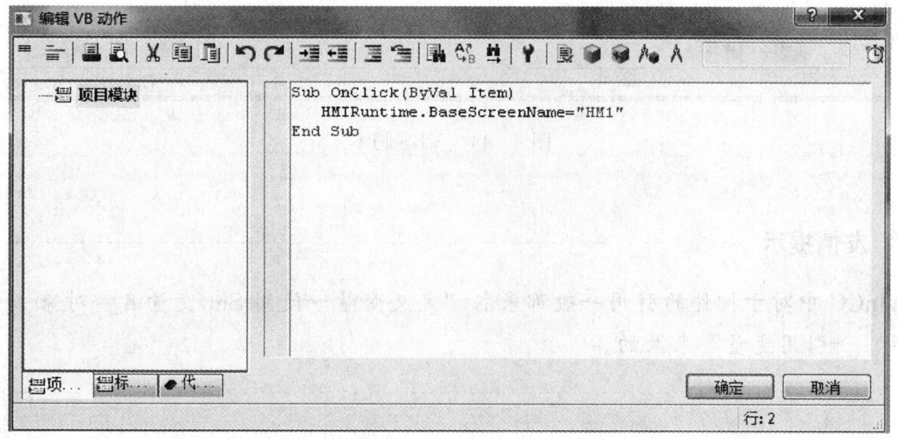

图 4-43 选择函数并分配参数

运行项目，观察效果。

友情提示

（1）在 WinCC 中，如果使用 VBS 来切换画面，切记不要使用 LoadPicture 来切换，这个函数不是用于切换画面的，而是用来装入 BMP、JPEG 等图形文档的。

（2）如果希望通过 VBS 脚本将画面切换到指定的画面窗口中，编写 VBS 脚本如下：

```
Sub OnClick(ByVal Item)
  Dim pic
  Set pic = HMIRuntime.Screens("Start").ScreenItems("画面窗口 1")
  pic.screenName = "HM1"
End Sub
```

其中“Start”为当前运行画面，“画面窗口 1”为 Start 画面中的窗口对象用来显示切换的画面，“HM1”为需要在画面窗口中显示的画面。

【例 4-12】 单击一次按钮，使变量的值加 1。

在画面中组态一个按钮，在按钮的“鼠标动作”事件编写 VBS 脚本如图 4-44 所示。

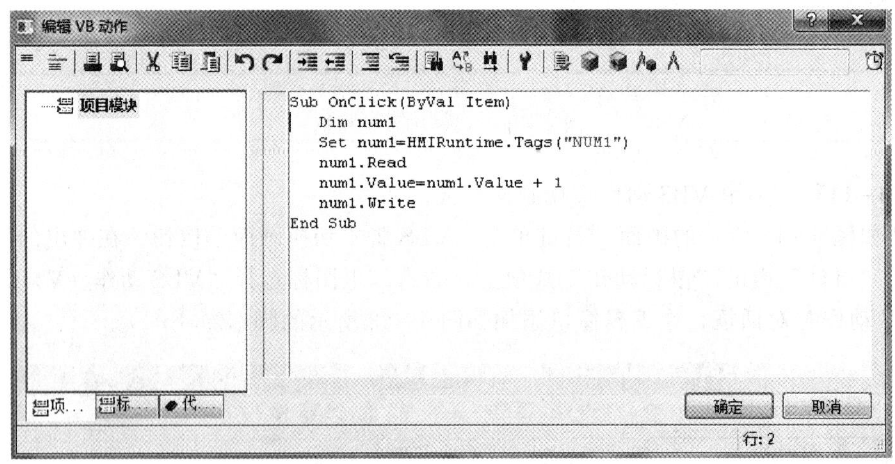

图 4-44 VBS 脚本

友情提示

WinCC 中对于控件的引用一般都采取“定义变量→使用 Set 变量名=对象．（方法或属性）→引用变量”来做的。

例 4-12 中，在变量的读取或写入的过程中，用到一些属性和方法，如 Read 和 Write 方法，变量的 Value 属性等，熟练掌握这些属性和方法相当重要。

4.6　画　面　模　板

在实际的工业现场及应用中，经常会遇到多个设备需要显示相同参数的情况，如现场有个多个电动机，每个电动机需要显示和控制的参数都相同，只是不同电动机的参数数值不同。使用画面模板，能够避免多次重复组态相同的画面，减少组态人员的工作量，又能避免日后项目维护时期的大量工作，提高系统的可维护性。画面模板和结构变量配合使用，能够快速高效的组态模板，满足现场要求。

4.6.1　用户自定义对象

用户自定义对象是由多个 WinCC 对象组合而成，可以选择其中的某些用户需要的属性作为用户自定义属性，故生成的新对象可作为模板连接不同的变量。这种模板不适用于结构变量。

【例 4-13】　通过自定义对象实现阀门复杂控制。

阀门一般有 5 种状态：全开、全关、故障、开、关，在实现阀门控制时就可以通过阀门不同的颜色显示表示阀门的状态，如全开时显示绿色、全关时显示红色、开过程显示闪烁绿色、关过程显示闪烁红色、故障时显示闪烁黄色。

我们可以通过直接在元件的属性写脚本，但是这个方法在不同的控制对象需要修改变量时必须进入脚本修改，如果不小心，可能会修改其他的代码，而且修改很不方便。利用 WinCC 提供的自定义对象，就可以很容易的解决上述问题，操作步骤如下：

（1）建立五个内部变量，分别命名为 FullOpen、FullClose、Open、Close、Fault，数据类型为二进制变量。

（2）在画面编辑器中，从库中拖出 1 个阀门元件、5 个静态文本和 5 个按钮，把阀门的符号外观属性修改为“阴影”，并修改文本对象和阀门元件的对象名称属性分别为 FullOpen、FullClose、Open、Close、Fault、Valve，自定义对象组态界面如图 4-45 所示。

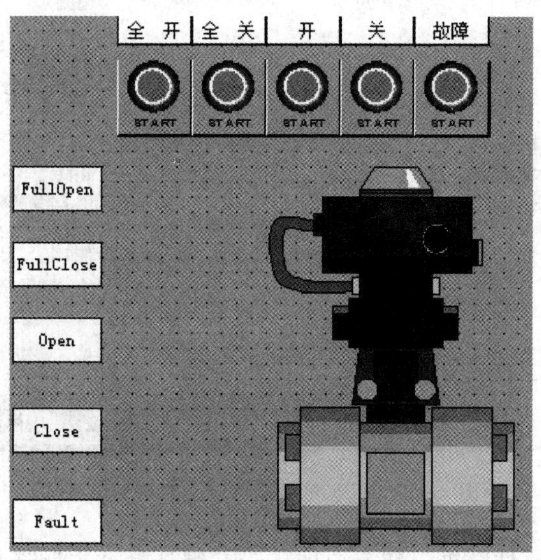

图 4-45　自定义对象组态界面

（3）把文本对象叠加在一起，并将所有的文本显示属性修改为否，并放到阀门后面，使其不可见。

（4）全选对象（注意阀门元件是否被选中，可能需要 shift＋单击来选中），右键单击，选择“自定义对象→创建”弹出组态对话框自定义对象对话框如图 4-46 所示。

（5）将组态对话框自定义对象对框中属性面板的中“选择的属性”中的“用户定义 2”重命名为“Script”，用来放置需要修改脚本的属性，并将 Valve 的前景色、闪烁颜色、闪烁样式加入到 Script 属性组的下面如图 4-47 所示。

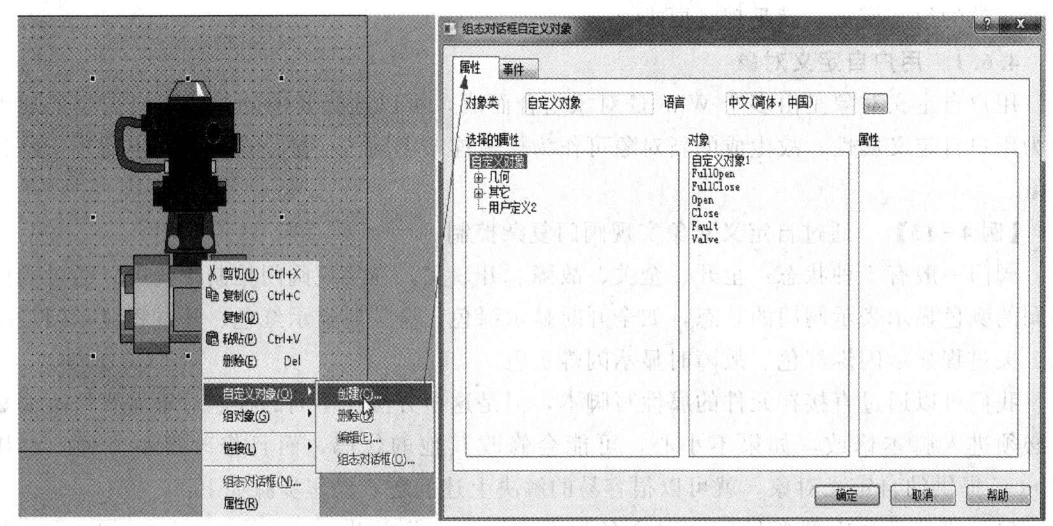

图 4-46 组态对话框自定义对象对话框

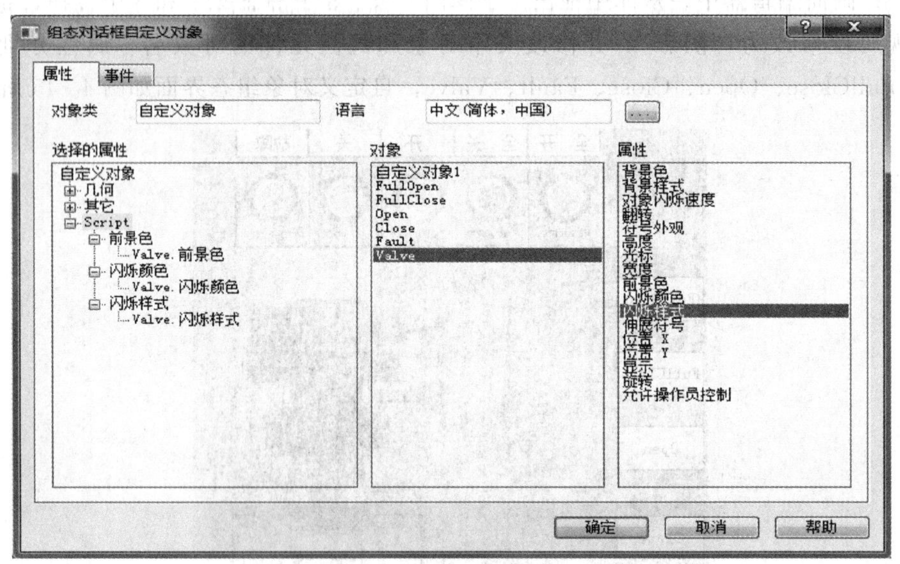

图 4-47 组态对话框自定义对象对话框

（6）回到“选择的属性”框，在空白区单击右键选择“主题选择”将 UserDefined3 添加到右侧已选主题框中，确定后重命名“UserDefined3”为“变量名”，在这个属性组中将存储工程中要添加的变量名如图 4 - 48 所示。

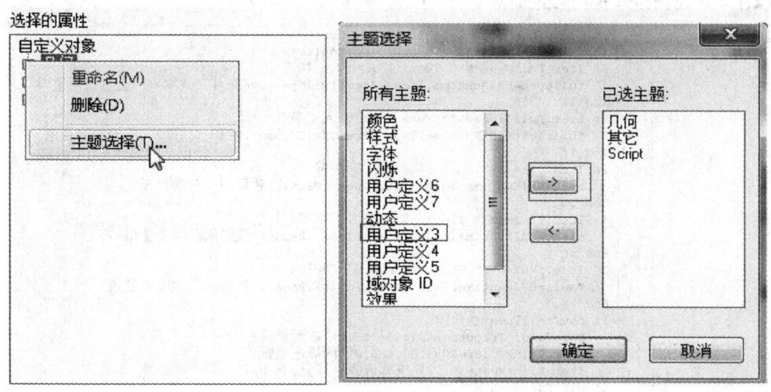

图 4 - 48 添加自定义对象中新的主题

(7) 按照第 (5) 步的操作过程分别把 FullOpen、FullClose、Open、Close、Fault 5 个文本变量的文本属性添加到“变量名”下，并右键单击修改属性的名称，确定完成修改，如图 4 - 49 所示。

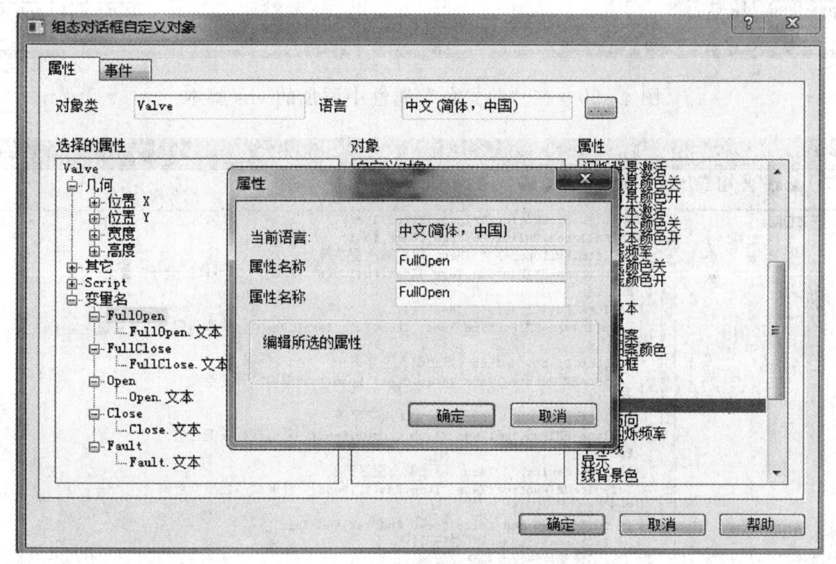

图 4 - 49 修改主题属性名称

(8) 右键单击阀门对象，在打开的对象属性栏中选择“Script”选项，分别为“前景色”和“闪烁颜色”属性添加如下 vbs 脚本，如图 4 - 50 和图 4 - 51 所示。

(9) 通过按钮改变相关变量的值就可以实现我们之前要求的功能。工程中需要使用时只要把“变量名”属性下的“全开”、“全关”、“开”、“关”、“故障”添上相应的变量就可以了，其他的不用改动，脚本也不需要懂。需要注意的是在连接变量的时候不是在动态中进行变量连接的而是通过双击属性名，在弹出的文本输入中输入变量名即可。

4.6.2 画面原型

在用户自定义对象的基础上，如果要支持结构变量的使用，可以用动态向导的方法来简

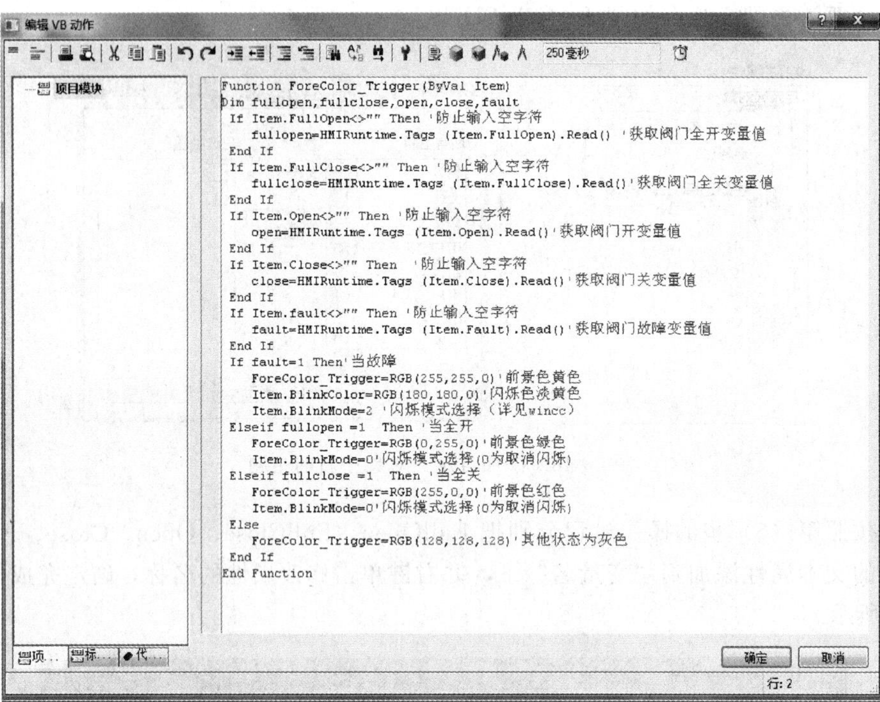

图 4-50 在“前景色”属性中添加的 vbs 脚本

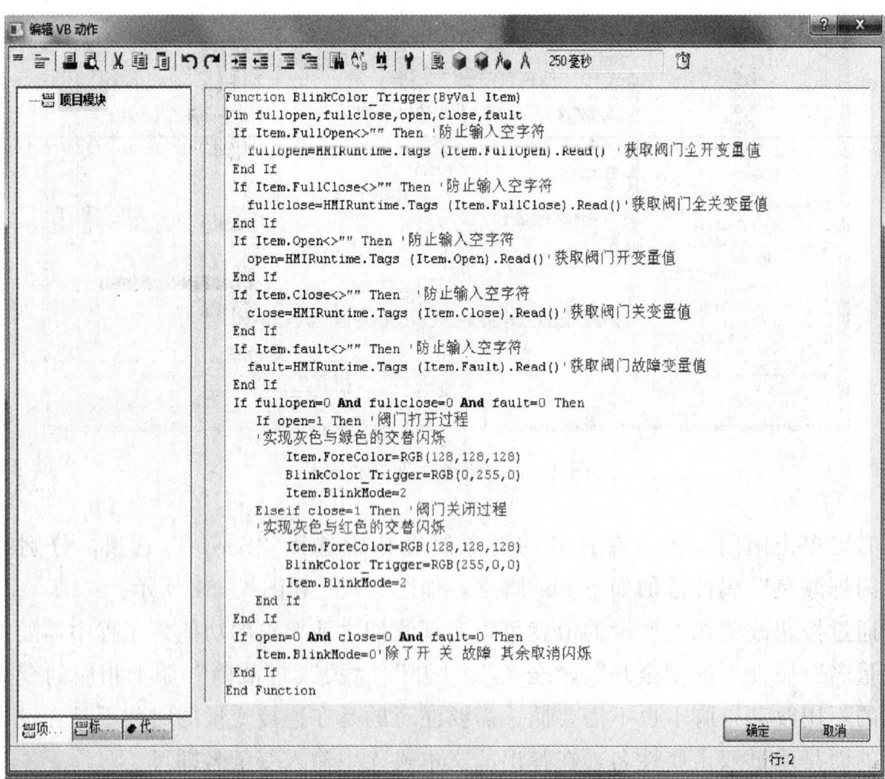

图 4-51 “闪烁颜色”属性中添加的 vbs 脚本

化这个工作。首先做好模板，再利用动态向导连接结构变量，将此模板复制多份，分别创建连接，用这个模板可以迅速生成连接不同结构变量的自定义对象。

【例 4-14】 利用结构变量来控制不同图形的填充量、长度和高度。

(1) 在画面中添加一个矩形框和三个 I/O 域，选中所有对象，创建自定义的对象，将三个输入输出域的三个“输出值”属性添加到“UserDefined2”选项下，如图 4-52 所示。

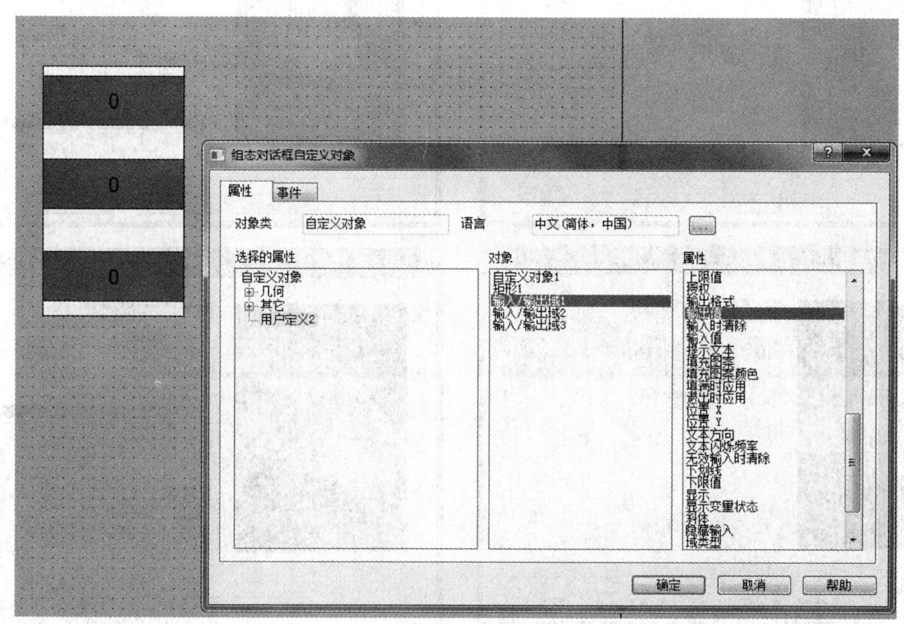

图 4-52　组态画面并创建自定义对象

(2) 新建结构类型变量 IOGRP，它包含 3 个元素：OutputValue，OutputValue1，OutputValue2。新建三个 IOGRP 结构类型的变量 iogrp_1、iogrp_2、iogrp_3。

(3) 通过动态向导对步骤 (1) 中的自定义对象进行动态效果设置。选中自定义对象，在动态向导“标准动态 (Standard Dynamics)”选项卡中的“为原型增加动态 (Stand dynamics to the prototype)”，如图 4-53 所示。

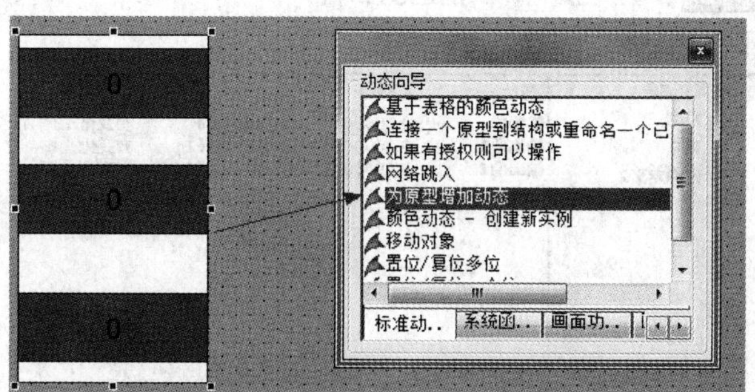

图 4-53　为自定义对象添加标准动态“为原型增加动态”

双击“为原型增加动态 (Stand dynamics to the prototype)”选项，启动动态向导对话框，选择“根据变化 (Upon change)”触发器，将变量 iogrp_1.OutputValue 赋值给自定

义对象的“OutputValue”，如图 4-54 所示。

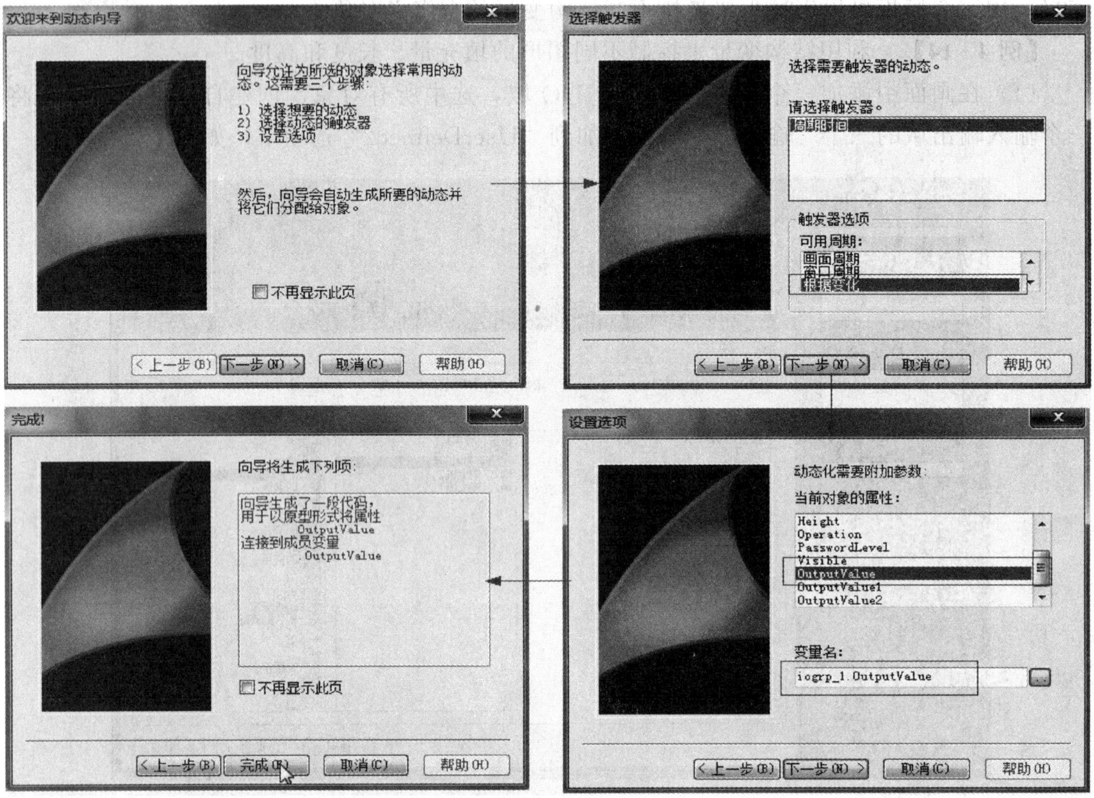

图 4-54　通过动态向导设置动态连接

通过动态向导同样的操作将变量 iogrp _ 1. OutputValue1 和 iogrp _ 1. OutputValue2 分别赋值给自定义对象的“OutputValue1”和“OutputValue2”。此时，自定义对象的“UserDefined2”属性如图 4-55 所示。

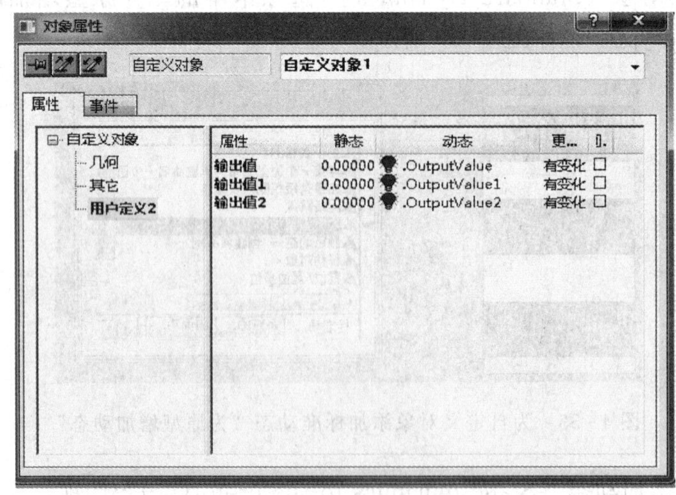

图 4-55　组态动态连接的结果

(4) 将上述自定义对象复制两份，选中一个对象，在动态向导“标准动态（Standard Dynamics)”选项卡中双击“连接一个原型到结构或重命名一个已存在的连接（Link a prototype to a structure or rename an existing link)”，如图 4-56 所示。

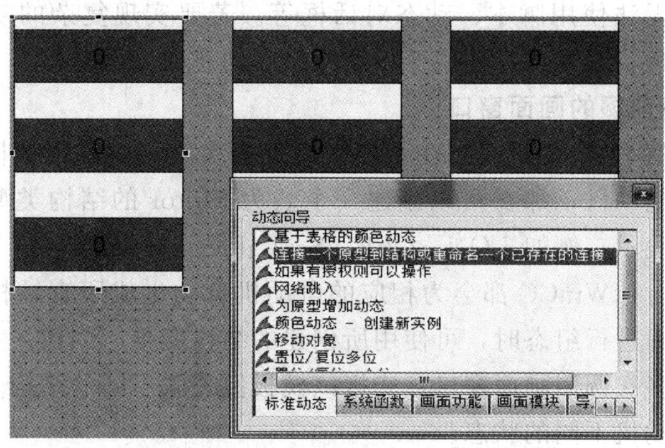

图 4-56　为自定义对象添加标准动态“连接一个原型到结构或重命名一个已存在的连接”

双击该选项，启动向导对话框，结构背景名称选择结构变量“iogrp _ 1”，完成组态，如图 4-57 所示。同样的操作将结构变量 iogrp _ 2 和 iogrp _ 3 分别赋给另外两个对象。此时三个对象的“UserDefined2”属相分别对应三个结构变量：iogrp _ 1、iogrp _ 2、iogrp _ 3。

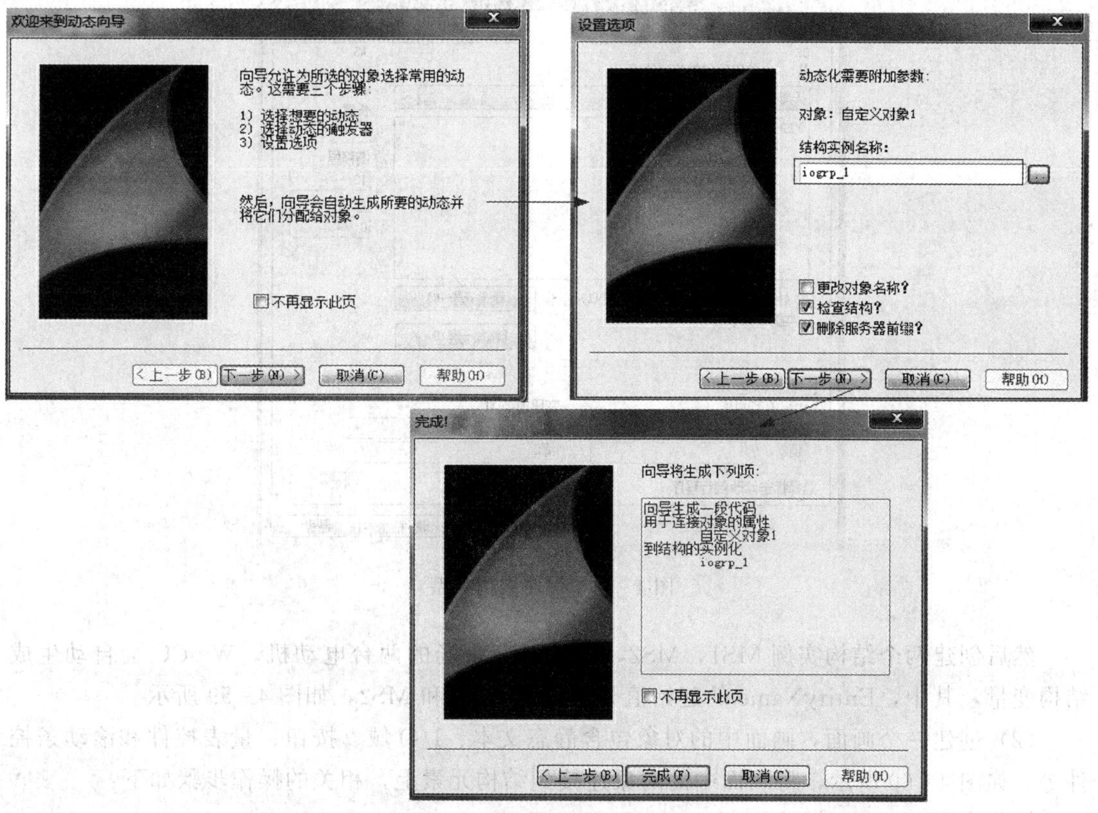

图 4-57　添加标准动态的动态向导

（5）启动 WinCC 的变量模拟器，分别为三个结构变量下的元素赋值，运行项目观察效果。

“用户自定义对象”和“画面原型”两种方式主要用于一些对象集合需要多次使用、连接多套参数的场合，无法使用脚本、动态对话框等。若要实现复杂的功能，则需要画面窗口。画面窗口分为两种实现方式：使用变量前缀型和动态向导型。

4.6.3　使用变量前缀的画面窗口

在 WinCC 中，如果某个变量组态在系统中出现多次，可以使用结构类型。例如，根据统一原理设置的多个电动机，那么可以创建一个名为 Motor 的结构类型，其中的每个变量都有一个结构元素来表示，例如，ON _ OFF、SetValue、ActualValue 等。每次使用该结构类型创建新结构实例时，WinCC 都会为相应的电动机自动生成所有结构变量。当希望通过画面窗口来集成的画面进行组态时，可使用所创建的结构变量。创建一个对应电动机的画面模板，然后在画面中多次调用画面窗口，连接该模板但关联不同的结构变量，能够实现在各个窗口中显示各个电动机不同的状态。

本节和下一节描述的就是利用结构变量和画面窗口共同组态实现画面模板的两种方法的具体操作步骤。

（1）创建结构变量。在项目中创建一个名为 MotorStructure 的结构类型，包含 SetValue、ActValue、EntityName 和 On _ Off 四个结构元素，如图 4-58 所示。

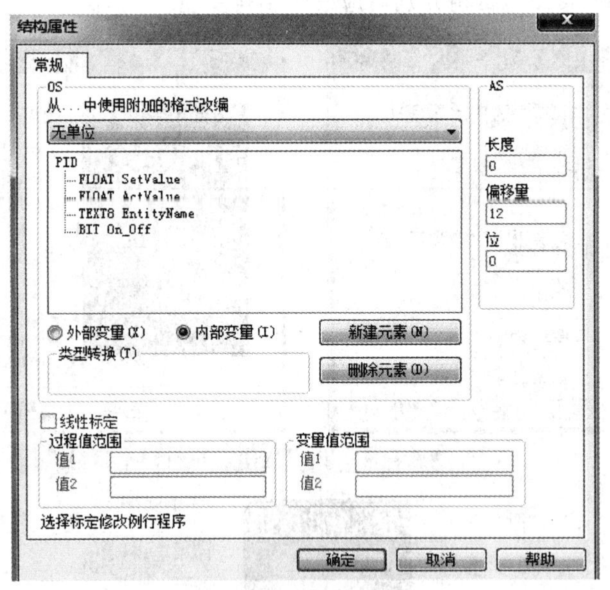

图 4-58　构建结构类型

然后创建两个结构实例 MS1，MS2，分别对应现场的两台电动机，WinCC 会自动生成结构变量，其中，EntityName 的起始值分别设为 MS1 和 MS2，如图 4-59 所示。

（2）创建一个画面，画面中的对象包含静态文本、I/O 域、按钮、量表控件和滚动条控件等，如图 4-60 所示，将画面中的对象连接到结构元素上，相关的操作步骤如下：

操作步骤一：I/O 域的组态

在画面中添加 I/O 域，为每个 I/O 域连接变量，如 MS1. EntityName 如图 4-60 所示。

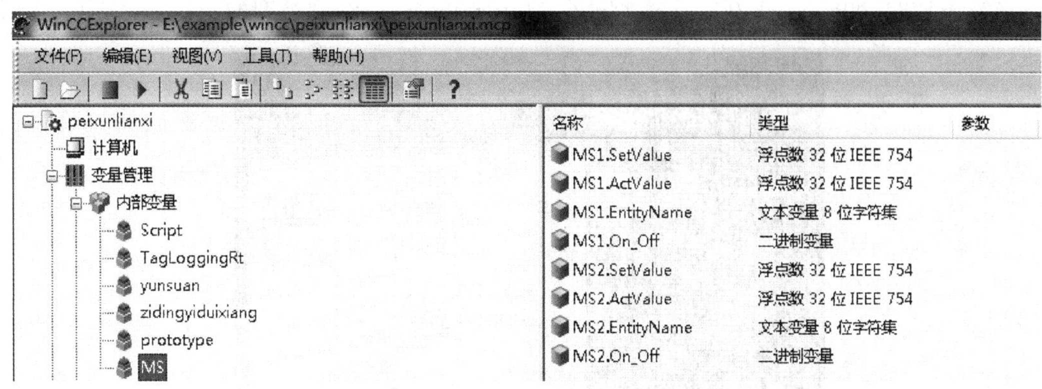

图 4-59　创建结构实例

删除变量的前缀，仅保留结构元素部分，如 EntityName，如图 4-61 所示。其他 I/O域的组态方法类似，分别连接 SetValue 和 ActValue 元素，用来显示电动机名称、电动机的设定转速和电动机的实际转速，三个 I/O 域的具体设置如下：

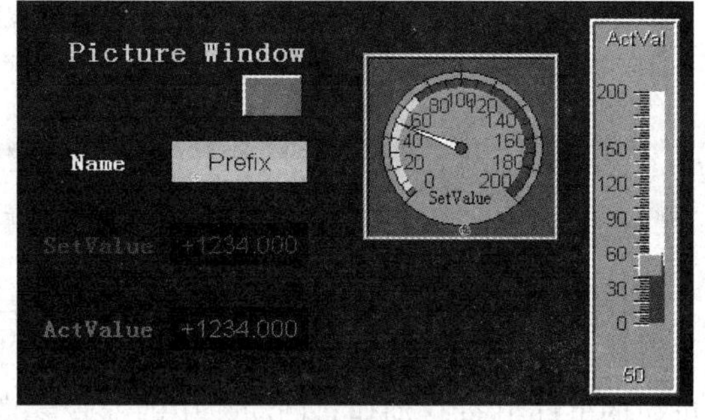

图 4-60　画面窗口的样例

（1）Prefix，字符串型，连接变量为 MotorStructure 结构类型的元素 EntityName。

（2）+1234.000，十进制，连接变量为 MotorStructure 结构类型的元素 SetValue。

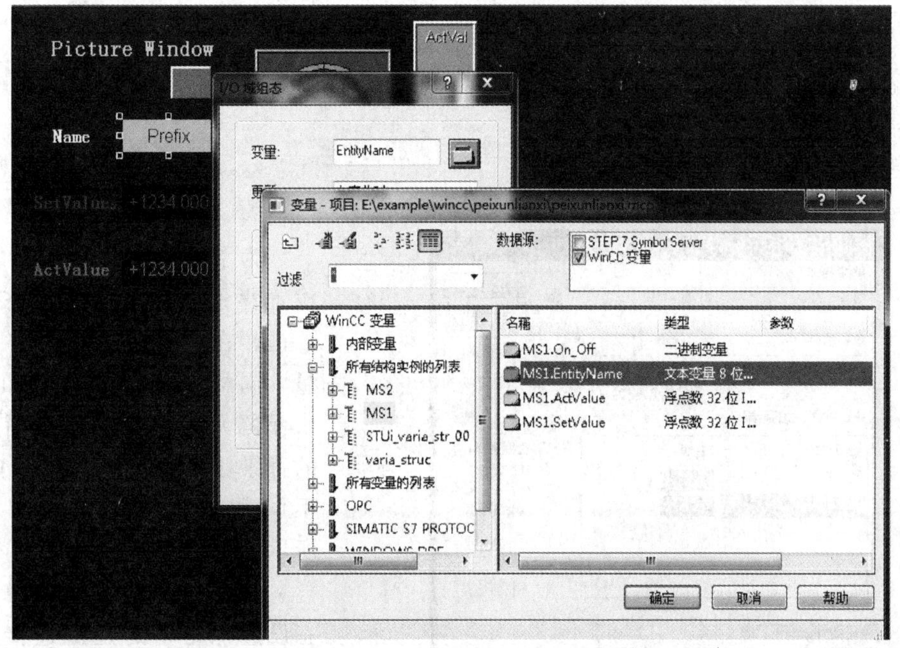

图 4-61　组态 I/O 域

(3) +1234.000，十进制，连接变量为 MotorStructure 结构类型的元素 ActValue。

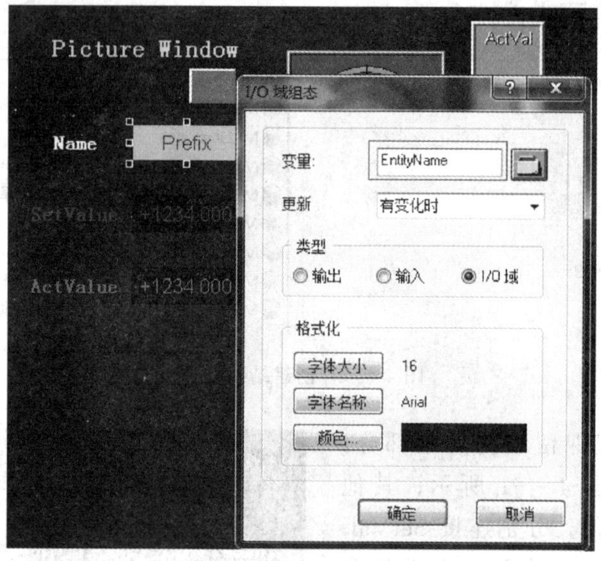

图 4-62 删除变量的前缀

操作步骤二：按钮的组态

再添加一个按钮，用来控制电动机启停，并根据启停状态改变颜色和显示不同的文本。在按钮的事件组态 C 动作，C 动作中的变量参数输入结构元素“On_Off”，代码如下：

```
#include "apdefap.h"
void OnClick(cha.r * lpszPictureName,char * lpszObjectName,char * lpszPropertyName)
{
#pragma option(mbcs)
  BOOL a;
  a = GetTagBit("On_Off");
  SetTagBit("On_Off",1 - a);
}
```

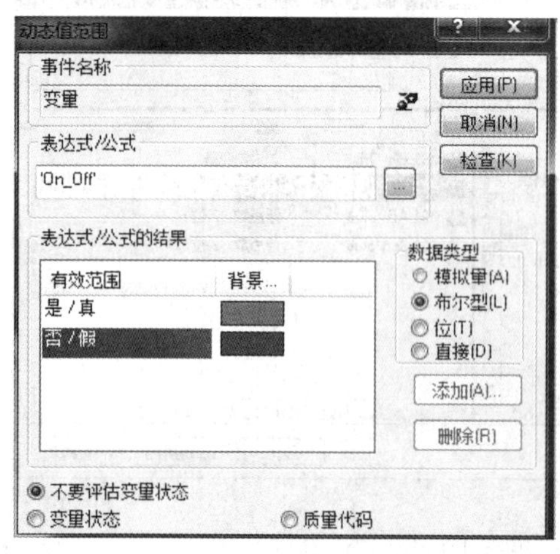

图 4-63 按钮颜色动态的组态

为了使按钮的颜色动态更改，设置背景颜色属性，组态动态对话框，在“表达式”一栏选择变量，同样需要删除变量的前缀，仅保留元素部分，组态后的按钮的背景颜色会根据“On_Off”的不同数值而切换，如图 4-63 所示。

按钮的文本组态为由变量动态设置，显示的是所连接变量的数值，如图 4-64 所示。

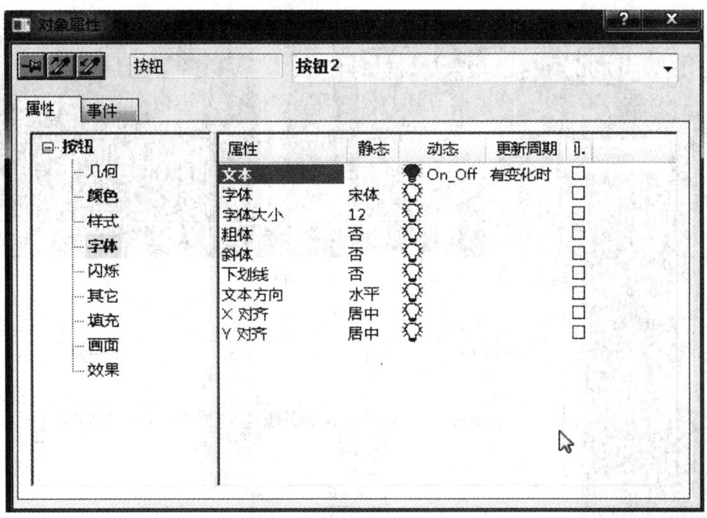

图 4-64　按钮文本的动态组态

友情提示

（1）在组态按钮背景颜色属性完成后，点击“应用”后，系统会因为找不到变量“On_Off”而提示报警，这时可以选择创建一个同名变量，也可以“忽略”这个警告。

（2）对于 WinCC V7，所有的对象默认都是应用“全局颜色方案”的，这样的对象颜色无法动态更改，因此需要设置对象的“全局颜色方案”属性为“否”。

操作步骤三：量表和滚动条的组态

（1）量表控件的组态如图 4-65 所示，控件的“数值”属性连接结构元素“SetValue”，更新周期为“有变化时”。

（2）滚动条控件的组态如图 4-66 所示，滚动条的“位置”属性连接结构元素“ActValue”，更新周期是“有变化时”。

为了通过滚动条画面的位置变化控制变量值，为滚动条的事件“位置→更改”组态直接连接，直接连接的源是滚动条的“位置”属性，目标是结构元素“ActValue”，如图 4-67 所示。

通过上面三个操作步骤我们就组态好了一个模板的画面。

（3）创建另外一个画面来调用之前组态好的模板。新建一个画面，调用多个画面窗口，通过设置不同的变量前缀，实现每个窗口显示一个电动机参数值的效果。

1）静态设置变量前缀。直接设置画面窗口的“变量前缀”属性静态值为“MS1.”，那么这个窗口中的所有变量都添加了一个前缀 MS1.，成为结构变量“MS1. * * *”，组态方法如图 4-68 所示。

运行后的效果如图 4-69 所示。

2）动态修改画面窗口的变量前缀。若要动态修改画面窗口的变量前缀，有两种方法可以实现，基本思路是先给变量前缀重新赋值，然后再给画面窗口重新复制。

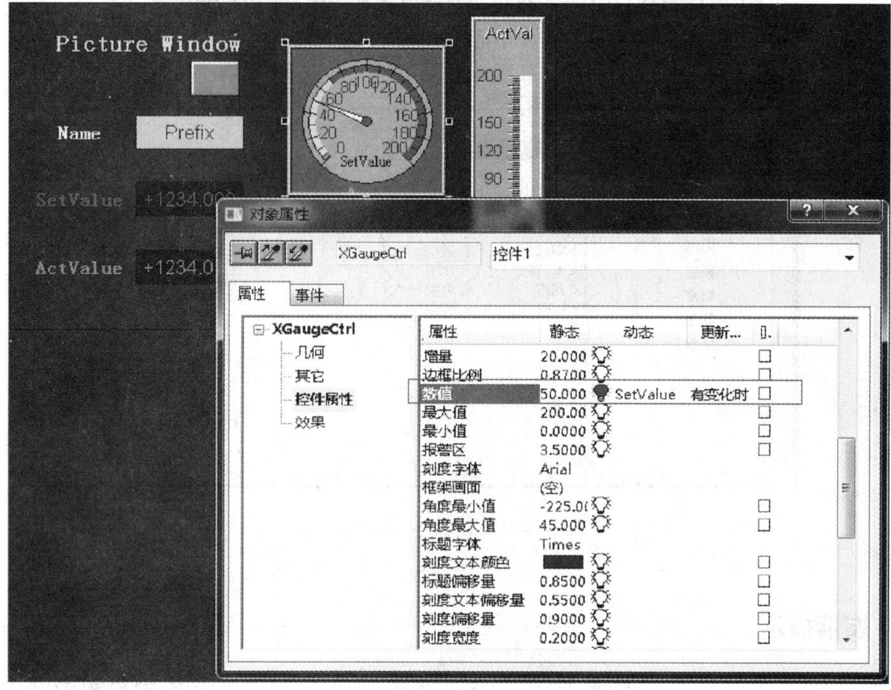

图 4-65 量表控件的组态

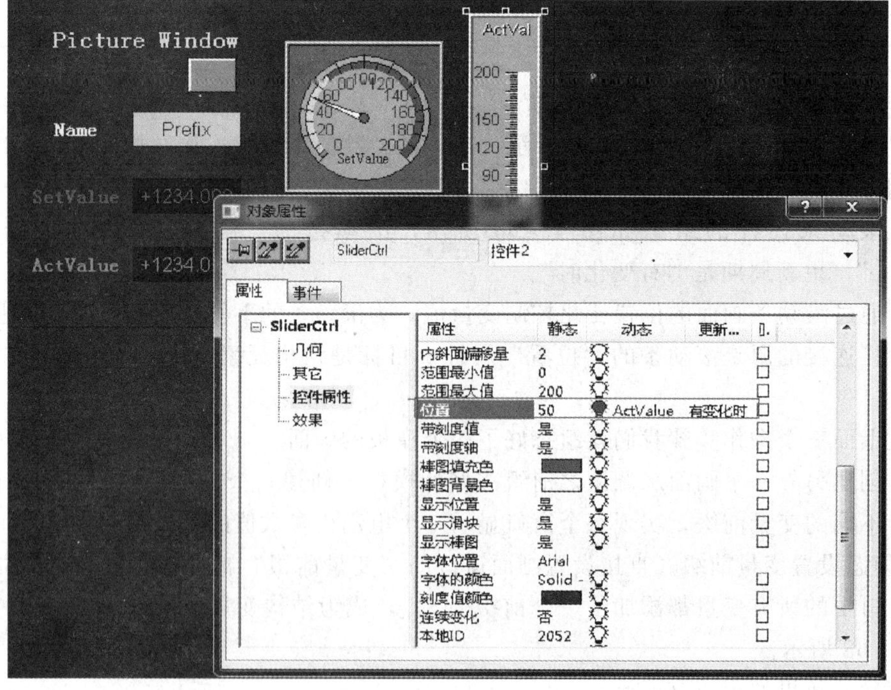

图 4-66 滚动条控件的组态

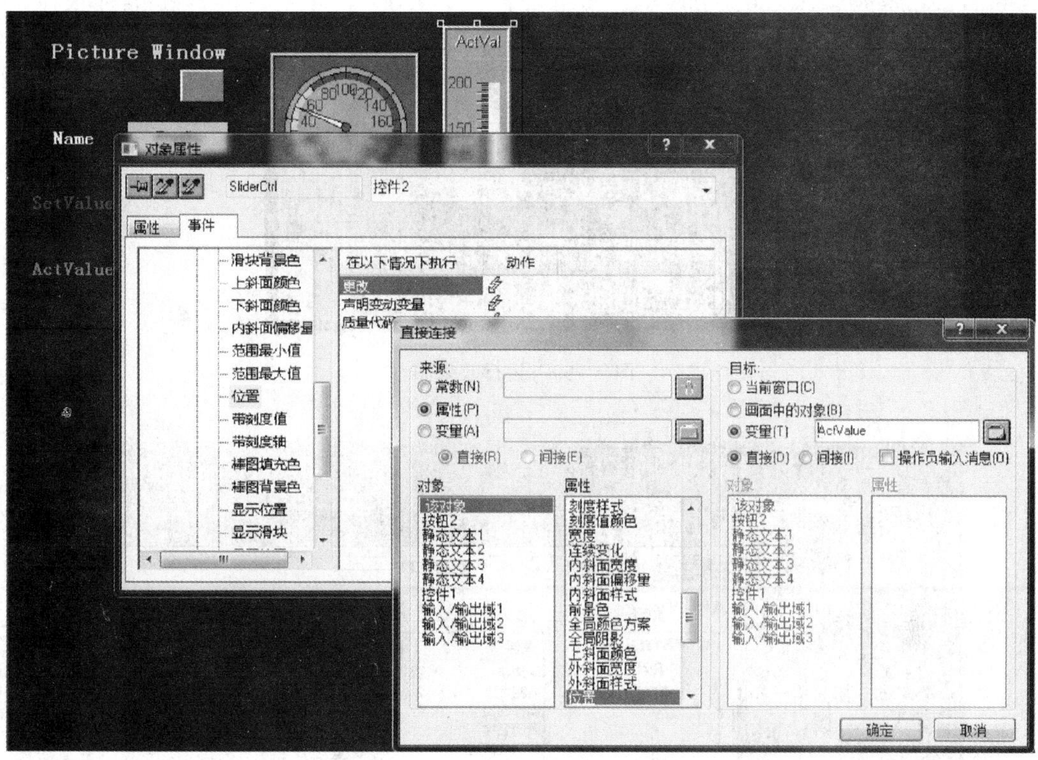

图 4-67 滚动条控件的事件组态

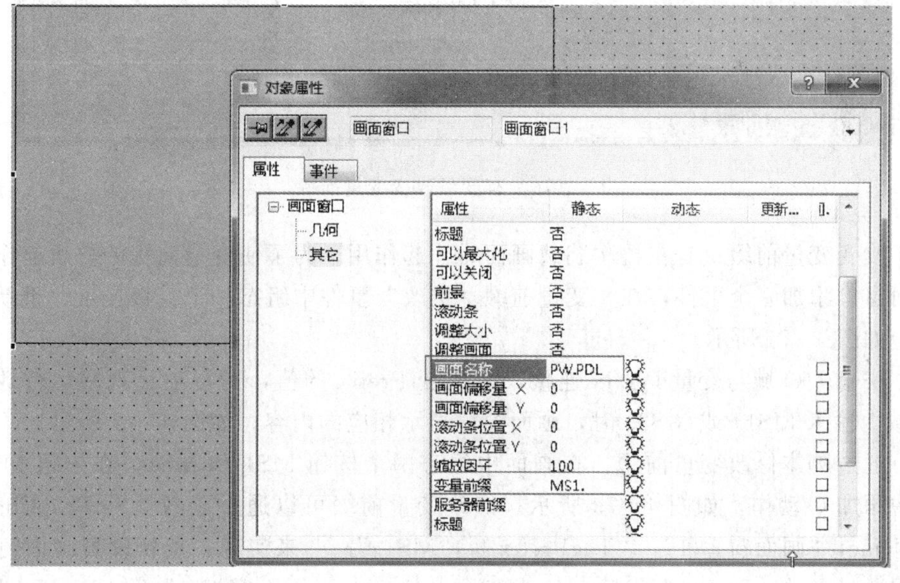

图 4-68 设置固定的变量前缀

(a) 通过变量修改变量前缀。新建一个数据类型为文本 8 位字符集的内部变量 Prefix，将其与画面窗口的“其他→变量前缀”属性动态连接，更新周期为“根据变化”，如图 4-70 所示。

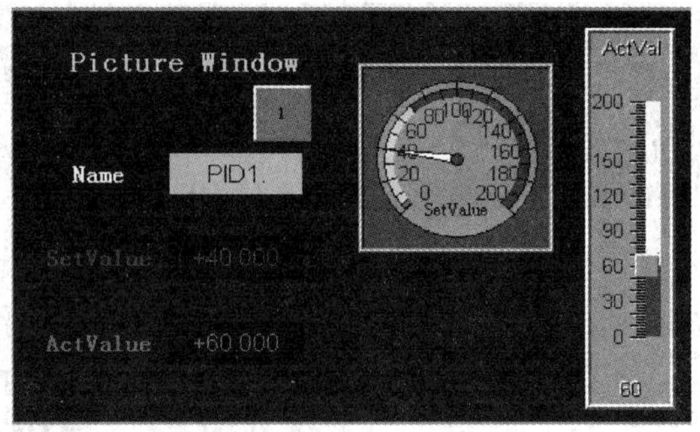

图 4-69 运行效果图

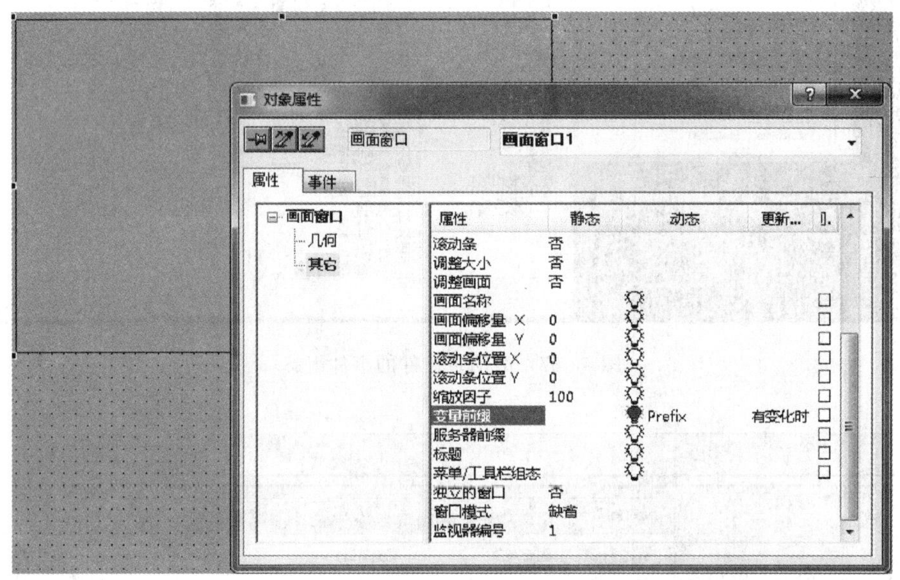

图 4-70 有变量改变变量前缀

由于改变变量前缀只有在再次装载画面时才起作用。为了使变量前缀的更改起作用，需要给画面窗口添加一个事件，在“变量前缀→更改”事件中组态一个直接连接，重新装载画面名称，如图 4-71 所示。

建立一个 I/O 域与变量 Prefix 连接，来改变 Prefix 的值，运行项目观察运行效果，当在 I/O 域中输入 MS1. 或 MS2. 时，画面窗口显示相应的内容，如图 4-72 所示。

(b) 通过脚本修改变量前缀。在画面中组态两个按钮 MS1 和 MS2，在按钮 MS1 的鼠标动作中添加 C 动作，如图 4-73 所示。修改变量前缀可以通过函数 [SetPropChar(lpszPictureName，“画面窗口 1”，“TagPrefix”，“MS1.”);] 来实现；重新设置画面窗口的名称，可用通过函数 [SetPictureName(lpszPictureName，“画面窗口 1”，“PW.PDL”);] 来实现。

修改变量前缀可以用函数 [SetTagPrefix(lpszPictureName，“画面窗口 1”，“MS2.”);] 来实现，然后再重新设置画面窗口的画面名称，在按钮“MS2”的鼠标动作事件中添加 C 动作，如图 4-74 所示。

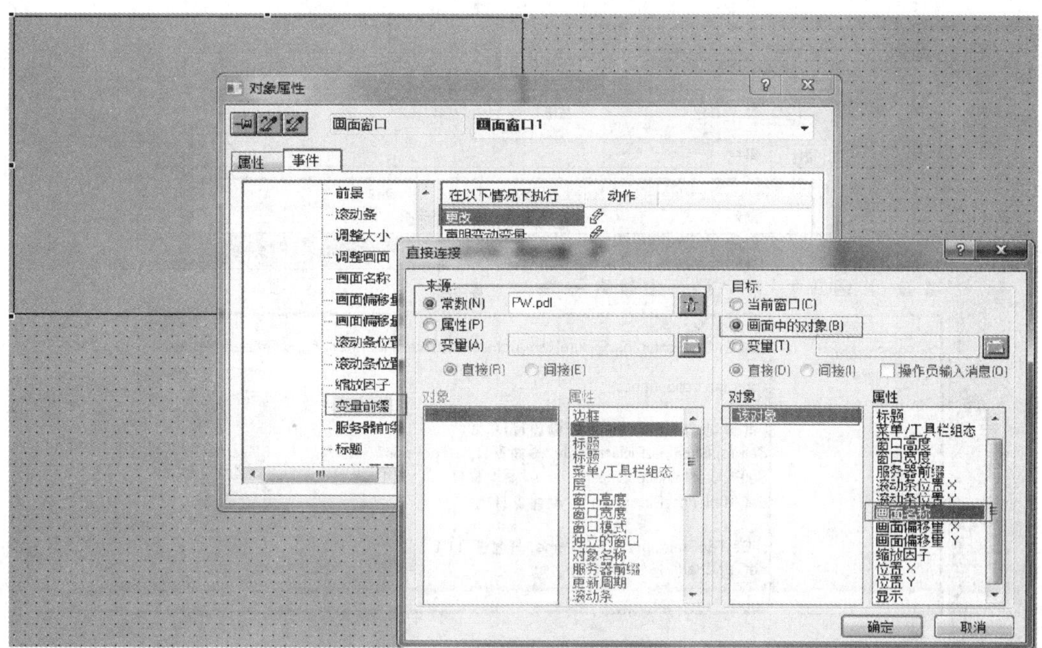

图 4-71 为画面窗口组态事件

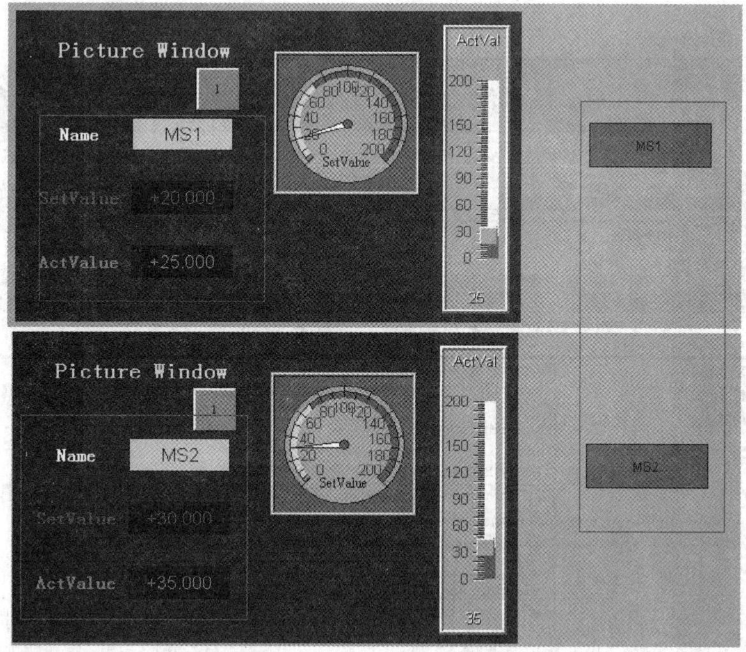

图 4-72 运行效果

运行项目，分别点击 MS1 和 MS2 按钮，在打开的画面窗口中显示对应的电动机的各个参数。

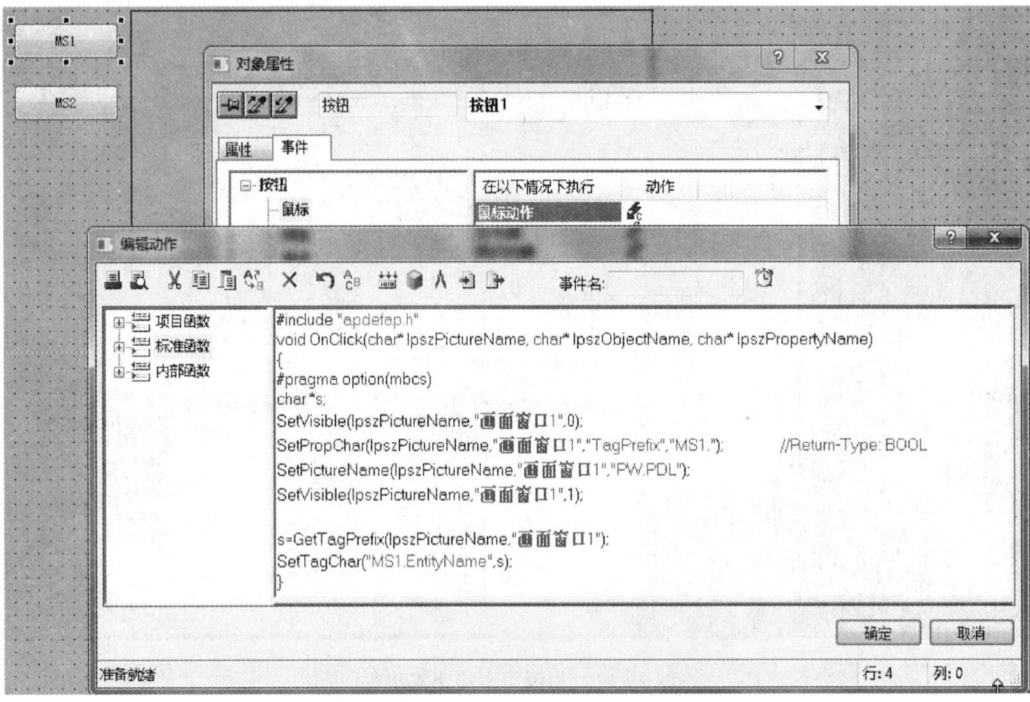

图 4-73　按钮 MS1 的 C 脚本修改变量前缀

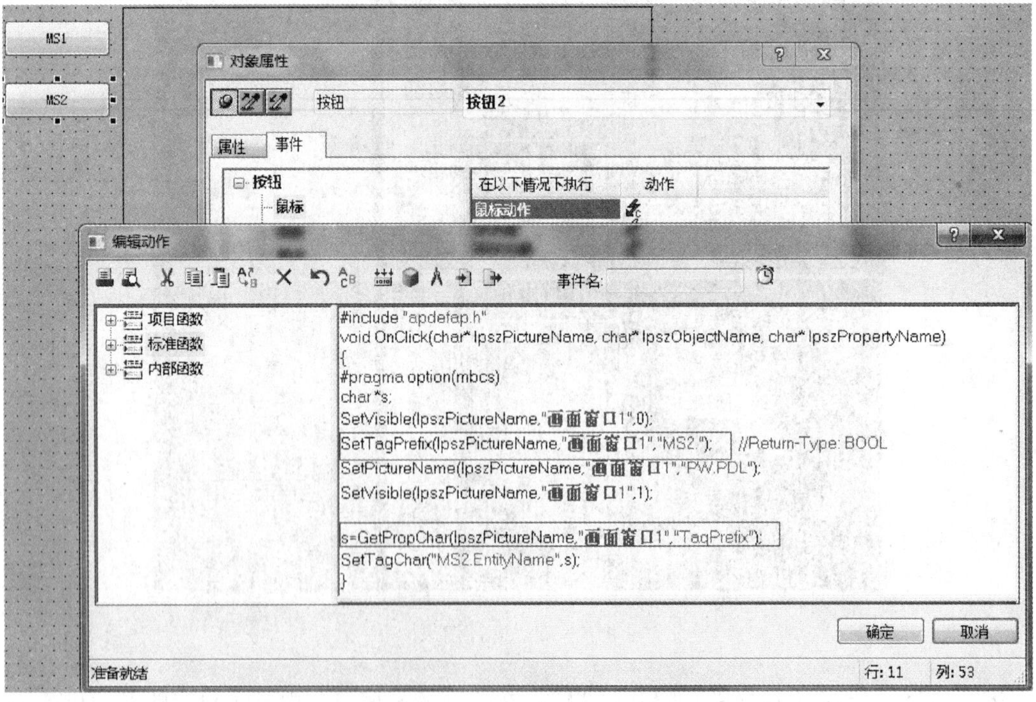

图 4-74　按钮 MS2 的 C 脚本修改变量前缀

友情提示

内部函数 SetPropChar 的位置在“内部函数→graphics→set→property”下；内部函数 SetPictureName 的位置在“内部函数→graphics→set→miscs”下。建议调用函数时使用“分配参数”对话框输入相关参数。

4.6.4　使用动态向导的模板

使用动态向导建立画面模板的方法和上一节所述建立模板画面的方法相同，只是这种方法不需要在画面中连接变量，具体操作步骤如下：

操作步骤一：创建画面模板

建立一个画面，放置一些对象，如状态显示、输入输出域、按钮等，这些对象不连接任何变量，保存该画面，如 DynPW. PDL，如图 4-75 所示。

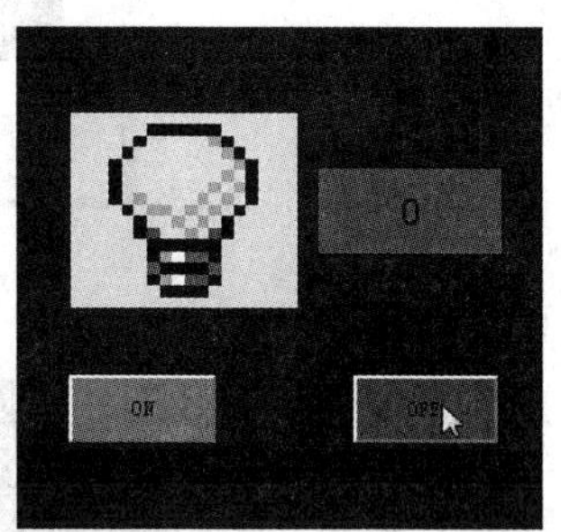

图 4-75　基准画面组态

操作步骤二：执行动态向导

（1）双击“动态向导→画面模板→画面模块模板 V1.14”打开动态向导对话框如图 4-76所示。

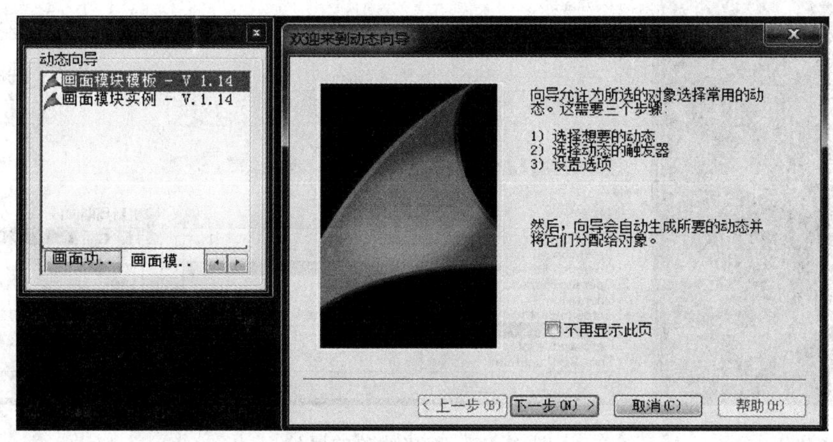

图 4-76　动态向导

（2）单击下一步，选择将要使用的结构类型，如图 4-77 所示。

（3）单击下一步，将画面中的某些对象的某些属性和结构元素连接上，如“状态显示1”，选中“属性”下拉列表中的“Index”，在“元素”下拉列表中选择要连接的结构变量元素，本例结构元素为 Bit 型元素 On _ Off，单击“连接”按钮完成连接，同样，连接“按钮1”和“输入/输出域 1”的相关属性，如图 4-78 所示。

（4）完成向导后，WinCC 自动创建一个新画面@Type _ DynPW. pdl，即模板画面，在这个画面中自动生成一个 I/O 域，名为“InstanceName”并组态了 C 动作，如图 4-79 所示。

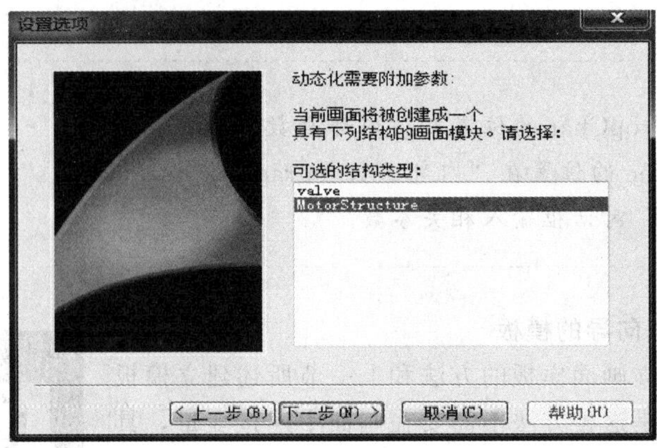

图 4-77 选择结构类型

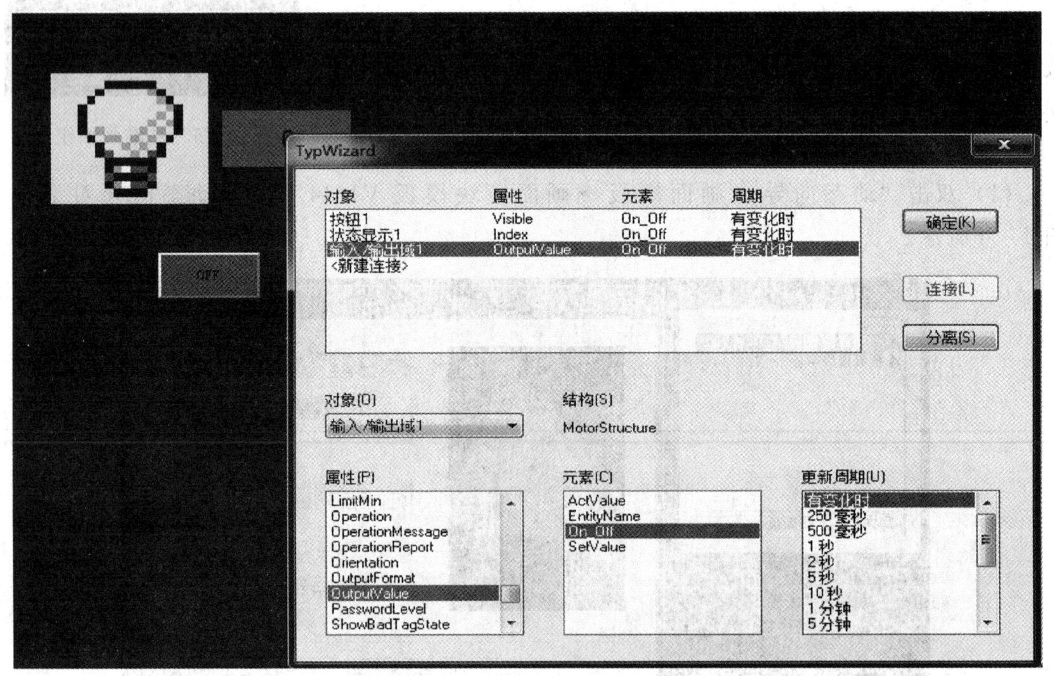

图 4-78 连接对象的属性

友情提示

如果在中文界面语言时调用向导，则生成的 I/O 域名为“实例名称”，这时需要另行修改 I/O 名称为“InstanceName”!

该 I/O 域的“事件→输出值→更改”组态的 C 动作如图 4-80 所示。

(5) 根据模板生成画面实例。再建立一个新画面，在画面中调用动态向导“画面模板”里的“画面模块实例 V1.14”，在接下来的步骤中选择上一步创建的模板画面，模板的显示方式有四种，这里选择“画面中的固定模块”，如图 4-81 所示。

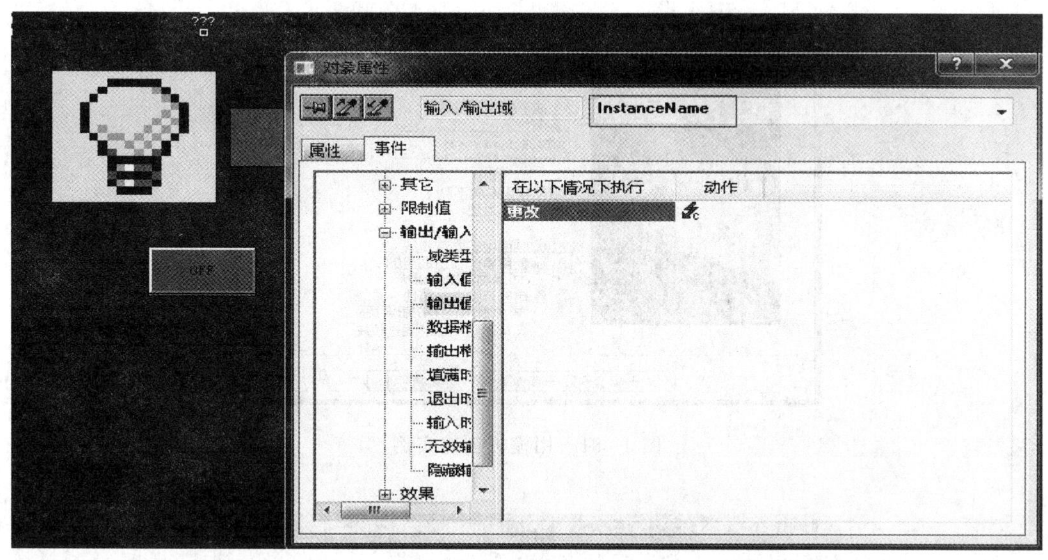

图 4-79 自动生成的 I/O 域——InstanceName

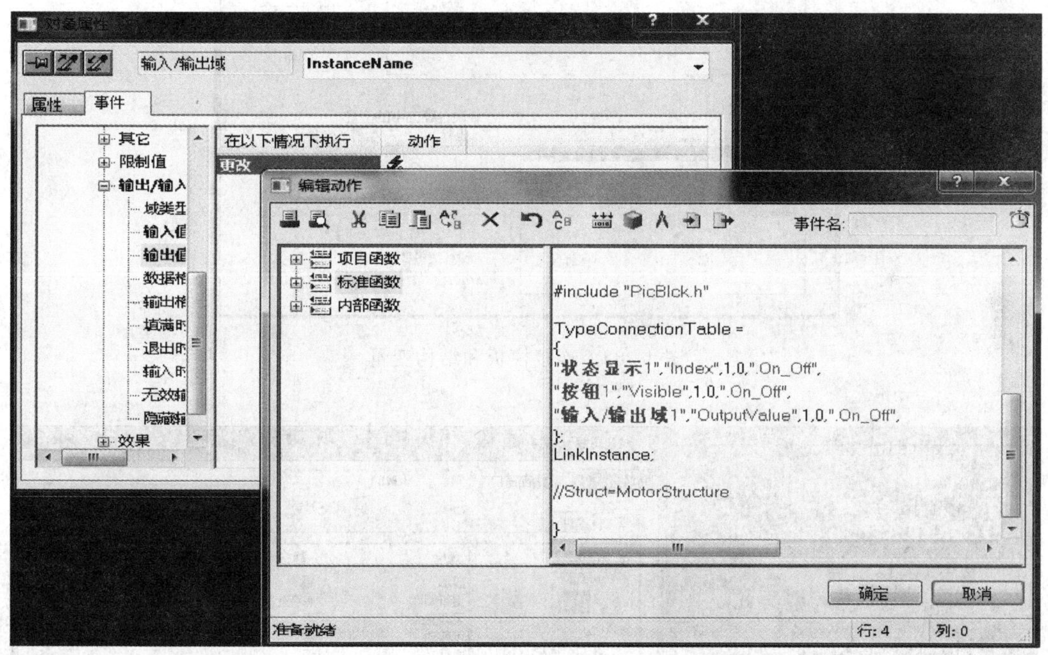

图 4-80 I/O 域关联的 C 动作

接下来将模板和结构变量 MS1 关联起来，并设置模板在画面中的位置，如图 4-82 所示。

组态之后，画面中会自动生成一个画面窗口，由于在选择模板显示方式中选择的是“画面中的固定模块”，画面窗口的名称是固定的“@TYPE_DynPW.pdl”，画面窗口的对象名称为 MS1，如图 4-83 所示。

组态完成后，运行 WinCC 可以看到画面窗口显示的状态如图 4-84 所示。

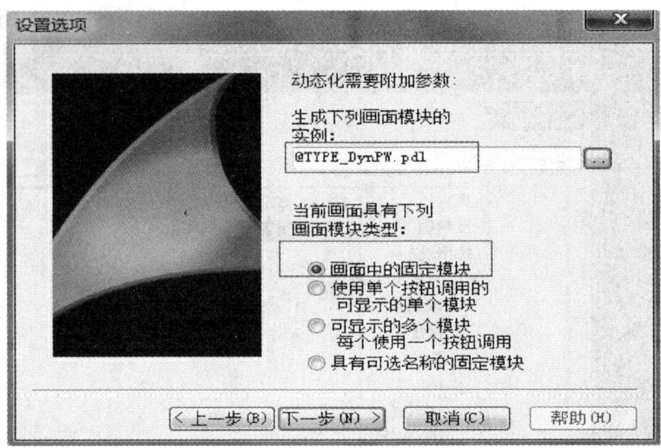

图 4-81　用模板创建实例

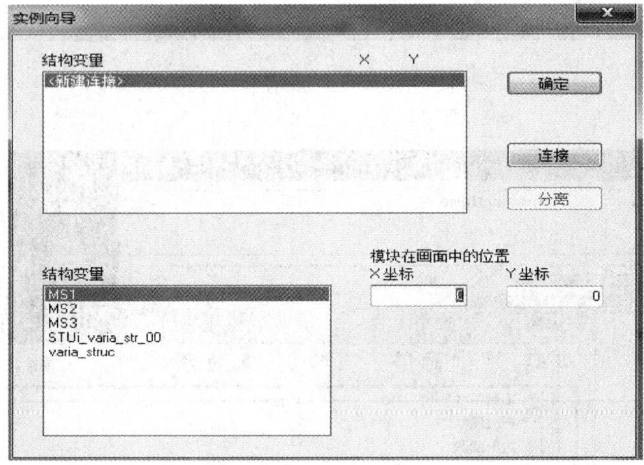

图 4-82　连接模板和结构变量

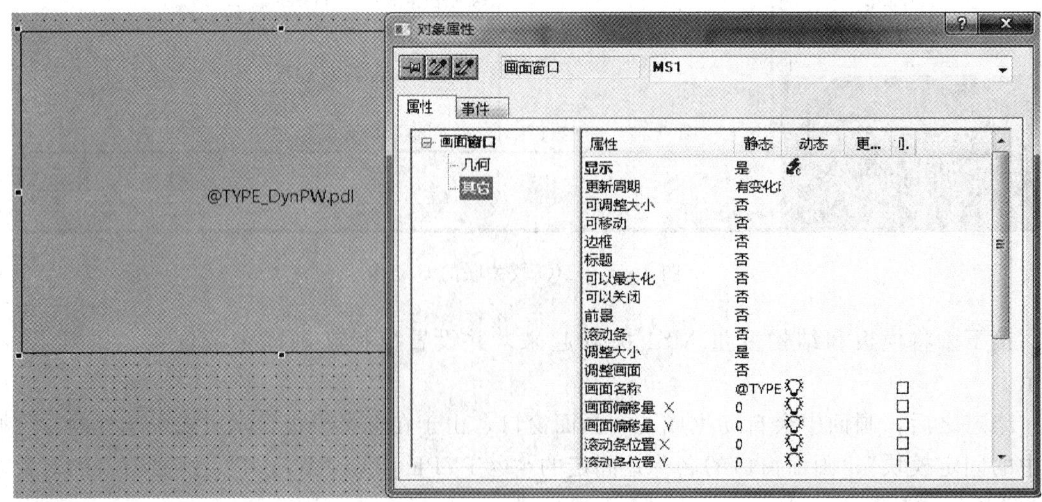

图 4-83　向导生成的画面窗口

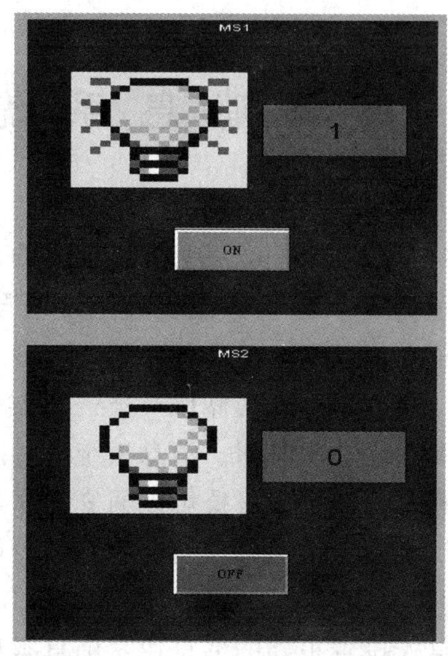

图 4-84　运行后的效果

习　题

（1）内部和外部标签变量有什么区别？

（2）根据布尔变量的 0/1 状态使圆形对象的背景颜色分别为红色和绿色，同时静态文本分别显示关闭和打开。

（3）组态 I/O 域，由华氏温度输入摄氏温度输出。

（4）一个 I/O 域中数值范围在 0～60 文字颜色为黑色，60～80 为黄色，80～100 为红色。

（5）组态一个瞬时按钮，即按钮按下时变量的值为 1，释放时为 0。

（6）将滚动条移动改变后的值传给矩形的液位填充量属性，矩形液位填充量属性又传给静态文本。

（7）拖动滚动条改变圆对象的位置。

（8）编写 C 脚本实现，单击一次按钮，使变量的值加 1 并显示。

5 报警消息系统

在 WinCC 运行系统中，来自于控制器或过程控制系统的事件均由报警记录进行记录、计算、归档和在消息窗口中显示。WinCC 监控系统会记录来自自动化系统的消息，并将它们按时间顺序写入消息日志，可在消息窗口中的各种消息列表中查看这些消息。这些消息列表包含日志中所有消息的节选。通过消息列表操作员被告知操作状态和出错状态，将每个临界状态提早通知操作员，并帮助消除空闲时间。消息系统通过图像和声音的方式指示所检测的报警事件，并进行电子归档和书面归档。报警可以通知操作员在生产过程中发生的故障和错误消息，有助于在早期阶段识别紧急情况，从而避免和减少停机。

如果需要在 WinCC 中实现消息报警，用户需要在 WinCC 中做如下工作：

（1）在报警记录中组态消息。设置报警的消息块、消息类型、报警的归档和添加组态消息。其中最重要的一项是在变量管理器中选择消息变量（如果消息变量不是布尔型变量，则需要选择消息位）。

（2）在图形编辑器中插入报警控件，并组态控件的属性。

（3）在项目的计算机属性的启动列表中选择"报警记录运行系统"选项。

5.1 报警记录

5.1.1 报警的相关概念

1. 消息

消息系统的目的是按时间先后顺序对操作期间偶尔发生的事件在中心点进行报告和归档。事件或消息帧都可以引发消息。

一般情况下，消息系统可分为三种消息类型：操作消息、错误消息和系统消息。

（1）操作消息用来显示过程状态。

（2）错误消息用来显示过程中出现的错误。

（3）系统消息用来显示来自其他应用程序的错误。

在报警记录中，具有类似特性的消息，例如，确认方法或消息状态的颜色，可归组成消息类别和消息类型。

2. 消息类型及类别

消息类别用于定义消息的多个基本设置。关于确认原则，各消息类别互不相同。在 WinCC 中消息最多可分为 16 个消息类别，提供有"出错"、"系统消息，需要确认"和"系统消息，无需确认"等。因而，WinCC 能从一定数量的系统区域中分别辨识警告、错误、故障以及其他信息类型。

消息类型为消息类别的子组，并可根据消息状态的颜色进行区分。最多可以为每个消息类别创建 16 个消息类型。

3. 消息块

消息的内容由消息块组成。每个消息块对应于消息窗口的表格显示中的某一列。当组态消息时，预先定义需在消息行中显示的信息。消息块分为三个区域：

（1）系统块。系统块将启用预定义的且无法随意使用的信息规范，如日期、时间、消息号和状态等。系统块的描述提供了有关单个系统块的信息。

（2）过程值块。当某个报警到来时，记录当前时刻的过程值，如填充量、温度。对于每一个消息系统，每个消息系统允许多达10个可组态的过程值块。

（3）用户文本块。提供常规信息和说明文本，如消息解释、出错位置等。利用文本块可以将消息分配给多达10个可自由定义的不同文本。

4. 消息状态、消息事件

消息状态是指消息的可能状态："已到达"、"已离开"和"已确认"。

消息事件指的是消息"已到达"、"已离开"和"确认"，所有消息事件都存储在消息归档中。

5. 消息变量

控制系统将通过消息变量发信号通知在过程中事件的发生。消息通过消息变量触发。如果消息变量是BOOL型变量则不必选择消息位，为单个消息组态单独的消息变量。如果消息变量不是BOOL型变量而是无符号8位字节或无符号16位字或无符号32位双字，即使用一个消息变量触发多条单个消息，这时需要通过消息位区别单个消息。

当消息变量或消息位为1时消息"进入"即产生报警，消息变量或消息位变为0时消息"离开"即报警解除。

6. 消息存档

根据消息类别的不同，消息状态中发生的变化被写入可组态的消息归档。归档在消息归档中实现。为此，设置了不同的参数，例如，归档大小、时间范围、切换时间等。如果超出了所组态标准中的某个标准，则覆盖归档中最早的消息。归档数据库的备份可通过附加设置来制定。

WinCC的消息以两种方式存档：

（1）短期存档。短期档案库最多可储存10 000条消息，以环形存档方式（新消息覆盖最老的消息）储存在主存或硬盘中。

（2）长期存档。用做短期档案库的延续，通常位于硬盘上。可设计为环形（65 535天消息）或长期档案库（只受磁盘空间大小限定）。

7. 确认方法

确认方法是指显示和处理消息的方法，从消息进来的时间开始到离开的时间结束。在报警记录中，可以用下列方法进行确认：

（1）无需确认的单个消息。

（2）需要"到达"确认的单个消息。

（3）需要双模式确认的单个消息。

（4）需要单个确认的初始消息。

（5）需要单个确认的新值消息。

（6）需要双重确认的新值消息。

(7) 无“已离开”状态则不需确认的消息。

(8) 无“已离开”状态则需要确认的消息。

8. 确认变量

在单个消息中，使用一个确认变量或确认变量位来触发确认及显示状态。如果确认变量是 BOOL 型变量，可直接通过确认变量触发。而如果确认变量是无符号 8 位或无符号 16 位或无符号 32 位数中的某一位，则需要确认位。如果对应确认位的值为“1”，则表示该单个消息已确认。如果对应在确认位的值为“0”，则表示尚未确认该单个消息。

9. 状态变量

单个消息的“已进入/已离开”状态和确认状态，这两种状态存储在状态变量中。视变量的数据类型而定，在一个状态变量中最多可记录 16 条单个消息。每条单个消息占用状态变量中的 2 位。

(1) 确认位。当接收到需要确认的单个消息且尚未确认时，状态变量中的确认位就会变为“1”。当确认了需要确认的单个消息，确认位将变为“0”。

(2)“已激活/已禁用”状态位和确认状态位的位置。状态变量中“已激活/已禁用”状态位的位置由状态位标识。“确认位”的位置取决于状态变量的数据类型。

与“已进入/已离开”状态位之间的距离是：

“8 位无符号”变量为 4 位；“16 位无符号”变量为 8 位；“32 位无符号”变量为 16 位。

如果状态变量是“32 位无符号”数据类型，且状态位=9，则状态变量的第 9 位表示单个消息的“已激活/已禁用”状态，那么状态变量的第 25 位则表示此单个消息是否需要确认。相应地，位“0～15”分别对应于“32 位”状态变量的位“16～31”。

如果状态变量是“16 位无符号”数据类型，且状态位=3，则状态变量的第 3 位表示单个消息的“已激活/已禁用”状态，那么状态变量的第 11 位则表示此单个消息是否需要确认。相应地，位“0～7”分别对应于“32 位”状态变量的位“8～15”。

如果状态变量是“8 位无符号”数据类型，且状态位=3，则状态变量的第 3 位表示单个消息的“已激活/已禁用”状态，那么状态变量的第 7 位则表示此单个消息是否需要确认。相应地，位“0～3”分别对应于“32 位”状态变量的位“4～7”。

5.1.2 报警记录编辑器

报警记录分为组态系统和运行系统两个组件。

报警记录的组态系统为报警记录编辑器。报警记录确定需要显示的消息、消息的内容和消息的时间。消息在报警记录中组态。

报警记录的运行系统是消息系统的运行组件。报警记录运行系统监控消息、控制消息输入和管理消息的确认。

在 WinCC 项目管理器左边的浏览窗口中，右键单击“报警记录”选择“打开”或双击打开报警记录编辑器，如图 5-1 所示。

从图 5-1 中可以看出，报警记录编辑器包含三个区域：

1. 浏览窗口

要组态消息，在根目录下按顺序进入各级文件夹，使用弹出式菜单访问各个区域及其元素。

...	编号	类别	类型	优先级	消息变量	消息位	状态变量	状态位	消息文本	错误点	信息文本
▶	1	错误	报警	0	Tank-alarm	0		0	高油位	1#油罐	没有设置好
	2	错误	报警	0	Tank-alarm	1		0	低油位	1#油罐	没有设置好
	3	错误	报警	0	Tank-alarm	2		0	油泵电机过载	1#油泵	没有设置好

图 5-1 报警记录编辑器

2. 数据窗口

数据窗口显示可用对象的符号。双击对象，访问各个报警记录设置。使用弹出式菜单来调用对象属性。内容随选定的对象而不同。

3. 表格窗口

表格窗口包含一个具有所有已生成的单个消息和已组态的属性的表格。可通过在其上面双击鼠标左键，编辑单个域。

5.2 组 态 报 警

组态报警的步骤如下：

(1) 打开报警记录编辑器。

(2) 启动报警记录的系统向导。

(3) 组态报警消息和报警消息文本。

(4) 组态报警消息的颜色。

5.2.1 启动报警记录的系统向导

系统向导可以自动地生成报警，简化了建立报警系统的方法。通过菜单“文件→选择向导”，也可以直接单击工具栏上的（报警向导）按钮启动报警的“选择向导”对话框，如图5-2所示。

选择“系统向导”，单击“确定”按钮，打开“系统向导”对话框，如图 5 - 3 所示。

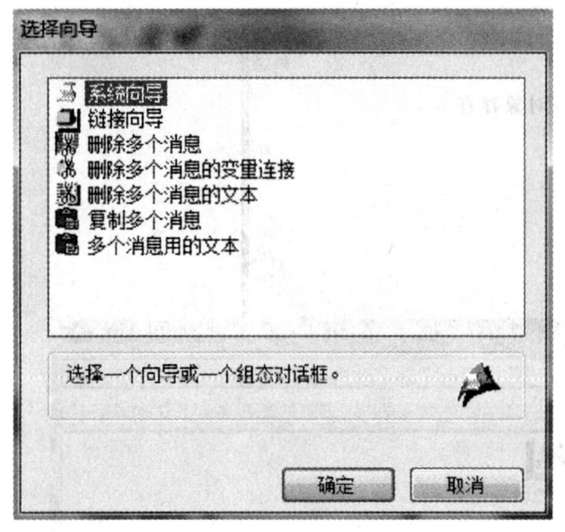

图 5 - 2 “选择向导”对话框

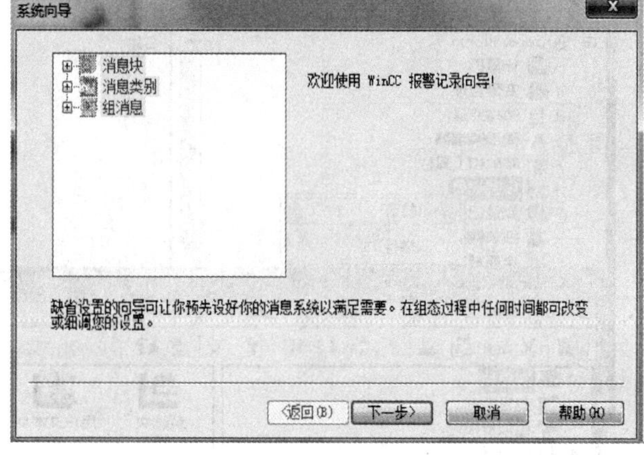

图 5 - 3 “系统向导”对话框

单击图 5 - 3 中的“下一步”按钮，在“系统向导：选择消息块”对话框中，选中“系统块”中的“日期，时间，编号”，选中“用户文本块”中的“消息文本，错误位置”，对于“过程值块”选中“无”，如图 5 - 4 所示。

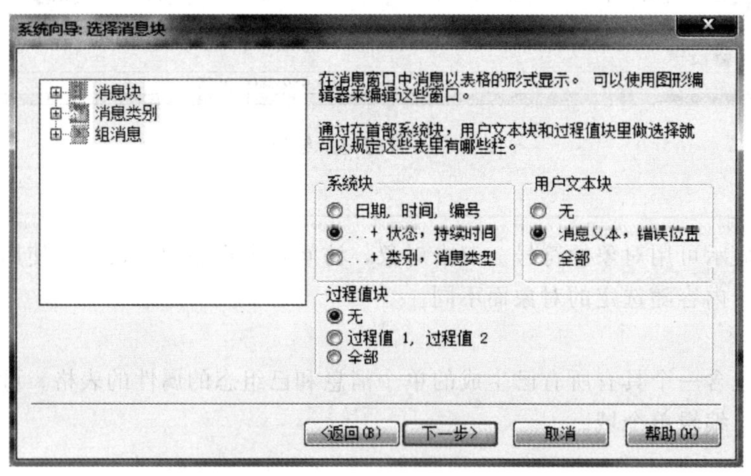

图 5 - 4 “系统向导：选择消息块”对话框

单击图 5 - 4 中的“下一步”按钮打开“系统向导：预设置类别”对话框，选中“带有报警，故障和警告的类别错误（进入的确认）”，如图 5 - 5 所示。单击“下一步”按钮，完成消息块、消息类别和组消息的组态，如图 5 - 6 所示。

也可以不通过系统向导完成上述组态或者对组态进行调整。以添加系统块为例，在报警记录编辑器浏览窗口选中“消息块”下的“系统块”，右键单击数据窗口中的空白处或右键单击“系统块”选择“添加/删除”打开“添加/删除”对话框，如图 5 - 7 所示，在“可用的系统块”列表中选择希望添加的块，单击[->]按钮即可将其添加。同样，在“所选系统块”中选择要删除的块，单击[<-]按钮即可将其删除。

同样对其他的块、消息类别和消息类型都可以根据需要进行添加和删除。

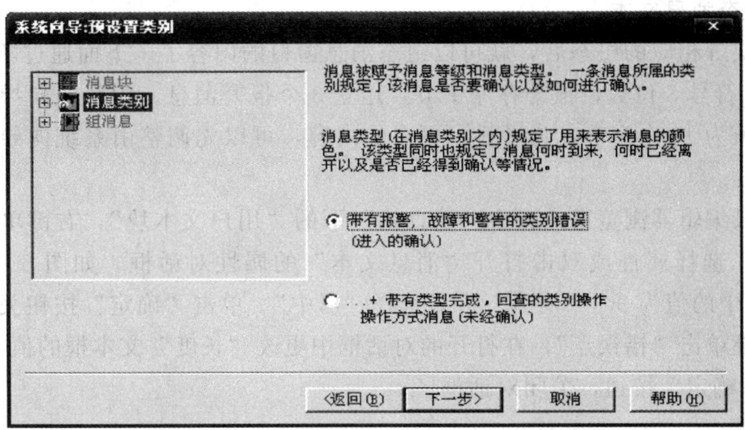

图 5-5 "系统向导：预设置类别"对话框

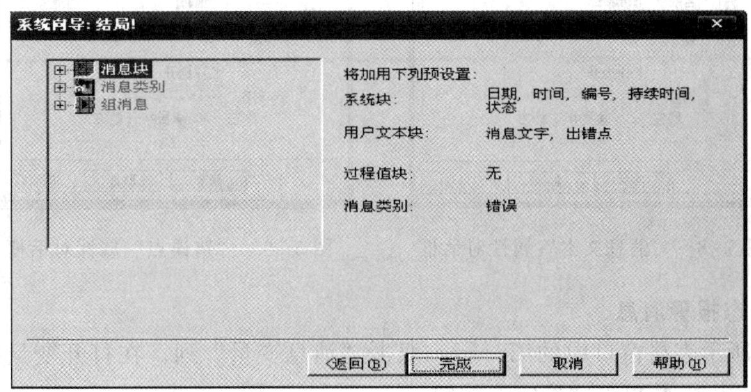

图 5-6 "系统向导：结局!"对话框

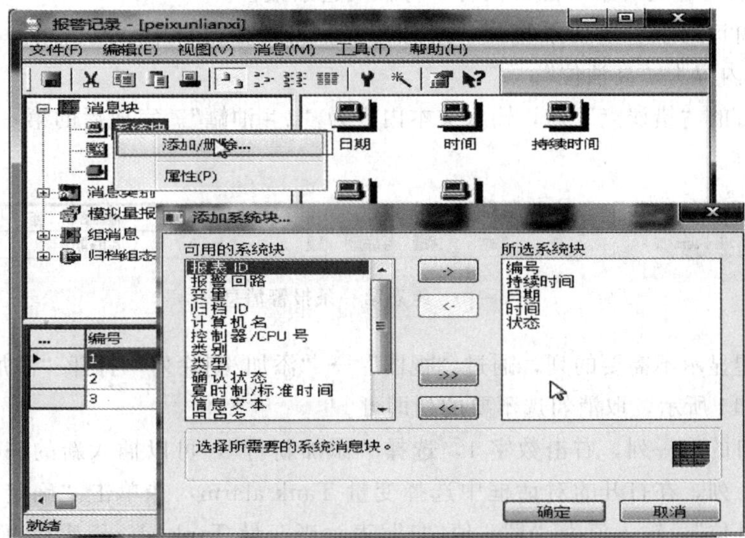

图 5-7 "添加/删除"对话框

5.2.2 组态消息文本

完成消息块等相应的组态后，就可以组态消息窗口的内容了。下面通过新建的内部变量 tank-alarm（无符号 8 位数，报警存储字节）建立 3 个报警消息。用系统向导建立的用户模块的长度默认值为 10 个字节，为了显示更多的内容，可以先调整由系统向导建立的用户文本块的文本长度。

在报警记录编辑器浏览窗口选中“消息块”下的“用户文本块”，右键单击数据窗口中的“消息文本”选择属性或双击打开“消息文本”的属性对话框，如图 5-8 所示，更改“长度”文本框中的值为 30，“对齐”方式选择“居中”。单击“确定”按钮关闭对话框。在数据窗口中右键单击“错误点”，在打开的对话框中更改“长度”文本框的值为 20，如图 5-9 所示。单击“确定”按钮，关闭对话框。

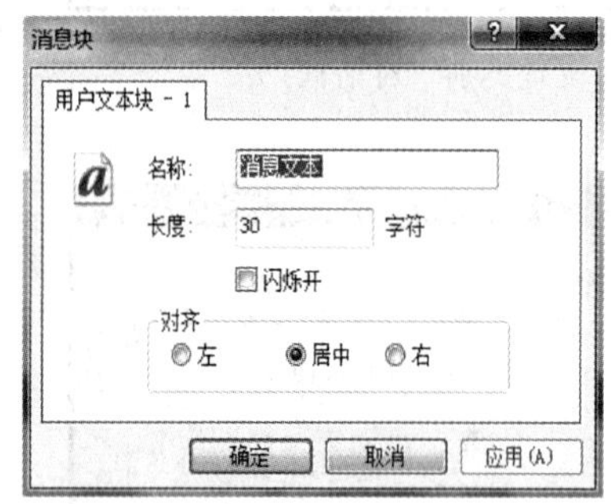

图 5-8 “消息文本”属性对话框

图 5-9 “错误点”属性对话框

5.2.3 组态报警消息

如图 5-1 所示表格窗口中的第一行，双击“消息变量”列，在打开变量选择对话框选择变量 Tank-alarm，并单击“确定”按钮。

双击表格窗口第一行中的“消息位”列，输入值“0”并回车。值“0”表示当前变量 Tank-alarm 从右边算起的第 0 位置位时，将触发这条报警。

点击表格窗口的水平滚动条直到“消息文本”出现在窗口中，双击第一行的“消息文本”，输入文本内容为“高油位”。

双击第一行的“错误点”列，输入文本内容为“1＃油罐”。完成后的第一个报警消息如图 5-10 所示。

...	编号	类别	类型	优先级	消息变量	消息位	状态变量	状态位	消息文本	错误点	信息文本	参数	确认变量	确认位	报警回路	组	隐藏掩码	格式 Dll
▶	1	错误	报警	0	Tank-alarm	0		0	高油位	1#油罐	没有设置好	设置		0	没有设置好		0x0	

图 5-10 组态第一条报警消息

如果不希望显示不需要的列，通过“视图”→“添加/删除列”打开“添加/删除列”对话框，如图 5-11 所示，取消勾选不要的列即可。

在表格窗口的第一列，右击数字 1，选择“添加新行”，可以插入新的一行。双击第二行“消息变量”列，在打开的对话框中选择变量 Tank-alarm，并单击“确定”按钮。双击第二行的“消息位”，输入值为“1”。值“1”表示当变量 Tank-alarm 从右边算起的第一位置位时，将触发这条报警。双击第二行的“消息文本”列，输入文本内容为“低油位”。双

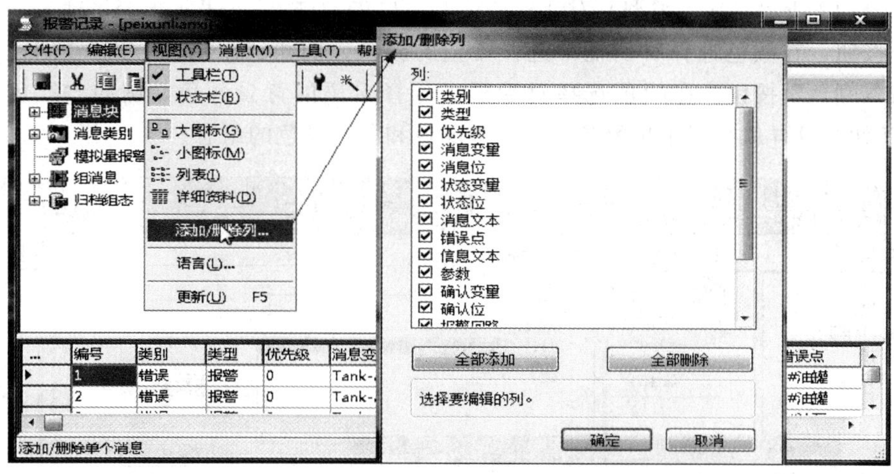

图 5-11 “添加/删除列”对话框

击第二行的“错误点”列，输入文本内容为“1＃油罐”。这样就完成了第二个报警消息的组态。

重复上述步骤，“在消息变量”、“消息位”、“消息文本”和“错误点”列分别输入 Tank-alarm、2、“油泵电机过载”和“1＃油泵”完成第三个报警消息的组态，组态消息后的结果如图 5-12 所示。

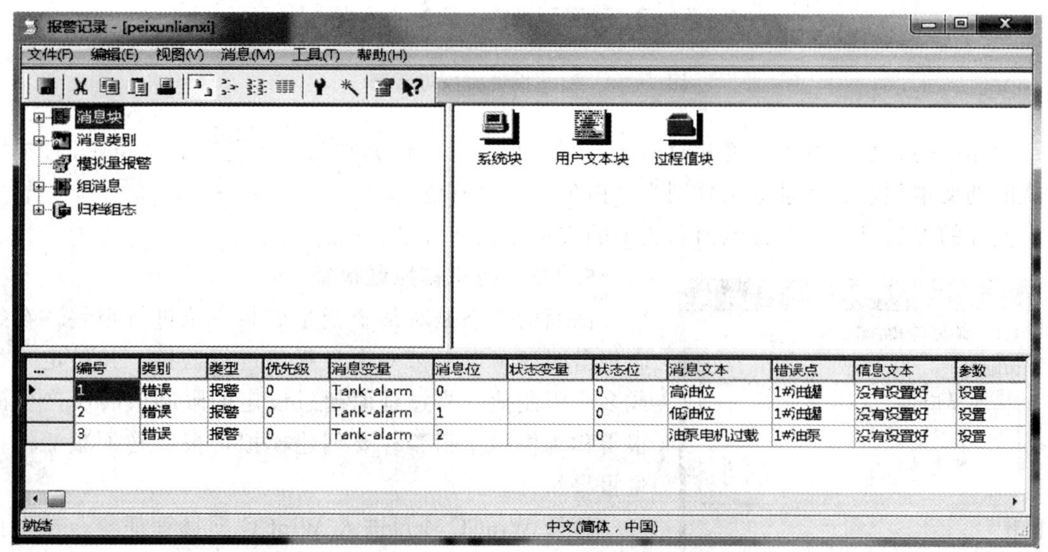

图 5-12 组态好的三个报警消息

5.2.4 组态报警消息的颜色

在运行系统中，可以用不同的颜色表示不同消息的不同状态，以便快速地识别出报警的类型和状态。

在报警记录编辑器的浏览窗口中选择“消息类别”→“错误”，在数据窗口中右键单击“报警”，选择“属性”，在打开的“类型”对话框中组态不同报警状态的文本颜色和背景颜色，如图 5-13 所示。在“类型”对话框的预览区单击“进入”(表示报警激活)，单击“文本颜色”按钮，在颜色选择对话框中选择希望的颜色，例如“白色”，单击“确定”按钮；单击“背景颜色”按钮，在颜色选择对话框中选择希望的背景颜色，例如“红色”，单击“确定”按钮。这样就完成了报警到达的文本颜色和背景颜色的组态。

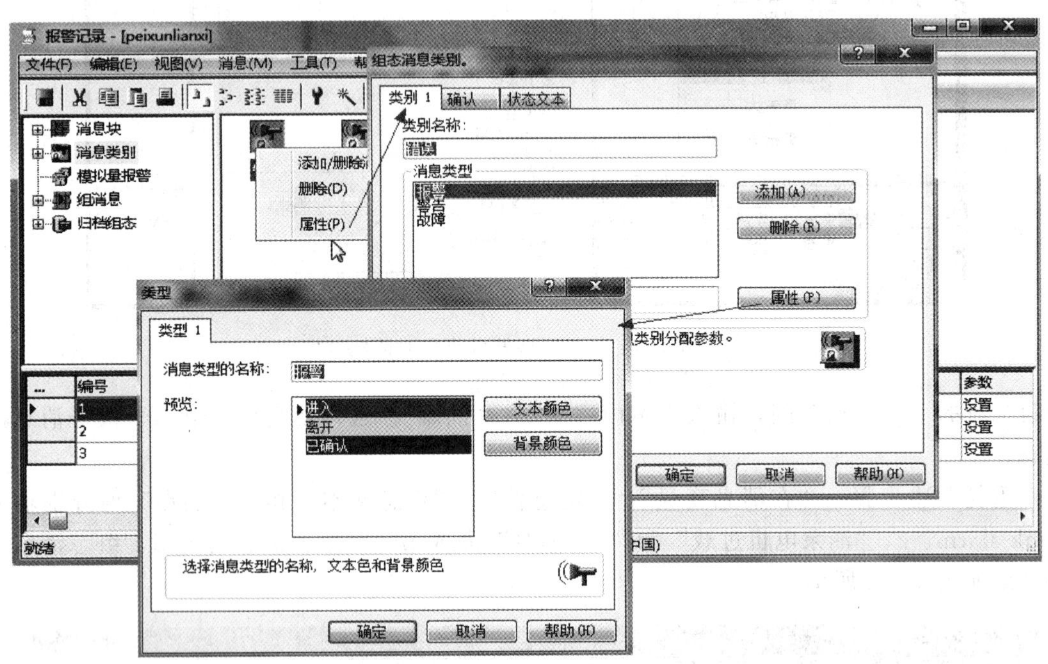

图 5-13　组态报警颜色对话框

用相同的方法选择报警离开时的文本颜色和背景颜色分别为“黑色”和“黄色”；报警确认时的文本颜色和背景颜色分别为“白色”和“蓝色”。

同样的方法可以组态其他消息类型的文本颜色和背景颜色。

5.2.5　组态模拟量报警

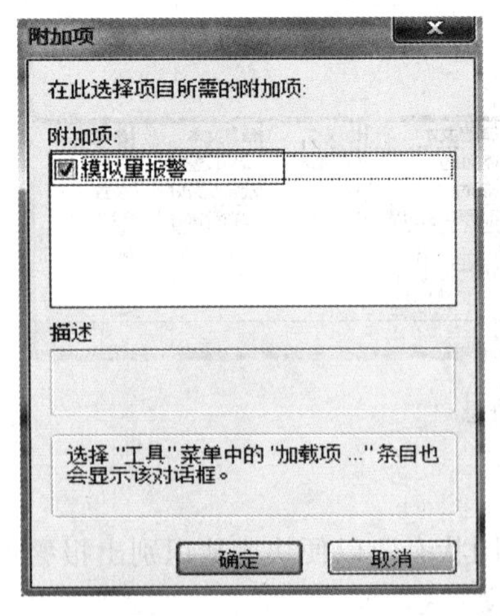

图 5-14　模拟量报警对话框

前面的组态是对某个变量的某一位进行报警，在组态报警时还可以对某一个过程值进行监控，并设定一个或多个限制值，当过程值超过设定的限制值时所产生的报警称为模拟量报警。要创建模拟量报警必须激活模拟量报警组件。

打开 WinCC 项目进入 WinCC 项目管理器，在“报警记录”图标上鼠标右键单击选择“打开”，打开报警记录编辑器，“模拟量报警”(Analog Alarm) 图标出现在浏览器中(如果不存在，则按下“附加项”按钮或通过菜单“工具→附加项”)，在附加项对话框中检查“模拟量”是否被选中，如图 5-14 所示。

下面以一个实例来说明模拟量报警创建的过程。

模拟量报警任务：当罐的液位低于 40 和高于 80 时报警。

1. 第一步：新建报警

右键单击模拟量报警图标选择“新建”，打开“属性”对话框。单击...按钮选择要加入的监控变量，在弹出的对话框中选择监控一个“变量”，在变量浏览器中选择“Tank100”，无符号的 16 位变量，然后确认选择，这时可以看到“模拟量报警”图标下加入了“Tank100”，如图 5-15 所示。

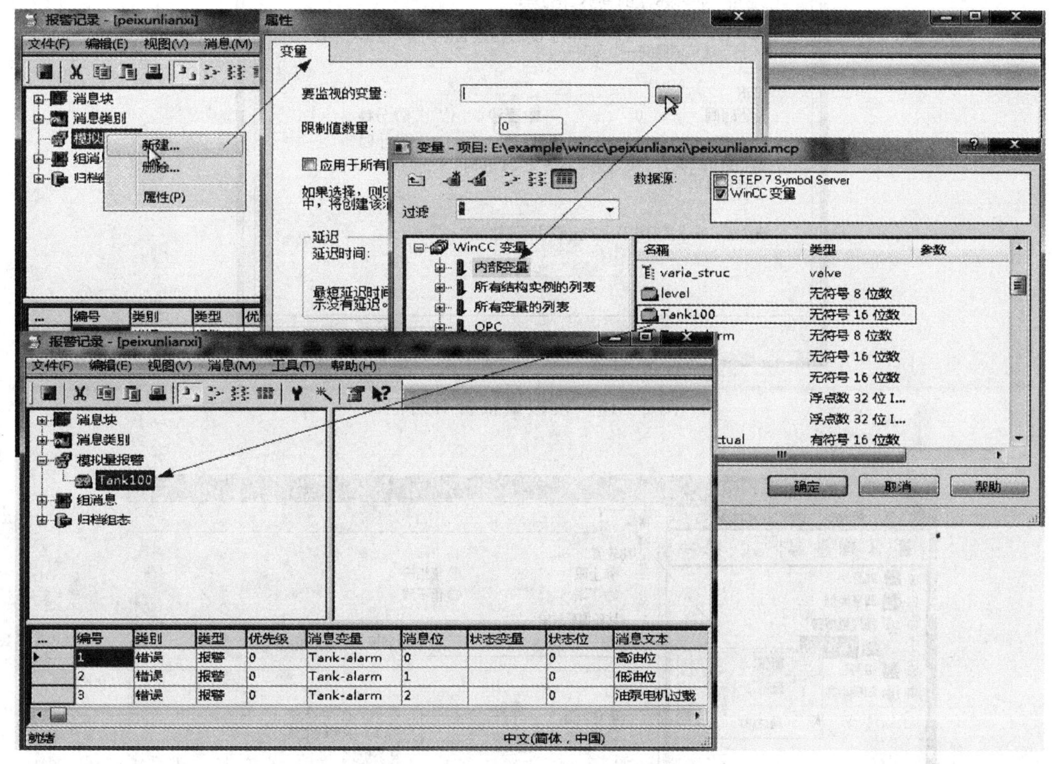

图 5-15 为模拟量报警添加变量

右键单击新添加的“Tank100”变量，选择“属性”，在弹出的“属性”对话框中，如果激活复选框“应用与所有限制值的消息：”，则表示所有的限制值（不管上限还是下限）对应一个消息号。可在“延迟”栏中设置模拟量报警的延迟产生时间。外部过程的扰动可能会使过程值在某一时刻瞬间超过限制值，设置延迟时间可使这一部分的报警不会产生。配置完成后，单击“确定”按钮，关闭“变量选择”对话框，如图 5-16 所示。

2. 第二步：建立报警上下限

接下来需要组态运行时触发变量 Tank100 发生报警的极限值，鼠标右键单击选择“新建”，打开“属性”对话框，这里可以设置变量的上限值和下限值，设置变量的上限值为“80”，我们也可以选择一个过程变量的连接，作为变量的上限。我们也可以组态变量报警的“滞后”范围，选中“均有效”，同时还可以设置报警产生时的消息序号，在这里设置为“4”，“滞后”设置为“4”，然后确认。可以看到消息 4 已经产生了，如图 5-17 所示。

再次右击浏览窗口的变量 Tank100 选择“新建”，打开“属性”对话框，选中单选按钮“下限”，并输入 20 作为下限值，在“滞后”栏中选择“均有效”，在“消息”栏输入 5 作为消息编号。

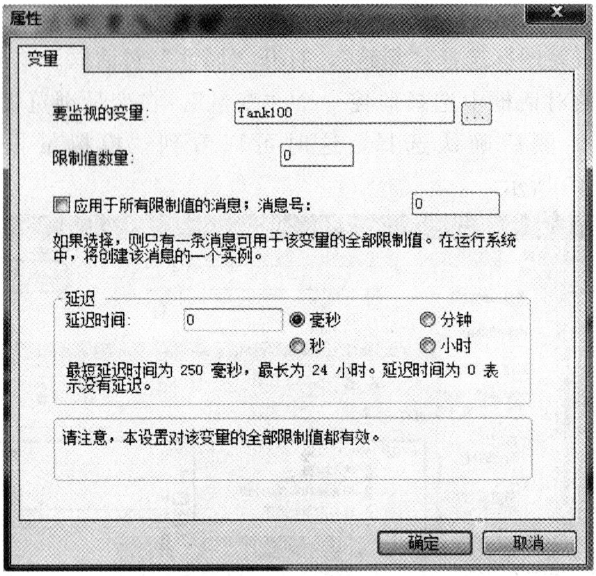

属性

变量

要监视的变量: Tank100

限制值数量: 0

应用于所有限制值的消息; 消息号: 0

如果选择，则只有一条消息可用于该变量的全部限制值。在运行系统中，将创建该消息的一个实例。

延迟

延迟时间: 0 毫秒 分钟 秒 小时

最短延迟时间为 250 毫秒，最长为 24 小时。延迟时间为 0 表示没有延迟。

请注意，本设置对该变量的全部限制值都有效。

确定 取消

图 5-16 模拟量报警对话框

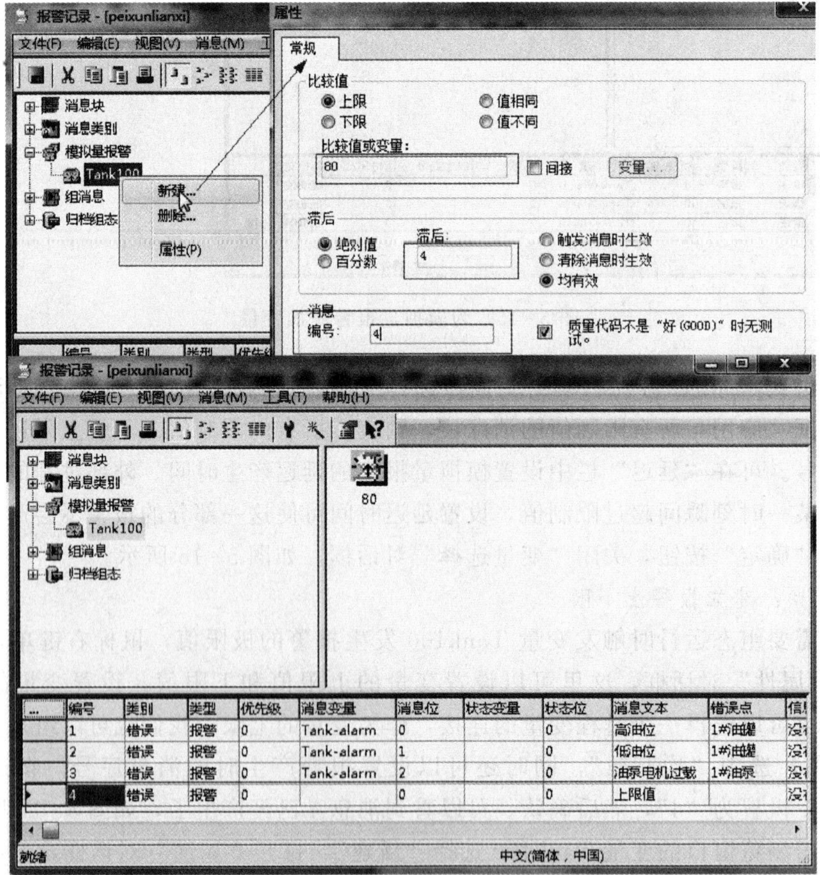

图 5-17 新建模拟量报警上下限

3. 第三步：设置单个消息的属性

在报警消息表格窗口中，选择编号为 4 的报警行，用鼠标的右键单击该消息，选择“属性”。在“单个消息”的对话框中的“参数”对话框中，设置上限报警的确认变量“confirm”（无符号 16 位数）并设置确认位为 0；设置上限报警的状态变量“status”（无符号 16 位数）并设置状态位为 0。其中“消息变量”（Message Tag）没有内部连接变量，需要连接一个外部过程变量，这里没有必要将消息连接到变量，参数设置情况如图 5 - 18 所示。

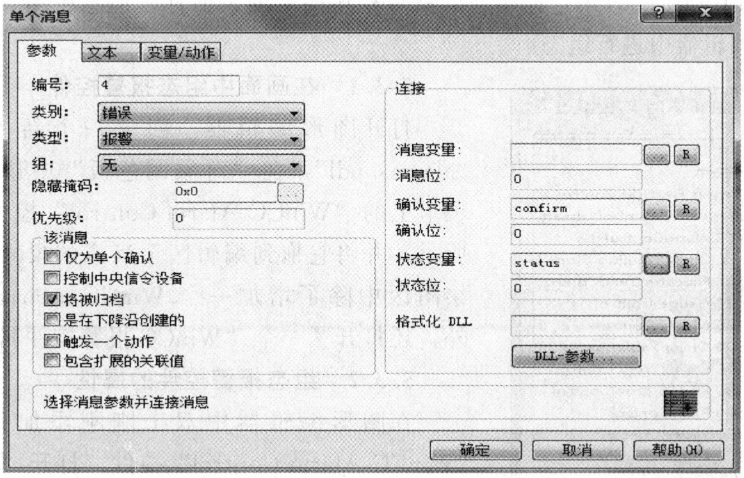

图 5 - 18　组态运行时触发变量 Tank100 发生报警的参数

同样选择编号为 5 的报警行，设置下限报警参数栏的确认变量，并设置确认位为 0，设置状态变量并设置状态位为 1。

接下来组态消息文本，进入到“文本”标签页，在信息文本域中输入提示文本“容器 100 的液位已经超过 80，请关闭泵 99”，在“消息文本域”中将缺省设置“tank 100＞80”，错误点为“容器 100”，如图 5 - 19 所示。

图 5 - 19　组态运行时触发变量 Tank100 发生报警的文本

同样设置编号为 5 的报警行的本文栏的消息文本为“容器 100 的液位已经低于 20，请打开泵 99”，在“消息文本域”中将缺省设置“tank 100<20”，错误点为“容器 100”。

5.3 创建报警画面

在 WinCC 运行系统中，报警事件将以表格的形式显示在画面中。通过使用报警控件“WinCC Alarm Control”，用户在组态时就可获得高度的灵活性，消息视图、消息行和消息块均可在图形编辑器中进行组态。

5.3.1 在画面中组态报警控件

打开图形编辑器，创建一个新画面并命名为“alarms. pdl”，在“对象调色板”中选择“控件”选项卡上的“WinCC Alarm Control”控件，如图 5 - 20 所示，并将它拖到编辑区至满意的尺寸后释放，此时绘图区中除了增加一个 WinCC Alarm Control 控件外，还打开了一个“WinCC 报警控件属性”对话框。

图 5 - 20 “对象调色板”上的报警控件

5.3.2 组态报警控件的属性

在图形编辑器中双击刚刚添加到绘图区中的“WinCC Alarm Control”控件，打开“WinCC 报警控件属性”对话框，如图 5 - 21 所示，它包括了多个选项卡。

在“常规”标签中，“窗口标题”指定消息窗口显示标题，使用复选框“显示窗口标题”，指示是否显示窗口标题。

如果设置“可调整窗口大小”复选框，则可以在运行系统中改变控件窗口大小。

“背景颜色”：使用“选择”按钮，可打开选择消息窗口背景颜色的对话框。

“打开画面时显示的列表”：若使用“消息列表”设置，可以指定打开窗口时就显示当前未决消息；使用“短期归档列表”，打开画面时显示具有归档消息的短期归档列表。一旦有新进入的消息，显示立即更新；使用“长期归档列表”，打开画面时显示具有归档消息的长期归档列表；使用“锁定列表”设置可以指定打开窗口时就只显示当前锁定的消息；使用“统计列表”设置可以指定打开窗口时就显示组态的统计信息。

“服务器选择”：在分布式系统中，可以指定从中获取显示数据的服务器。使用“选择”按钮选择服务器。勾选“所有服务器”选项，选择所有参与项目的和激活报警记录的服务器。

使用“查看当前打印作业”项，使用工具栏上的“打印”按钮，可为打印功能指定打印作业。打印控件中当前显示的消息。

使用“时间基准”项，可为在消息中显示的时间信息指定时间基准。

“参数”标签如图 5 - 22 所示。

其中各项含义如下：

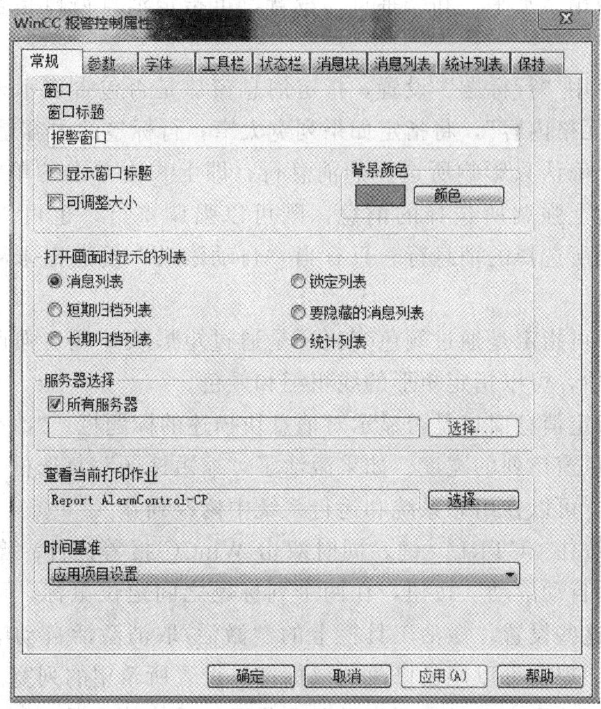

图 5-21 “WinCC 报警控件属性”对话框

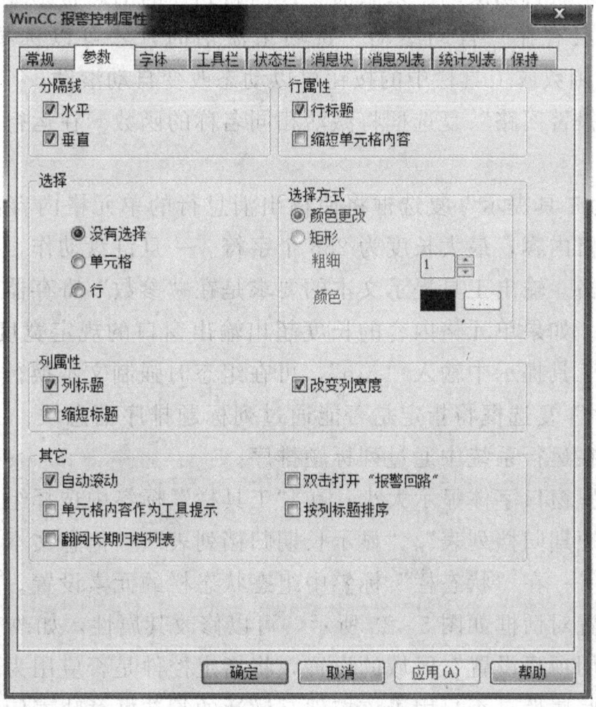

WinCC 报警控制属性
常规 参数 字体 工具栏 状态栏 消息块 消息列表 统计列表 保持
分隔线
水平
垂直
行属性
行标题
缩短单元格内容
选择
没有选择
单元格
行
选择方式
颜色更改
矩形
粗细 1
颜色
列属性
列标题
改变列宽度
缩短标题
其它
自动滚动
双击打开“报警回路”
单元格内容作为工具提示
按列标题排序
翻阅长期归档列表
确定 取消 应用(A) 帮助

图 5-22 “参数”标签

“分隔线”项：使用“水平”和“垂直”设置，可指定消息窗口是否具有水平和垂直分隔线。

“行属性”项：使用“行标题”设置，指定消息窗口是否包含表示未决消息的连续编号的列。使用“缩短单元格内容”，将指定如果列宽太窄，行标签的内容是否缩写。

“选择”项：单个确认只影响所选择的消息行，即上一次单击的单元格。“单元格”和“行”选项用于在视觉上强调所选择的消息，既可以强调整行，也可以强调单元格。使用“没有选择”将不强调所选择的消息行。只有当“自动滚动”复选框未激活时，才可能有目标选择消息。

“选择方式”项：可指定是通过颜色变化还是通过矩形从外观上强调所选择的消息。如果已选择“矩形”选项，可以指定矩形的线粗细和颜色。

“列属性”项：指定消息窗口是否显示对消息块描述的标题栏。“改变列宽度”选项允许在运行系统中改变消息窗口列的宽度。如果激活了“缩短标题”复选框，在运行系统中，标题栏的内容可以缩短。可以在组态系统和运行系统中修改列宽。

在组态系统中，按住＜CTRL＞键，同时双击 WinCC 报警控件。激活位于控件工具栏上的“激活/取消激活自动滚动”按钮，在两个列标题之间定位鼠标，可以调整列宽。在运行系统中永久地接受这些设置。激活工具栏上的“激活/取消激活自动滚动”按钮。在两个列标题之间定位鼠标，现在可以用已修改的鼠标符号设置所希望的列宽。然而，对于每个画面改变和每次运行系统的重启，必须再次设置这些运行系统的设置。

如果“自动滚动”复选框激活，则总是选择消息窗口中最新的消息。消息窗口的可见范围也将可能移动。如果“自动滚动”未激活，任何新到达的消息将不被选择。不可以改变消息窗口的可见范围。只有在“自动滚动”选项未激活时，才可以选择目标消息行。通过“AXC-OnBtnScroll”函数或工具栏中的按钮可以动态改变自动滚动。

使用“双击打开报警回路”复选框将激活相同名称的函数。在运行系统中，双击消息可以调用该函数。

“单元格内容作为工具提示”复选框将使输出消息行的单元格内容作为工具提示。工具提示将显示整个单元格内容，最大长度为 256 个字符。一旦键盘动作，按下空格键或回车键即输出所选则的单元格。输出工具提示文本的要求是在“参数”寄存器中的“选择”组中激活“单元格”复选框。如果单元格内容的长度超出输出窗口的规定宽度，将自动进行换行。在用户文本块中，在工具提示中输入“\ n”，可在组态时强制文本换行。

“单击列标题排序”复选框将指定是否能通过列标题排序消息块。只有没有激活“自动滚动”属性，才可能在运行系统中通过列标题排序。

在字体标签中设置窗口字体显示大小；在“工具栏”标签中选择组态窗口工具栏，确认选中“消息列表”、“短期归档列表”、“显示长期归档列表”、“信息文本对话框”、“注释对话框”和“报警回路”等；在“状态栏”标签中组态状态栏的元素设置。

消息块的属性设置对话框如图 5 - 23 所示，可以修改其属性，如改变日期格式或文本块长度等。通过对“应用项目设置”区域的设置，将指定控件是否应用为报警记录中的消息块组态的列属性，或这些属性是否只用于该控件。激活的复选框意味着使用“属性”按钮改变消息块属性，也将影响报警记录编辑器中的各自的设置。这些改变也影响应用于项目设置的控件中的显示。一旦取消激活复选框，所有控件属性将保存在画面中。如果现在在报警记录编辑器中改变属性，该改变将不会应用于此控件。两个选项可以互相独立地激活。如果选择取消激活消息块，它将对报警记录编辑器有影响。这些改变也影响应用于项目设置的控件中的显示。

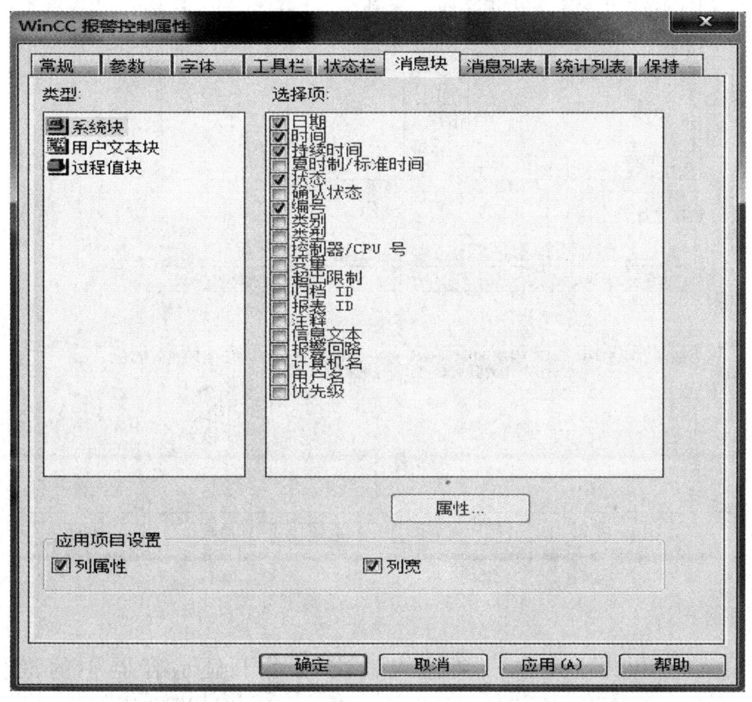

图 5-23 “消息块”标签

在“消息列表”标签中，在“现有消息块”和“选定消息块”之间可以添加和删除“日期”、“时间”、“消息文本”和“编号”，这里把“编号”移到左边，把“消息文本”右移添加到“选定消息块”中，这样操作员可以看到日期、时间和消息文本三项内容，如图 5-24 所示。完成以后确定，保存这个画面并运行。

5.3.3 组态报警显示画面

前面为了报警设置了 4 个变量（Tank-alarm、Tank100、confirm 和 status）：第一个变量通过不同的 3 个位控制 3 组报警，所以在画面中建立复选框控制 1 号、2 号和 3 号报警；第二个变量是模拟量报警，设置一个容器和滚动条，我们向上移动滑块，超过或低于一定值时将触发一个报警，这就是先前组态的模拟量报警 4 号和 5 号。

在编辑区添加一个滚动条和图形容器，然后连接着过程变量 Tank100，我们向上移动滑块，超过或低于一定值时将触发一个报警，这就是先前组态的模拟量报警。

选择“对象选项板”→“标准”选项板，将“复选框”添加到编辑区。右键单击添加“复选框”对象选择“属性”打开“对象属性”对话框，选中“属性”→“复选框”→“输入/输出”，在右边窗口的“选择框”行上，右击“动态”列选择“变量”，打开“变量选择”对话框，选择变量 Tank-alarm，单击“确定”按钮，关闭对话框。

选择复选框对象“对象属性”卡上的“字体”项，根据右边窗口的“索引”改变相对应的文本值“1，2，3”分别代表 1 号、2 号和 3 号报警。

图 5-24 “消息列表”标签

选择三个输入输出域，其中一个输入输出域用于显示容器中的液位，连接变量 Tank100；另外两个输入输出域分别连接 status 和 confirm，并将数据格式改为二进制输出扩大输出格式的范围。

组态好后的画面如图 5-25 所示。

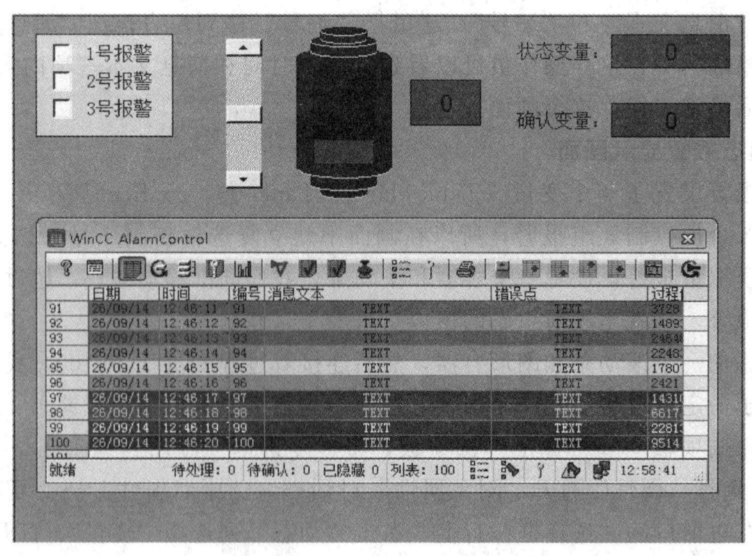

图 5-25 报警组态画面

5.4 报警系统的运行

5.4.1 设置报警记录运行系统

在 WinCC 项目管理器中，打开“计算机”属性对话框选择“启动”选项卡，勾选“报警记录运行系统”复选框如图 5-26 所示。

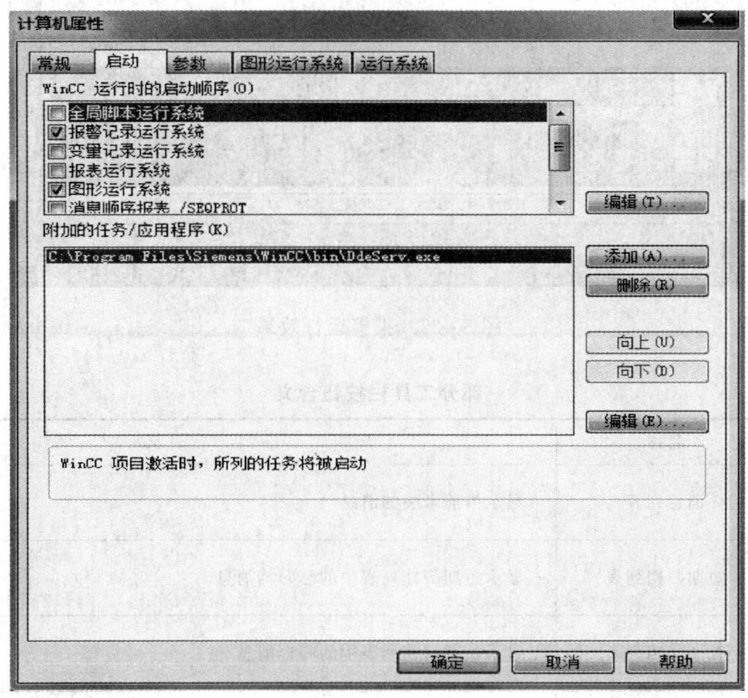

图 5-26 启动“报警记录运行系统”

友情提示

此处设置非常重要。初学者经常在此处出错，即组态了报警记录也添加了和组态了报警控件，但是在“计算机属性”的“启动”选项中没有选择“报警记录运行系统”启动选项。结果运行 WinCC 后在报警记录画面出现“服务器连接失败”的提示。

5.4.2 运行项目

运行项目，拖动滑块改变容器中的液位实现模拟量报警；单击复选框按钮实现不同的 3 个位控制三组报警，运行效果如图 5-27 所示。

可以利用工具栏按钮对报警消息进行各种操作，部分工具栏按钮含义见表 5-1，状态栏部分区域含义见表 5-2。

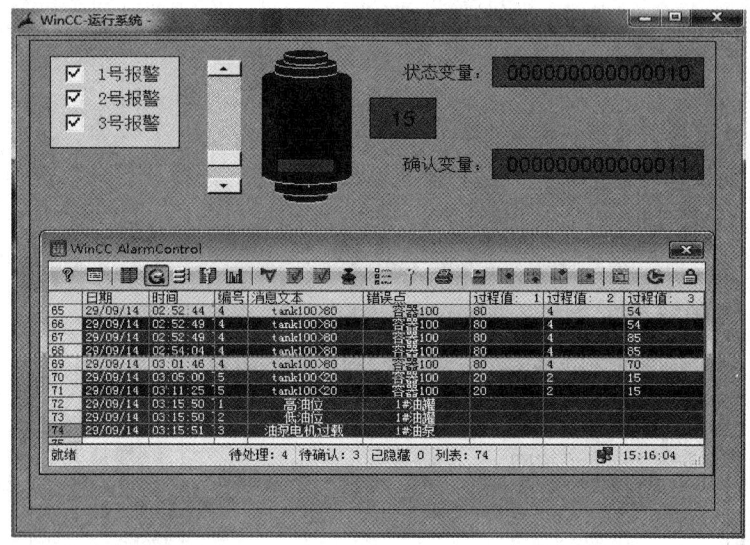

图 5-27 报警运行效果

表 5-1 **部分工具栏按钮含义**

图标	名称	含义
	消息列表	显示当前未决的消息
	短期归档列表	显示短期归档列表中的已归档消息
	长期归档列表	显示长期归档列表中的归档消息
	锁定列表	显示系统内的所有已锁定消息
	统计列表	显示在报警控件的“统计列表”选项卡上所有组态的消息块和统计信息
	确认中央信号设备	确认视觉或听觉传感器
	单个确认	确认所选择的单个消息
	组确认	倘若不需要单个确认，则可在消息窗口中确认所有未决的、可见的和需要进行确认的消息
	自动滚动	如果激活了“自动滚动”，则将选择消息窗口中的最新消息。如果需要可以移动消息窗口的可见区域。如果没有激活“自动滚动”，则不选择新到达的消息。消息窗口的可见区域不变。只有在“自动滚动”选项未激活时，才可以有目标地选择消息行
	选择对话框	指定要在消息窗口中显示的消息的选择标准，符合这些标准的消息将不显示，但仍进行归档

续表

图标	名称	含义
	锁定对话框	设置锁定标准，满足这些标准的所有消息均不显示，也不进行归档
	打印当前视图	启动消息窗口中所显示的消息的打印，用于打印的打印作业可以在“常规”选项卡的控制属性中指定
	紧急确认	带有强制确认的消息的紧急确认。使用此功能，所选择的单个消息的确认位将直接发送到AS，即使消息并不是未决的
	显示第一条消息	选择当前未决消息的第一条消息。如果需要，可以移动消息窗口的可见区域。只有在取消激活“自动滚动”功能之后，才能启动此按钮
	显示最后一条消息	选择当前未决消息的最后一条消息。如果需要，可以移动消息窗口的可见区域。只有在取消激活“自动滚动”功能之后，才能启动此按钮
	显示下一个消息	选择下一条消息（相当于当前所选的消息）。如果需要，可以移动消息窗口的可见区域。只有在取消激活“自动滚动”功能之后，才能启动此按钮
	显示前一条消息	选择前一条消息（相当于当前所选的消息）。如果需要，可以移动消息窗口的可见区域。只有在取消激活“自动滚动”功能之后，才能启动此按钮
	报警回路	显示用于选择消息或触发脚本的画面，也可以通过双击消息触发此功能
	打开消息文本对话框	打开对话框，显示消息文本
	锁定消息/发出消息	此按钮锁定当前消息列表和消息归档列表中的消息/发出从锁定列表中选择的消息
	排序对话框	打开一个对话框，以创建所显示消息的用户自定义排序
	时间基准对话框	打开对话框为消息中显示的时间创建时间基准

表5-2　　状态栏部分区域含义

按钮	描述	按钮	描述
日期	系统日期	退出	具有强制确认未决消息号
time	系统时间		锁定已设置
列表	当前未决列表消息号		进行选择
窗口	窗口中的消息号		

5.4.3 模拟量报警测试说明

点击运行按钮，首先测试上限报警，将液位上调85（死区宽度为4），观察状态变化与报警消息颜色，如图5-28所示。

从图5-28中可以看到画面报警窗口中产生了一条红色的“Tank100＞80”的报警，同

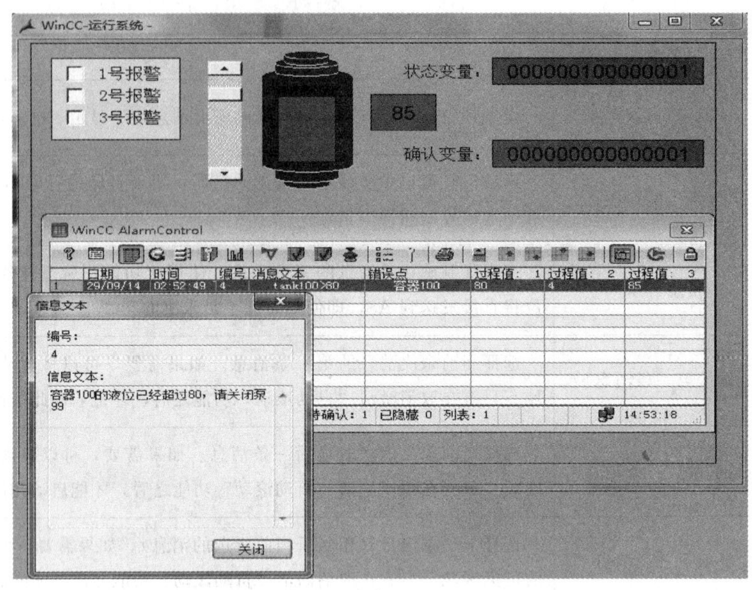

图 5 - 28　上限报警信息发生

时可以看到报警窗口中显示的过程值 1：对应所定义的上限值；过程值 2：对应所设定的死区宽度；过程值 3：对应当前液位值。信息文本显示报警编号及所定义的信息文本内容。

在报警显示画面中的状态变量第 0 位为 1 表示报警消息已经到来，第 8 位为 1 表示报警到来但是还没有确认。通过点击报警控件中的单个“确认消息”按钮来确认消息，可以看到第 8 位变为 0，但第 0 位仍为 1，同时，可以看到确认变量的第 0 位变为 1，表示该报警已经被确认。可以看到报警控件中的报警消息颜色变成了蓝色，表示虽然已经确认了报警但是报警并没有离开，如图 5 - 29 所示。

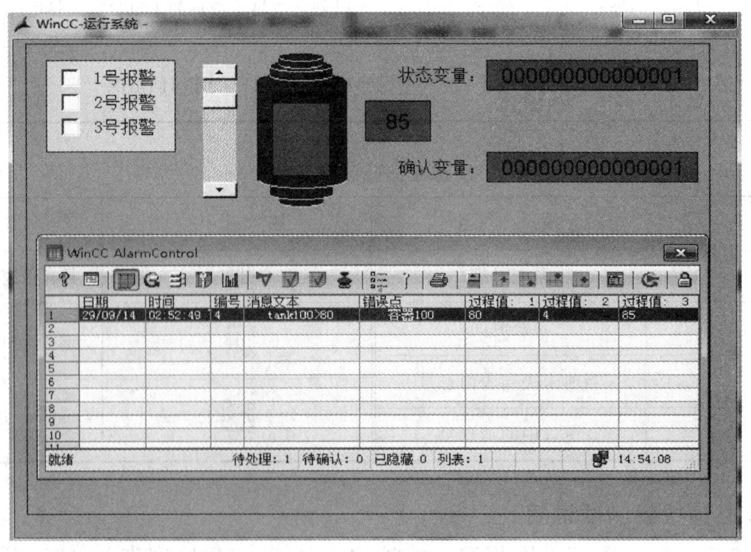

图 5 - 29　确认上限报警信息

友情提示

液位超限 85（有死去值为 4）只显示第一次超过 80 的那次报警当前值，如果液位继续升高并不会产生另外一条报警消息，如图 5-30 所示。

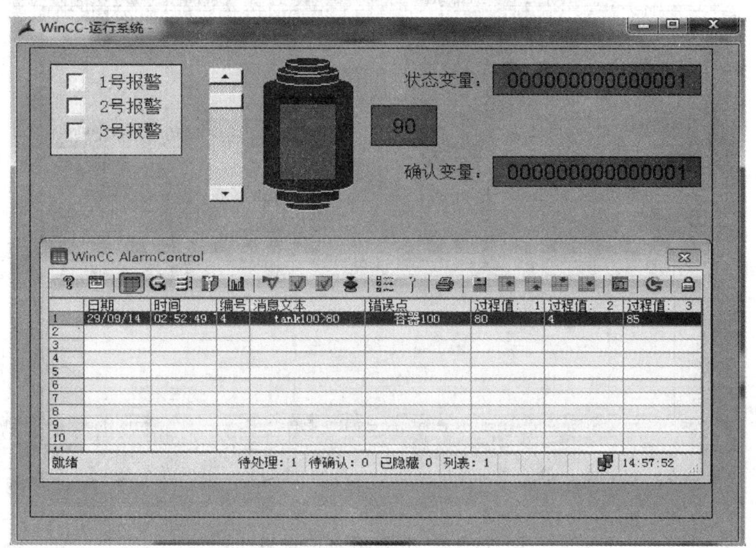

图 5-30 液位继续升高

当液位低于上限报警限值时，我们看到状态变量变为 0，表示报警消息已经离开，确认变量的第 0 位的值仍为 1，如图 5-31 所示。

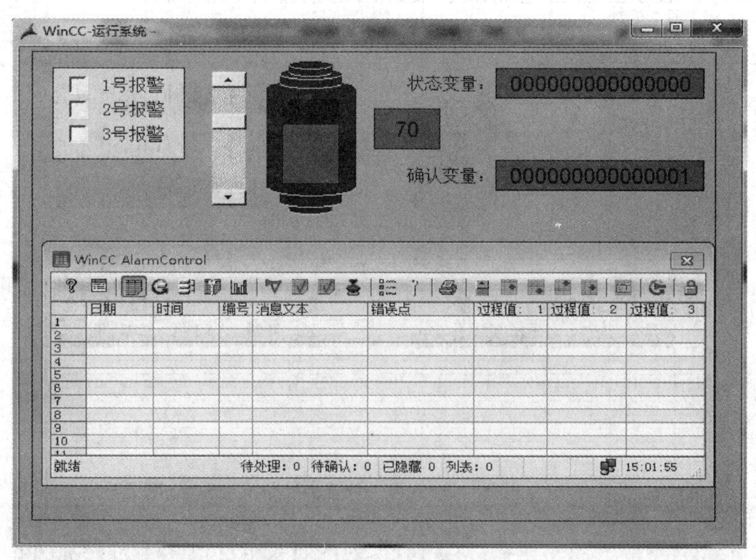

图 5-31 液位低于报警上限

同理当下限报警发生时，将液位下调 15（死区宽度为 2），可以看到画面报警窗口中产生了一条红色的“Tank100＜20”的报警，同时可以看到报警窗口中显示的过程值 1：对应所定义的下限值（20）；过程值 2：对应所设定的死区宽度（2）；过程值 3：对应当前液位值（15）。在报警显示画面中的状态变量第 1 位为 1 表示报警消息已经到来，第 9 位为 1 表示报警到来但是还没有确认，如图 5 - 32 所示。

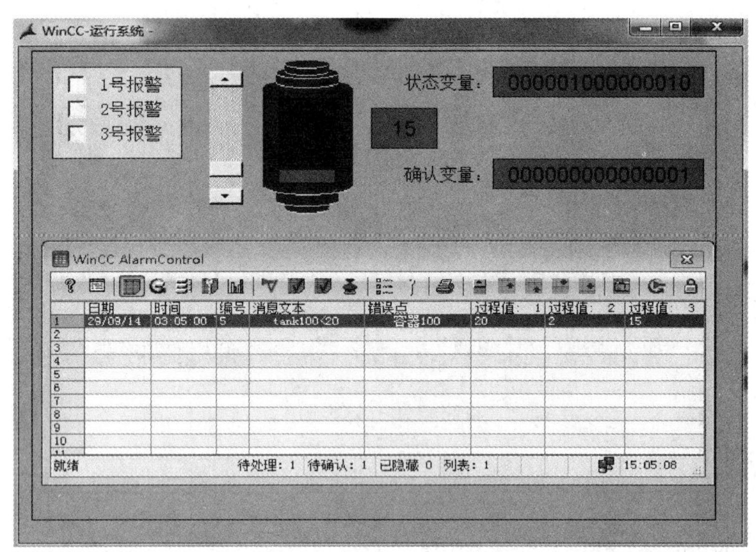

图 5 - 32　下限报警信息发生

通过点击报警控件中的单个“确认消息”按钮来确认消息，得到如图 5 - 33 所示的画面，从图中我们可以看到第 9 位变为 0，但第 1 位仍为 1，同时，可以看到确认变量的第 0 位仍为 1，第 1 位也变为 1，表示该低液位报警已经被确认。可以看到报警控件中的报警消息颜色变成了蓝色，表示虽然已经确认了报警但是报警并没有离开。

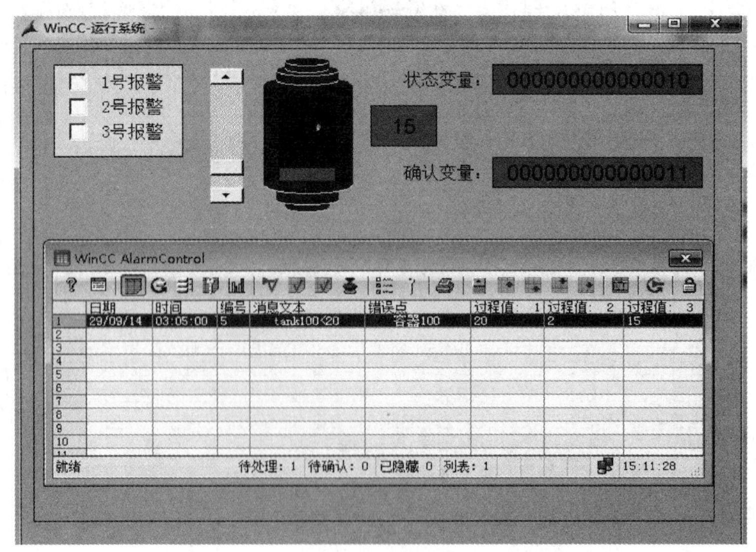

图 5 - 33　确认下限报警信息

5.4.4 通过消息变量触发报警

消息变量指的是当有报警发生时使消息变量中的消息位置 1 来触发该消息。我们这里定义一个无符号 16 位数的内部变量，名称为 message。右键报警记录的表格窗口添加新行，右键单击新添加的行，选择属性，在弹出的单个消息面板中设置报警消息参数。在参数面板中消息变量连接 message，消息位为 2；确认变量连接 confirm，确认位为 2；状态变量连接 status，状态位为 2，并添加相应文本消息，如图 5-34 所示。

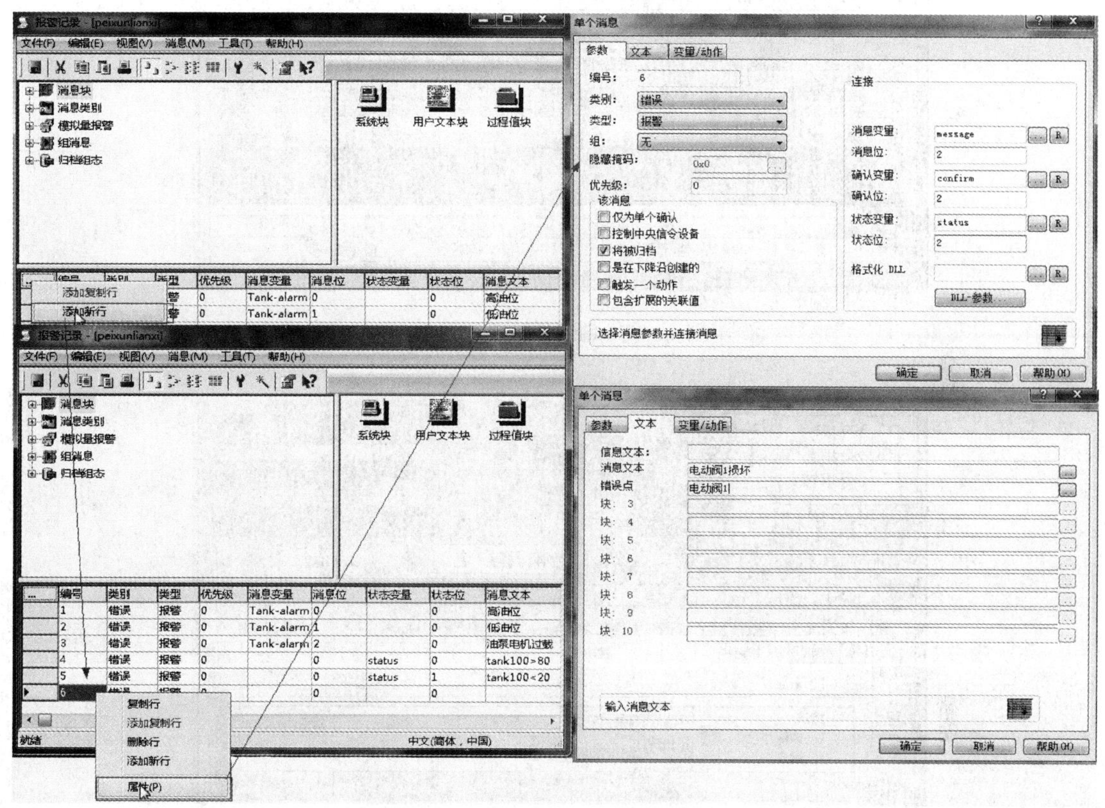

图 5-34 创建一个新的报警消息

新建画面，在画面中添加 3 个文本框，3 个 I/O 域、1 个按钮和 1 个 WinCC Alarm Control 控件，组态如图 5-35 所示的测试画面。

定义确认按钮的事件属性，按鼠标左键将常数 4（二进制 100）给确认变量 confirm，当松开鼠标左键时，将常数 0 给确认变量 confirm，如图 5-36 所示。

运行测试画面说明。

（1）将消息变量的第 2 位置 1（在消息变量的消息域中输入 100），从运行画面中可以看到产生了电动阀 1 的报警，同时状态变量的第 2 位和第 10 位分别置 1，如图 5-37 所示。

（2）在消息变量的 I/O 域中修改消息位的值输入 0 使报警离开，则对应的状态为变为 0，如图 5-38 所示。

（3）点击确认按钮，确认报警，确认变量值变为 100，使状态变量的状态位为 0，如图 5-39所示，当松开确认键时确认变量变为 0，如图 5-40 所示。

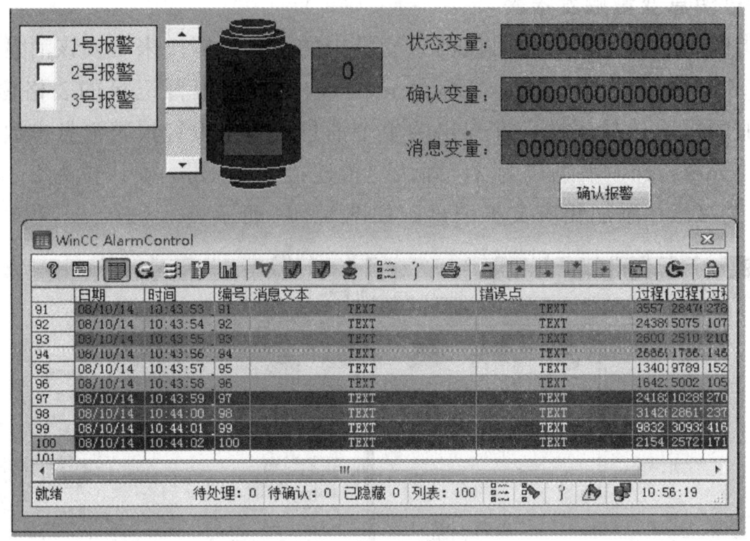

图 5-35　创建报警显示画面

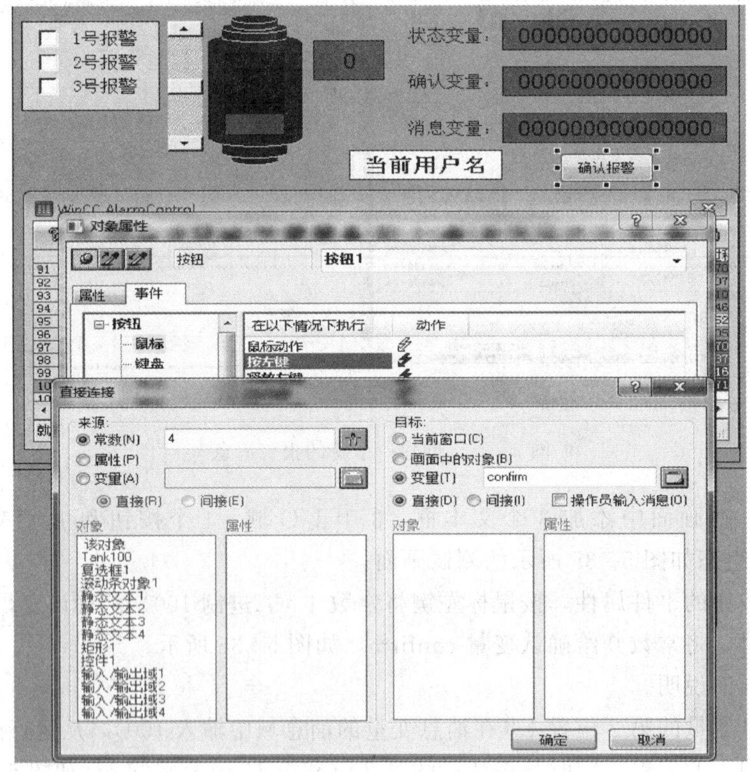

图 5-36　组态按钮的事件属性

以上的操作过程及显示就是通过消息变量触发报警的使用。

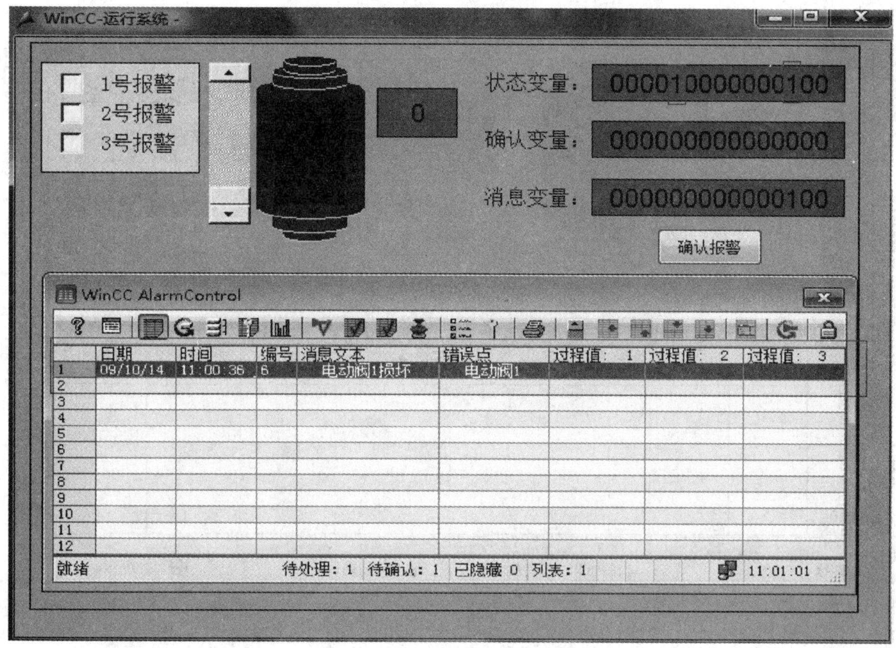

图 5-37 修改消息变量触发报警

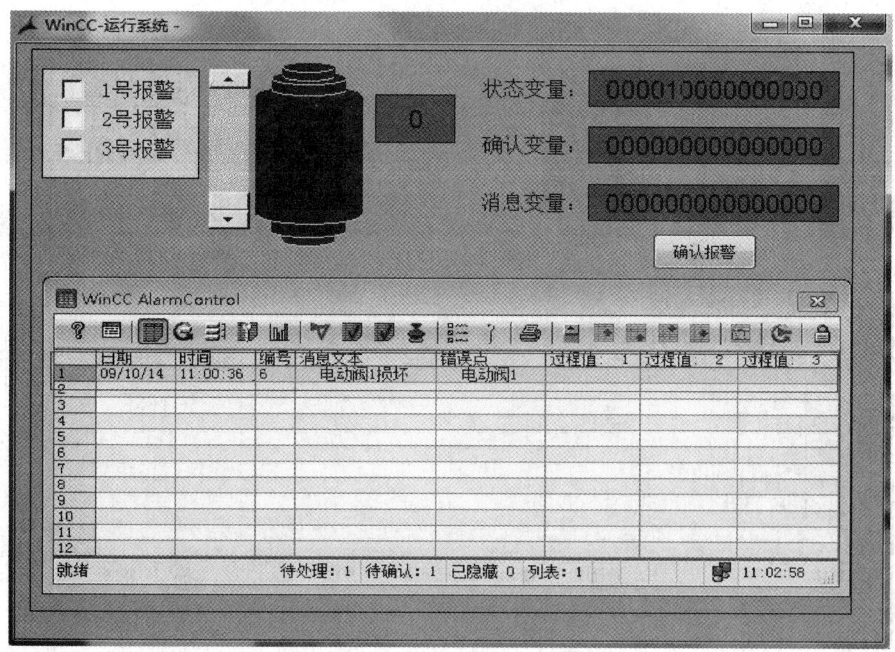

图 5-38 修改消息变量取消报警状态位标识

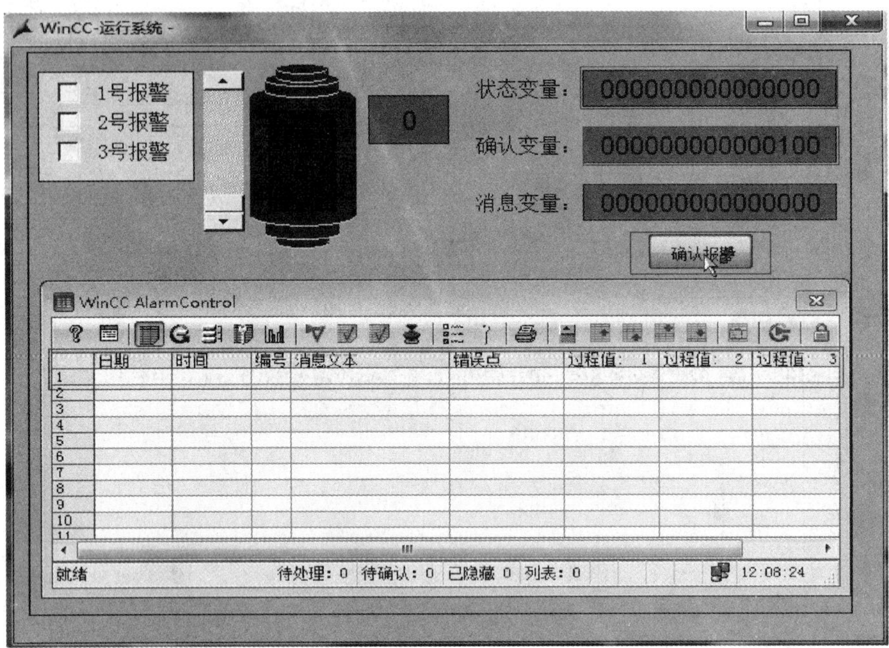

图 5-39　点击确认按钮确认报警消息

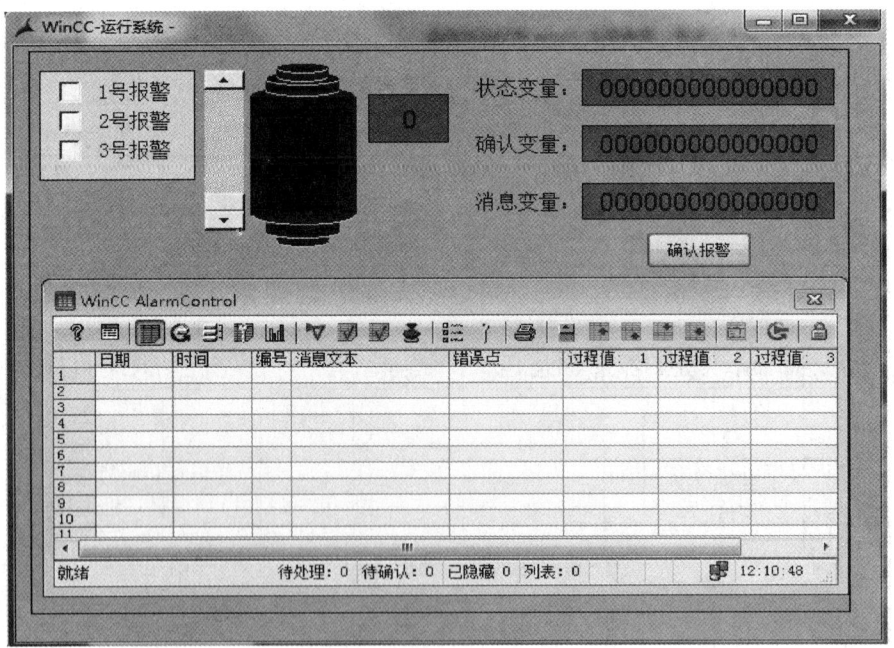

图 5-40　松开确认报警按钮恢复初始状态

习 题

（1）报警记录的作用是什么？

（2）熟悉报警记录编辑器的使用，组态二进制报警和模拟量报警。

6 数据记录与趋势

对观测数据的趋势分析是一个完善的控制软件必不可少的功能。它反映了过程变量在一段时间内数值变化情况。

作为用户希望能看到指定变量的变化，首先系统能将观测数据保留在数据中心上，再通过一个随时间变化的二维曲线（趋势）向用户展示该观测数据的变化过程。

在 WinCC 中可以通过两个控件：在线表格控件（WinCC Online Table Control）和在线趋势控件（WinCC Online Trend Control），以表格或曲线的方式供用户观测变量的变化情况。欲观测的变量应先作存储，即过程值归档。

如果需要在 WinCC 中实现过程值归档，用户需要在 WinCC 中做如下工作：

（1）在变量记录中组态过程值归档。其中最重要的一项是将需要归档的过程变量（在变量管理器中已经建立的过程变量）添加到变量记录中。

（2）在图形编辑器中插入趋势控件或趋势表格控件，并组态控件。其中最重要的一项是将需要在趋势中显示的过程变量从归档过程变量（在变量记录中建立的归档过程变量）中选择出来并添加到控件中。

（3）在项目的计算机属性的启动列表中选择"变量记录运行系统"选项。

6.1 过程值归档基础

6.1.1 归档的基本概念

1. 采集周期

采集周期是从自动化系统中读出过程变量的周期。在 WinCC 中可设置的最短采集周期是 500ms。所有其他值是该值的整数倍。由 WinCC 运行系统的启动时间确定采集周期的起始点。

2. 归档周期

归档周期确定何时将过程值保存到归档数据库中。归档周期应该是采集周期的整数倍。归档周期的起始点取决于 WinCC 运行系统的启动时间或所使用时间的起始点。

3. 启动事件

当指定事件产生时，如当设备启动时，启动过程值归档。例如，可为过程值的非周期归档组态一个启动事件。

4. 停止事件

当指定的事件发生时（例如当设备停止运行时）终止过程值归档。则为过程值的周期性选择归档组态一个停止事件。

5. 过程值和变量

过程值是存储在自动化系统内存中的数据。它们代表了设备的状态，例如，温度、填充量或状态（电动机停止等）。要使用过程值，须在 WinCC 中定义变量。

WinCC 和自动化系统之间的连接由过程变量实现，该变量对应于自动化系统中的某个过程值。从自动化系统中读出过程值就可以得到过程变量的数值。反之，过程值也可写回到自动化系统内存中。

6. 外部和内部变量

外部变量是用来从自动化系统中采集过程值和访问内存地址。即外部变量就是过程变量。

内部变量没有过程连接，只能在 WinCC 中系统传送数据。

外部和内部变量可存储在过程值归档的归档变量中。WinCC 和自动化系统之间的连接由过程变量实现，该变量对应于自动化系统中的某个过程值。从自动化系统中读出过程值就可以得到过程变量的数值。

7. 归档变量

用于存储归档的过程值。在 WinCC 中不同类型的归档变量是有区别的：

(1) 模拟量归档变量存储过程值，例如，罐的填充量。

(2) 布尔量归档变量存储二进制变量的过程值，例如，电动机的打开或关闭。

(3) 过程控制变量存储作为消息帧发送到归档系统的过程值，例如，在一系列测量中的过程值。

6.1.2 过程值归档的原理

变量记录也称为变量归档或者过程值归档，将需要归档的过程值在归档系统中进行编译、处理，在运行系统数据库中保存。在运行系统中，可以以表格或趋势的形式输出当前过程值或已归档过程值。此外，也可将所归档的过程值作为草案打印输出。

过程值归档涉及下列 WinCC 子系统，如图 6-1 所示。

(1) 自动化系统（AS）：存储通过通信驱动程序传送到 WinCC 的过程值。

(2) 数据管理器（DM）：处理过程值，然后通过过程变量将其返回到归档系统。

(3) 归档系统：处理采集到的过程值（例如，计算平均值）。处理方法取决于组态归档的方式。

(4) 运行数据库（DB）：保存要归档的过程值。

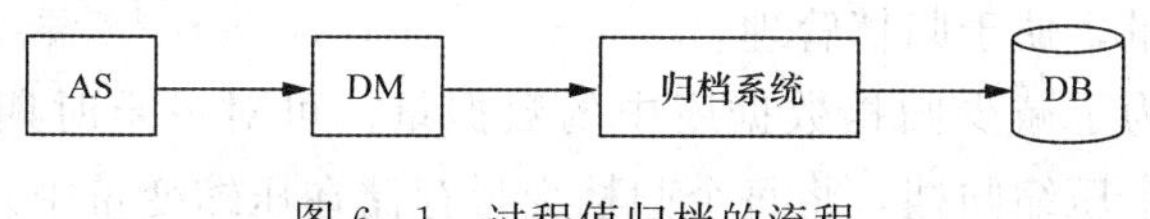

图 6-1 过程值归档的流程

过程值归档中，是否以及何时采集和归档过程值取决于各种参数，组态哪些参数取决于所使用的归档方法。例如，用户可以在任意时间监控单个过程值并使该监控依赖于某些事件。可以快速归档变化的过程值，而不会导致系统负载的增加。用户可以压缩已归档的过程值来减少数据量。

6.1.3 过程值归档的分类

WinCC 在运行系统中可以使用下列归档方法。

1. 周期性的连续过程值归档

对连续的过程值归档，例如，监控一个过程变量值。运行系统启动时，开始采集数据，过程值以恒定的时间周期采集并存储在归档数据库中。运行系统中止时，过程值的连续周期性也随之结束。

WinCC 归档系统中的每一个归档中，可以单独地对采用周期和归档周期进行组态。可以将归档周期选择组态为从 1s 到 1 年。在组态阶段，为每个变量/测量值或成组变量/测量值设置时间周期，并因此在运行系统模板中设置静态的固定代码。使用每一归档功能，可以在存储周期或实际值中常规的选择存储平均数、最小值或最大值。

2. 周期的选择性过程值归档

发生启动事件时，在运行系统中开始周期的选择过程值归档。启动后过程值以恒定时间周期采集并存储在归档数据库中。停止事件发生或者运行系统终止时，周期性的过程值归档结束。当停止事件发生时，最近采集的过程值也被归档。

3. 非周期性的过程值归档

对事件控制的过程值归档，例如，当超出临界限制值时，对当前过程值进行归档。运行期间，非周期过程值归档仅将当前过程值保存在归档数据库中。在以下情况下归档：

（1）每次改变过程值时。

（2）触发变量指定值为“1”，然后再次采用值“0”时。先决条件是已针对非周期过程值归档组态了与变量相关的事件。

（3）脚本收到返回值“TRUE”，然后再次采用返回值“FALSE”时。先决条件是已针对非周期过程值归档创建了与脚本相关的事件。

4. 过程控制的过程值归档

对多个过程变量或快速变化的过程值进行归档。运行系统启动时，所选过程变量的过程值被读出并作为二进制数据写入组态的消息帧变量。归档系统的运行系统对消息帧变量的二进制数进行解码，解码的过程值然后被写入归档数据库中。

6.1.4 过程值归档的类型

1. 过程值归档和压缩归档

在变量记录中创建归档时，归档向导有两种类型可供选择：过程值归档和压缩归档。

（1）过程值归档。存储归档变量中的过程值。在变量记录创建归档时，归档向导中选择过程值归档同时输入过程值归档名称。对于较大的项目可建立多个过程值归档，分别存放不同工作区域的归档变量，便于归档管理。

（2）压缩归档。为了减少归档数据库中的数据量，可对一定时期内的归档变量进行压缩。为此，需创建一个压缩归档，将每个归档变量存储在压缩变量中。

压缩来自过程值归档的归档变量。在组态压缩归档时，选择计算方法和压缩时间段。对于压缩时间段，变量记录中创建的所有超过 1min 的时间都可用。如果没有提供所需的压缩时间段，那么可在变量记录中组态一个新的时间周期，然后设置压缩时间周期。

压缩归档可以与过程值归档相同的方式存储在归档数据库中。

压缩通过数学函数实现。为此，在指定时间段内可以通过求最大值、最小值、平均值和总和函数来实现压缩。

原来的归档过程值在压缩后如何处理取决于所使用的压缩方式：

（1）计算：指定时期内的过程值被读出并压缩。归档变量的过程值被保留。

（2）计算并复制：指定时期内的归档变量的过程值被读出、压缩并另外复制到压缩归档。

(3) 计算并删除：指定时期内的归档变量的过程值被读出、压缩然后删除。

(4) 计算、复制并删除：指定时期内的归档变量的过程值被读出、压缩并另外移动到压缩归档。

下面以一个实例说明压缩归档的工作方式：

过程值每分钟归档一次，在1h内返回60个值。压缩（例如，求平均值）将要在1h后进行，因此，每小时从60个值中得出平均值，然后存储在压缩变量中。这60个过程值如何处理则取决于上面所述的压缩方法。

2. 快速归档和慢速归档

(1) 快速归档（TagLogging Fast）是对于归档周期小于或等于1min（系统默认）的归档。此类过程值归档以压缩的方式存储在归档数据库中。

(2) 慢速归档（TagLogging Slow）是对于归档周期大于1min（系统默认）的归档。此类过程值归档以非压缩的方式存储在归档数据库中。

6.2 组态过程归档

WinCC项目中组态过程值归档的基本步骤：

(1) 分析要组态归档的数据。归档变量的个数和数据类型、归档名称、启停事件、采集类型、归档周期、输出方式等。

(2) 组态定时器。

(3) 创建归档。

(4) 添加归档变量。

(5) 归档设置：采集周期、归档周期、归档计算方法。

本节将通过实例讲述如何在“变量记录”编辑器中建立归档，至于在运行系统中如何输出归档变量将在6.3节中进行说明。

变量记录对WinCC中的内部变量和外部变量的归档使用同样的方法。为便于测试这里使用内部变量予以说明。

任务描述：

组态变量Motor_actual和Oil_temp两个内部变量用于记录电动机的速度和油箱的温度，当按下启动按钮后，每10s采集并归档一次变量，按下停止按钮停止归档，并用趋势和表格形式输出归档变量。

6.2.1 变量记录编辑器

WinCC变量记录编辑器的作用是周期性的采集过程数据，并把这些过程数据存储在数据库中用于以后进行数据分析、生成报表和在画面中显示。在WinCC项目管理器的浏览窗口，双击变量管理打开记录编辑器窗口，如图6-2所示。

1. 浏览窗口

此处设置一些常规信息。可选择定时器、归档和归档组态。其中归档项在此处通过归档向导可创建过程值归档或压缩归档。

2. 数据窗口

根据在浏览窗口中所做的选择，可在此处编辑已存在的归档或定时，或者创建新的归档

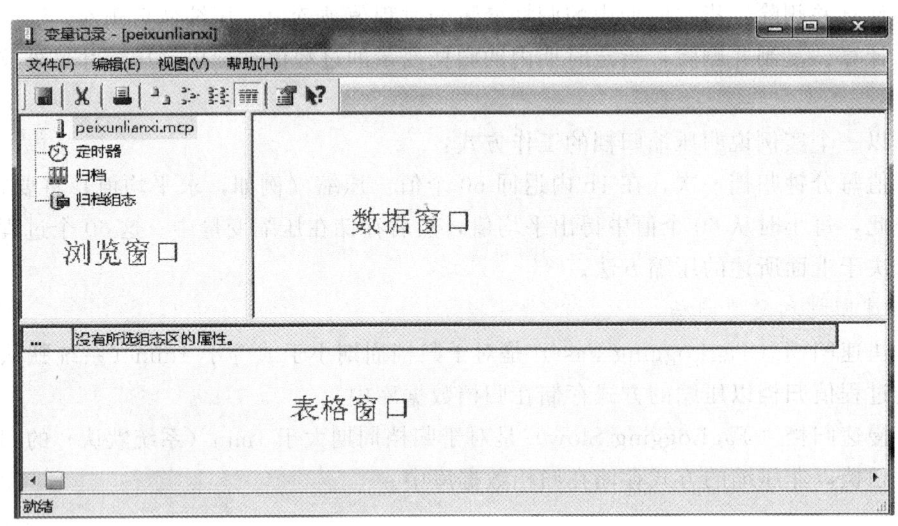

图 6-2　变量记录编辑器

或定时。当选择归档组态时，在数据窗口可选择快速归档或慢速归档。

3. 表格窗口

表格窗口是显示归档变量或压缩变量的地方，这些变量存储于数据窗口所选的归档中。可以在此改变显示的变量的属性或添加一个新的归档或压缩变量。

6.2.2　定时器组态

单击如图 6-2 所示的变量记录编辑器左边浏览器窗口中的“定时器”，右边窗口将显示所有已经组态的定时器。在默认的情况下，系统提供了 5 个定时器：500 毫秒、1 秒、1 分钟、1 小时、1 天。如果用于采集和归档周期的定时器偏离了标准定时器，可组态新的定时器。新的定时器以基数（例如，1s）的整数倍计算。定时器组态步骤如下（例如，组态一个 10 秒的定时器）：

（1）在变量记录中，右键单击“定时器”，从弹出式菜单中选择“新建…”打开“定时器属性”对话框。

（2）定义新的定时器。输入名称“TenSeconds”作为新定时器的名称，在“基准”的下拉列表中选择时间基准值为“1 秒”，在“系数”编辑框中输入 10，如图 6-3 所示。其中“基准”是指设定的时间基准，“系数”是时间基准的倍数，定时器的时间是时间基准乘以系数的结果。如果勾选“循环起始点”项中的“另外，启动系统时触发循环”或“另外，系统关闭时触发循环”，则不管已组态的周期如何，当“系统启动时”或“退出运行系统时”，都将执行一个归档周期。还可以指定第一个归档周期的开始时间，之后将按照设定的周期时间启动归档。

组态完毕单击“确定”按钮，关闭对话框，新组态好的定时器出现在变量记录编辑器的定时器栏中。打开某一定时器的“属性”对话框，可以修改已有的定时器的相关属性。

6.2.3　创建并组态归档变量

为了创建变量的归档，在 WinCC 项目管理器中用鼠标右键单击“变量记录”图标，选择“打开”，在“变量记录”编辑器中右键单击“归档”，选择“归档向导”图标，打开“创

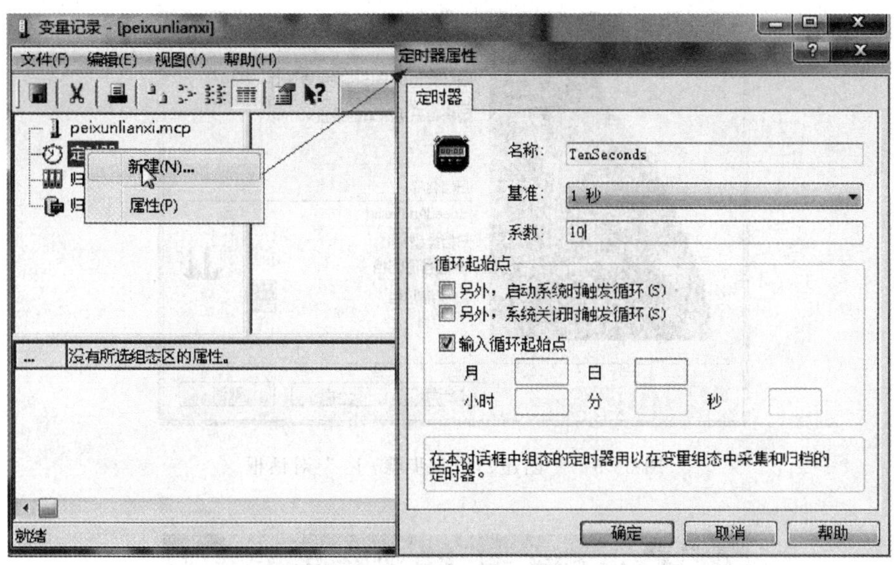

图 6-3 “定时器属性”对话框

建归档”对话框，如图 6-4 所示。

图 6-4 “创建归档”对话框

单击如图 6-4 所示中的“下一步”按钮，进入“创建归档：步骤-1-”对话框，如图 6-5所示。在归档名称栏中输入“SpeedAndTemp”作为归档的名称，归档类型选择“过程值归档”。单击“下一步”按钮，进入“创建归档：步骤-2-”对话框，如图 6-6 所示。单击“选择”按钮打开变量管理器，为该归档变量从变量浏览器中选择内部变量“Motor _ actual”和“Oil _ temp”，然后点击完成按钮，这时一个新的归档就创建完毕。在“变量记录”编辑器的浏览窗口选中“归档”项，右边数据窗口将显示已经组态好的归档，在窗口的下部显示归档项目的变量名称及它们相应的属性，如图 6-7 所示，这里有两个归档变量(Motor _ actual 和 Oil _ temp)。

图 6-5　“创建归档：步骤-1-”对话框

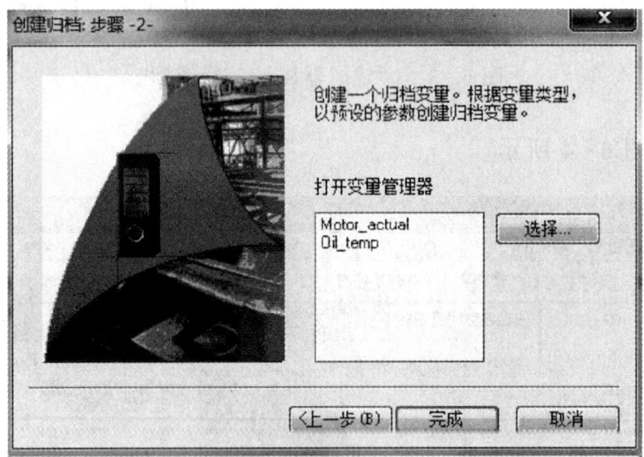

图 6-6　“创建归档：步骤-2-”对话框

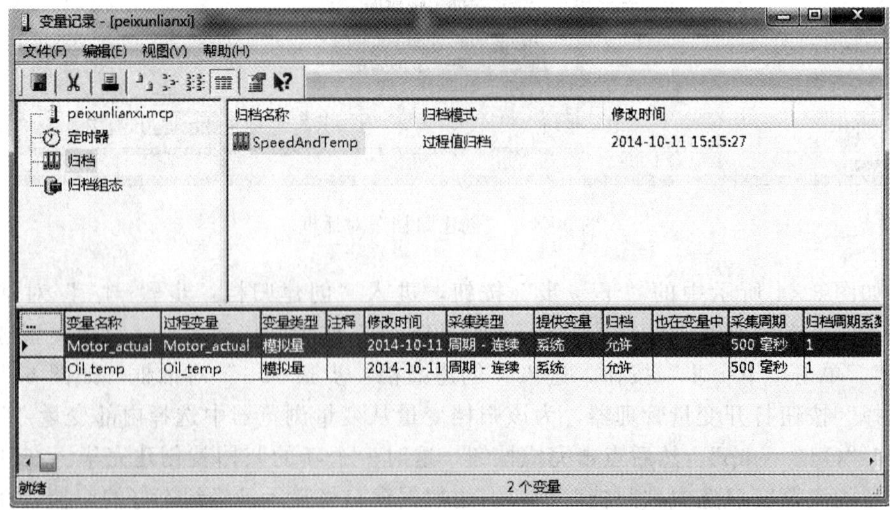

图 6-7　归档效果图

通过归档向导生成的归档和归档变量的参数都是按照默认值进行设置的，根据需要可以改变部分属性的设置。在变量记录编辑器的下部窗口，选中要更改设置的变量（分别设置 Motor _ acutal 和 Oil _ temp 的属性参数），单击右键选择“属性”打开过程变量的“属性”对话框，如图 6 - 8 所示。

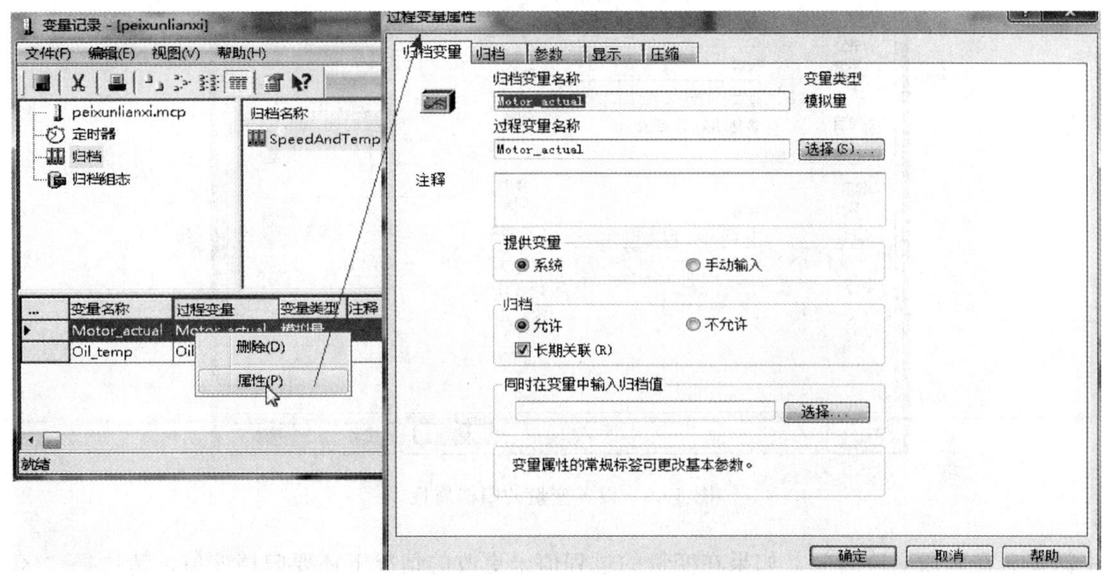

图 6 - 8　设置归档变量的属性

在如图 6 - 8 所示的“过程变量属性”对话框的“归档变量”选项卡中，在“归档变量”名称选项处可以根据自己的需要设置归档变量名称、选择过程变量名称；定义归档变量是手动提供还是由系统提供；在“归档”选项组，定义是否在系统启动时激活归档。如果中央归档服务器（CAS）将归档变量视为最有长期关联性的变量，选择激活复选框“长期关联”；也可以将归档变量值写入到内部变量中，以便将归档变量用于其他用途。

“归档”选项卡如图 6 - 9 所示，可以根据需要选择归档类型、采集周期和归档周期等。

在“归档类型”中可组态“周期归档”和“非周期归档”。可组态四种归档方法：

（1）对于连续周期性归档，在“归档”选项组中选择“周期”归档类型，然后设置归档周期。

（2）对于有选择的周期性归档，可以在“动作”组中组态启动和停止事件，使用“…”在变量管理中选择一个变量，或在函数浏览器中选择一个 C 脚本，变量或函数必须返回值“1”或“0”或返回值“TRUE”或“FALSE”，如果出现 TRUE 值，则归档将随着可能的情况启动或停止。

（3）对于事件控制的非周期归档，在归档选项卡上将归档类型选为“非周期”，采集类型选为“事件控制”，在“事件”组中，定时基本事件，使用“…”在变量管理器中选择一个变量，或在函数浏览器中选择一个 C 脚本。变量或函数必须返回值“1”或“0”，或者返回值“TRUE”或“FALSE”。如果出现值“1”或“TRUE”，则完成一次归档。

（4）若要在值改变时将过程值归档，请选择归档类型“非周期”和采集类型“改变时”。在 WinCC 控件中，定义一个显示周期以显示长时间未修改的值。否则，该值最后将从显示

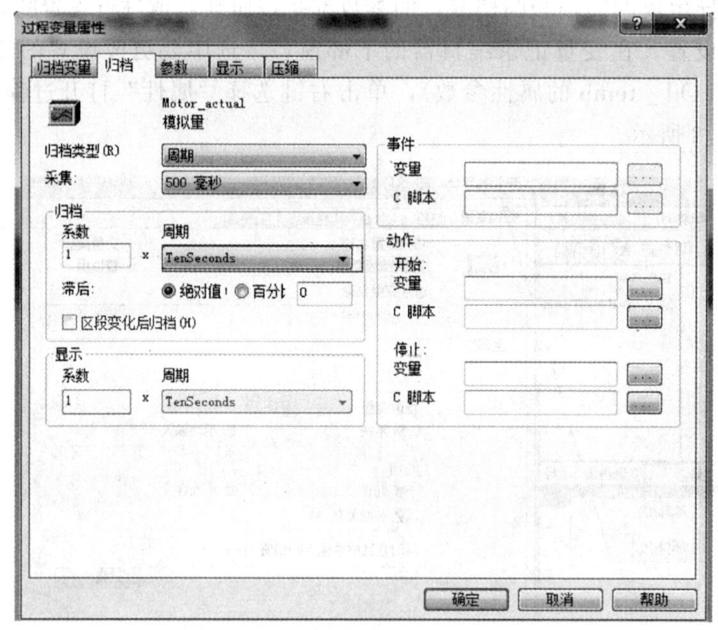

图 6-9　设置变量的归档属性

中消失。在区段更改时间，如果在变量的过程值未更改的情况下还要归档该值，请选择“区段变化后归档”选项。

“参数”选项卡如图 6-10 所示，可以设置归档变量参数。“处理”项中，可以对采集的变量进行处理后再归档。对一个过程变量进行归档，并不一定对实际值进行归档。由于采集周期和归档周期可以不同，且归档周期是采集周期的整数倍，因此数个过程值才产生一个归档，可以对这数个过程值进行某种运算后再进行归档。可以选择运算有求总和、最大值、最小值、平均值等，单击其下的“选择”按钮来选择自定义函数。如果在读取过程值出现错误，可以设置用哪个值进行存档：“最近值”指成功地从过程读取的最后一个值；“替代值”则用在变量的属性对话框中组态的过程值的替换值。

“显示”卡如图 6-11 所示，可以定义归档变量的显示设置。可以设置“没有显示限制”，则无论值的大小都显示；当选择“直接组态”时，需要在上下限域输入极限值。

单击“确定”按钮完成归档变量的组态，其各项属性显示于图 6-7 下部窗口的表格中，在此也可以修改相应属性，还可以对属性表格中不需要的列进行隐藏，单击变量记录编辑器菜单“视图→添加/删除列”打开如图 6-12 所示的“添加/删除列”对话框，取消相应的勾选即可。

选中图 6-7 变量记录编辑器左侧浏览树中的“归档”项，右键单击右侧窗口某一归档，例如“SpeedAndTemp”选择属性或者双击打开“过程值归档属性”对话框，如图 6-13 所示，它包括两个选项卡，“常规信息”选项卡设置归档的名称、授权等级等常规属性；“存储位置”选项卡选择过程值归档的存储位置。归档变量的值可以存储在硬盘上，也可以存储在内存（主存储器）中。在此例中，将归档存储在硬盘上。

单击“变量记录”编辑器工具栏上的保存图标保存归档组态，关闭变量记录编辑器，接下来就可以在图形编辑中组态控件了。

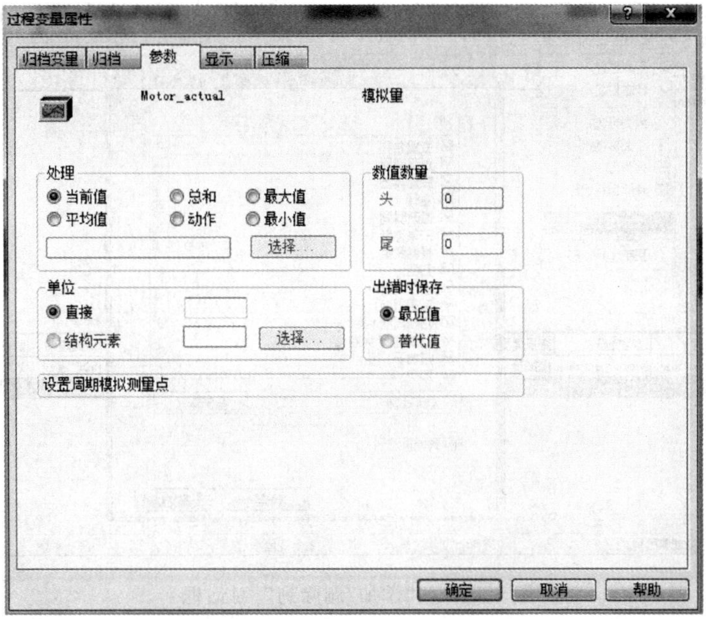

图 6-10 “参数”设置卡

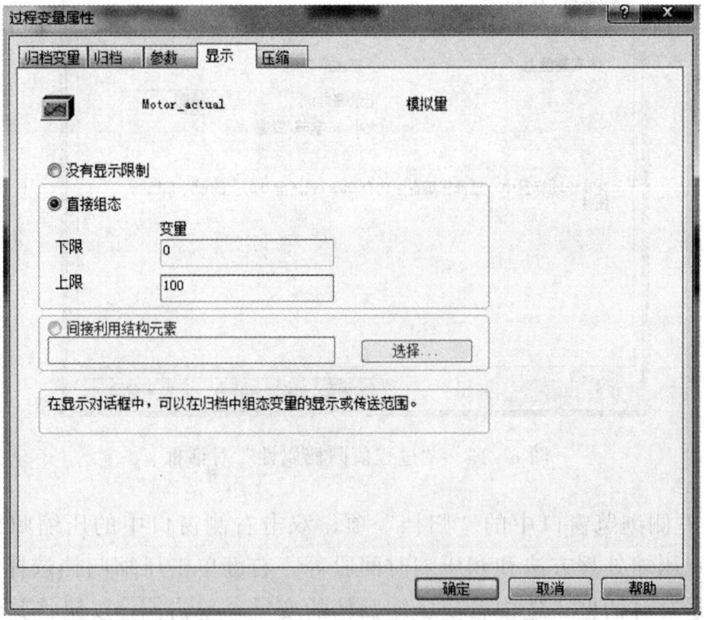

图 6-11 “显示”设置卡

6.2.4 创建压缩归档

压缩归档从过程值归档数据库中取出数据，采用更有效的空间格式将其存档。为了将数据存入压缩归档数据库，必须首先生成一个过程值归档或者存储压缩的原始数据类型变量。

在变量记录编辑器中，运行“归档向导”，归档类型选择为“压缩归档”，输入归档名称，完成压缩归档组态，如图 6-14 所示。

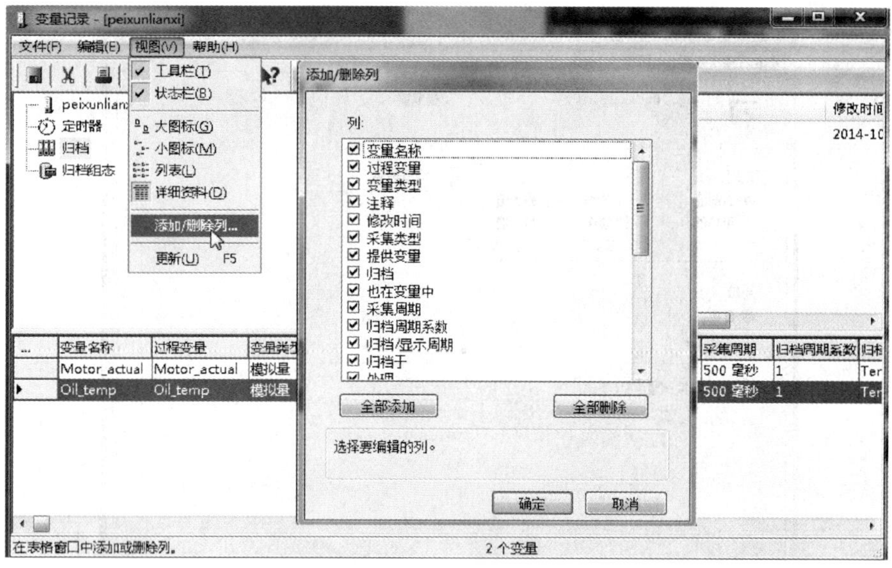

图 6 - 12 “添加/删除列”对话框

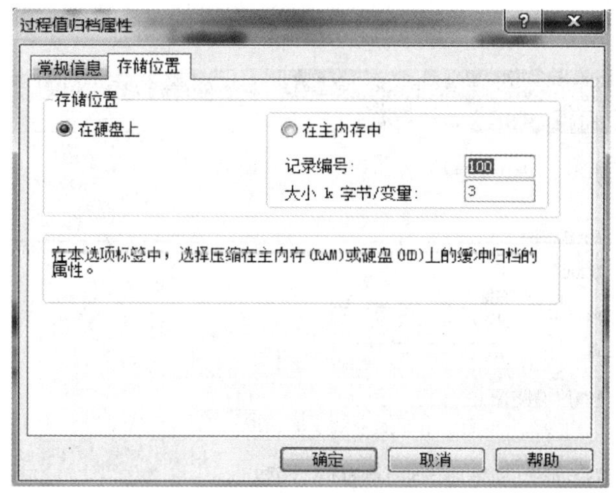

图 6 - 13 “过程值归档属性”对话框

选中图 6 - 7 左侧浏览窗口中的“归档”项，双击右侧窗口中的压缩归档打开其属性对话框，也可以设置压缩处理方法和和压缩时间段等。右键单击压缩归档选择“选择变量”打开“选择压缩变量”对话框，选中希望压缩归档的变量，单击 > 按钮将其添加到压缩归档中，如图 6 - 15 所示。

6.2.5 归档备份

定期进行归档数据备份，确保过程数据的可靠完整。在快速和慢速归档中都可设定归档是否备份以及归档备份的目标路径和备选目标路径。

将归档周期小于或等于 1min 的变量记录称为快速归档，将归档周期大于 1min 的变量记录称为慢速归档。

图 6-14　创建压缩归档

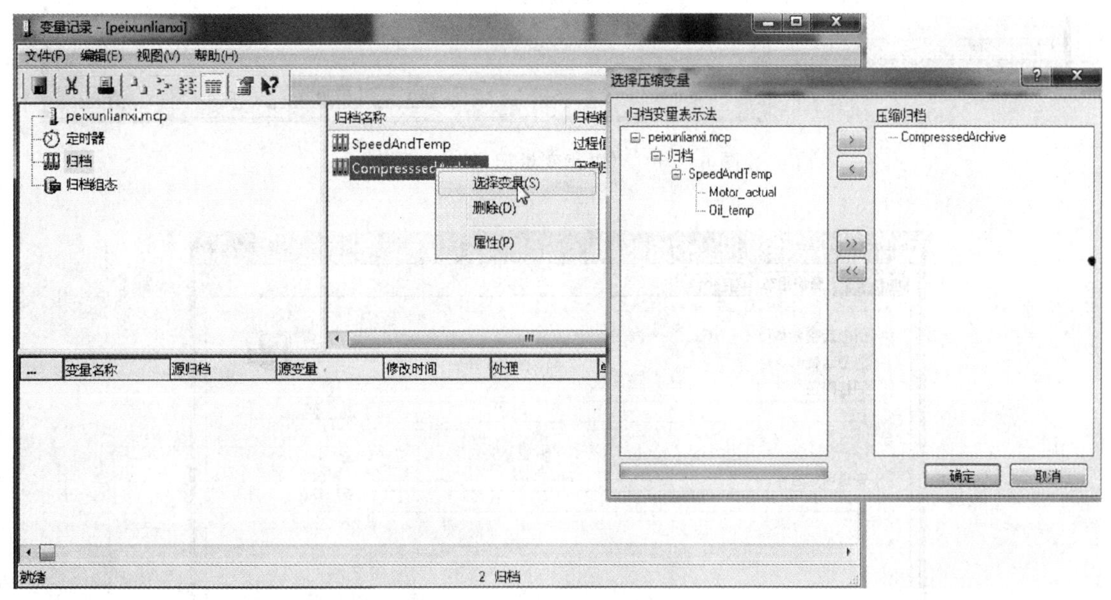

图 6-15　选择压缩归档的变量

在变量记录器左侧浏览窗口中，选择“归档组态”项，双击“TagLogging Fast（快速变量记录）”可以打开“快速变量记录”对话框，如图 6-16 所示，它包括三个选项卡，“归档组态”中可以设置归档尺寸和更改分段的时间，其中“所有分段的时间段”用于指定多长时间之后删除最旧的单个分段，“所有分段的最大尺寸”用于规定归档数据库的最大尺寸，如果超出该大小，则将删除最旧的单个分段。“单个分段所包含的时间段”用于指定消息或过程值在单个分段中归档的周期，如果超过该周期，将启动新建的单个分段。“更改该分段的时间”用于输入的单个分段的最大尺寸，如果超出了该大小，则启动新建的单个分段。“更改分段的时间”用于规定分段规定的时间，新建的段将在此时启动，即使超出了所组态大小或所组态的周期，分段也将改变。

“备份组态”选项卡如图 6-17 所示。

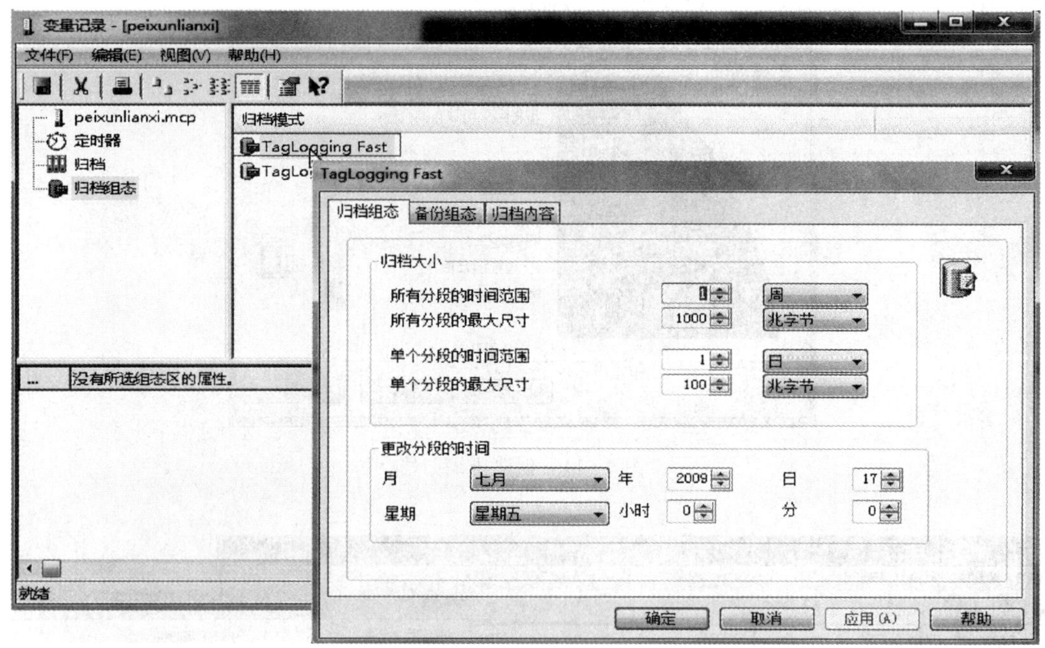

图 6-16 “快速变量记录”对话框

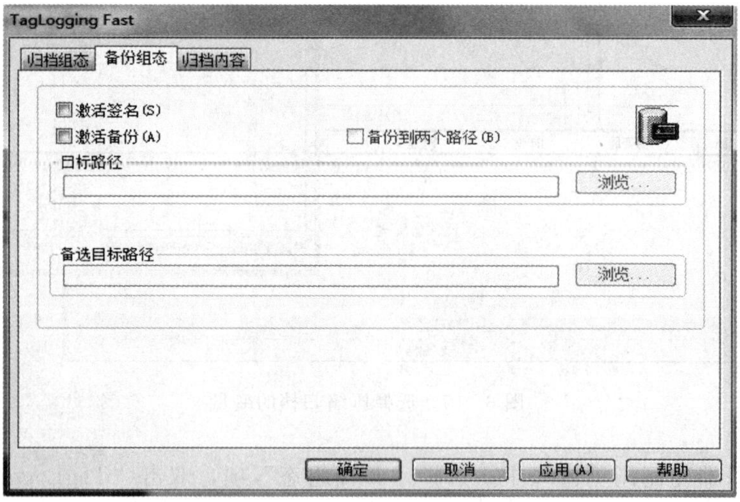

图 6-17 “备份组态”选项卡

其中“激活签名”为已交换的归档备份文件进行签名，通过签名可使系统能够识别归档备份文件在交换后是否发生变化。“激活备份”在目录“目标路径”和/或“备选目标路径”下激活交换归档数据。

“备份到两个路径”在两个目录“目标路径”和“备选目标路径”下都激活交换归档数据。“目标路径”用作定义归档备份文件的存储路径。“备选目标路径”用于规定可选的目标路径。如在下列条件下，使用“备选目标路径”：

（1）备份介质的存储器已满。

（2）进行备份的原始路径不能使用，如出现电源故障。

“归档内容”选项卡如图 6-18 所示。

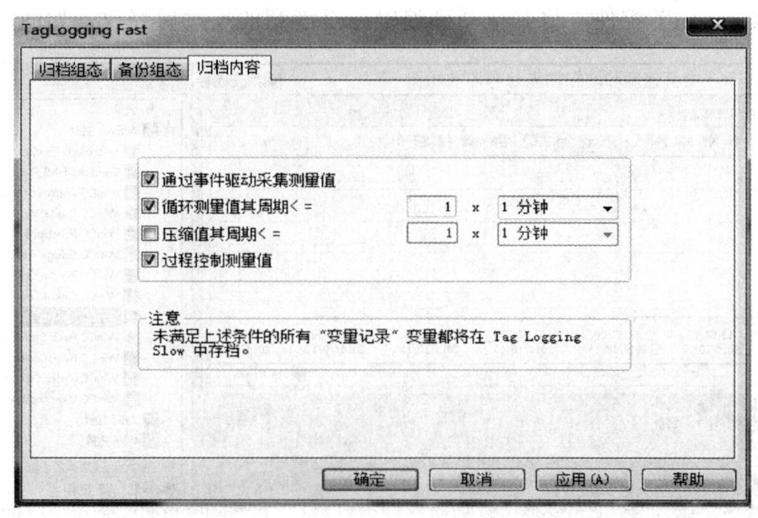

图 6-18 “归档内容”选项卡

其中，若激活“通过事件驱动采集测量值”复选框，非周期的测量值被保存在“高速变量记录”过程值记录中。若激活“循环测量值带有周期＜＝”复选框，则所有记录周期小于或等于指定的周期性测量值被保存在“高速变量记录”中。若激活“压缩值带有周期＜＝”复选框，则所有记录周期小于或等于指定值的压缩数值均被保存在“高速变量记录”记录中。

6.3 归档过程值的输出

WinCC 的图形系统提供两个 ActiveX 控件用于显示过程值归档：WinCC Online Table Control 以表格的形式显示已归档的过程变量的历史值和当前值；WinCC Online Trend Control 以趋势的形式显示已归档的过程变量的历史值和当前值。

在运行系统中输出归档变量的基本步骤：

（1）创建趋势图。

（2）添加趋势归档变量。

（3）设置趋势图。

（4）建立表格窗口。

（5）添加表格归档变量。

（6）设置表格控件。

（7）设置运行系统加载变量记录运行系统。

（8）测试过程值归档。

6.3.1 组态趋势控件

在画面中组态趋势控件的步骤如下：

1. 创建趋势图

新建一个画面，在图形编辑器的“对象选项板”上选择“控件”选项卡上的“WinCC Online Trend Control”控件，将其拖动到编辑区至满意的尺寸后释放，如图 6-19 所示。

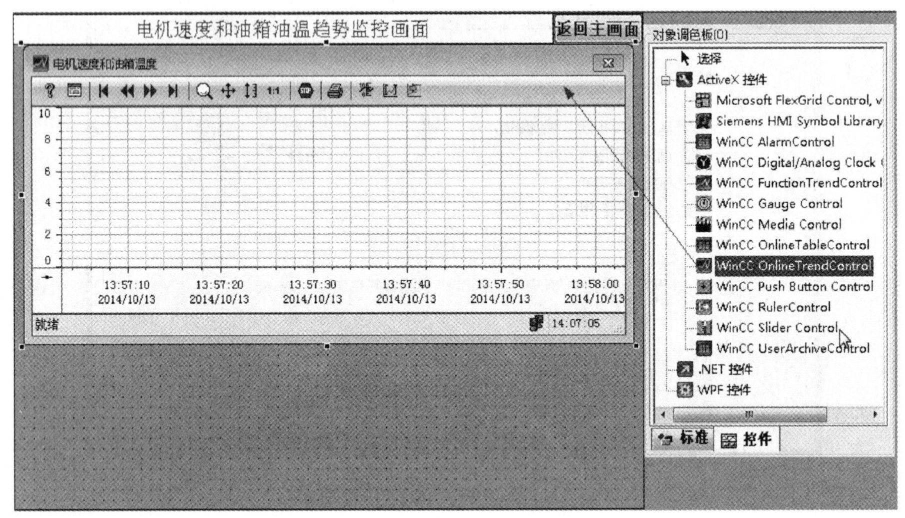

图 6-19 创建趋势图

2. 设置趋势图

可通过单击右键选择“组态对话框”来打开“WinCC 在线趋势控件的属性”对话框，如图 6-20 所示，它包括 10 个选项卡。也可以通过双击如图 6-19 所示的趋势控件打开“WinCC 在线趋势控件的属性”对话框。

(1) 在“常规”选项卡中，可以组态在线趋势控件的基本属性。

1) 控件的窗口属性。如：输入“电机速度和油箱温度”作为趋势窗口的标题。

2) 控件的显示效果。例如，设置控件的背景颜色为“白色”。

3) 趋势值的写入方向。

4) 控件的时间基准。

(2) 单击“趋势”选项卡。在“趋势选项卡”可以为每个趋势组态显示。输入“电机速度”作为第一条曲线的名称，则该名称出现在左侧的“趋势”列表窗口中。单击“选择归档/变量”项的“选择”按钮，选择过程值归档 SpeedAndTemp 中的 Motor _ actual 变量，将颜色设置为蓝色。

此外，“趋势类型”处选择用来显示变量的变化过程的趋势类型，包括线性连接点、步进趋势、只显示点、填充插入趋势区域和填充步进趋势区域等；“线型”处可决定选择曲线的线条粗细。

使用“新建”和“删除”按钮添加新的趋势和删除已存在的趋势。使用“向上”和“向下”按钮改变趋势在列表中的顺序。使用公共坐标轴时，列表中的第一个元素确定坐标轴的颜色和数值范围。

单击“新建”按钮就增加一条趋势曲线，将名称分别改为“油箱油温”，颜色为“黄色”，选择过程值归档 SpeedAndTemp 中的 Oil _ temp 变量。如图 6-21 所示。

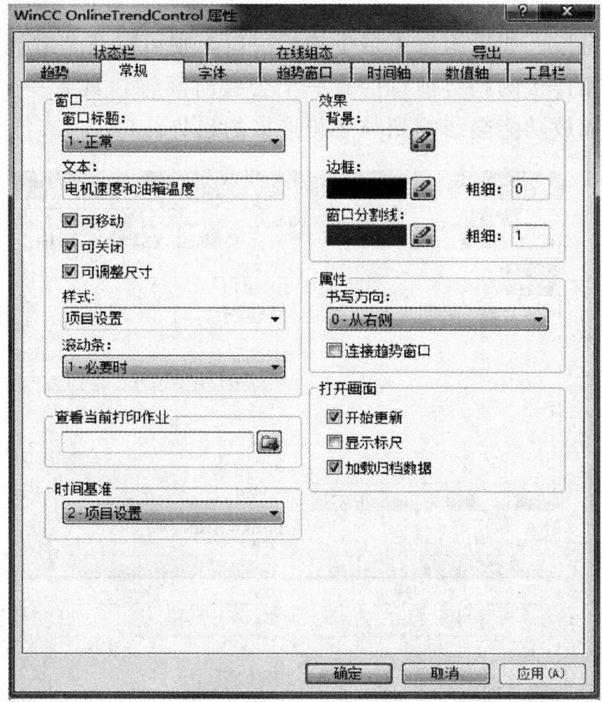

图 6-20 趋势控件属性对话框

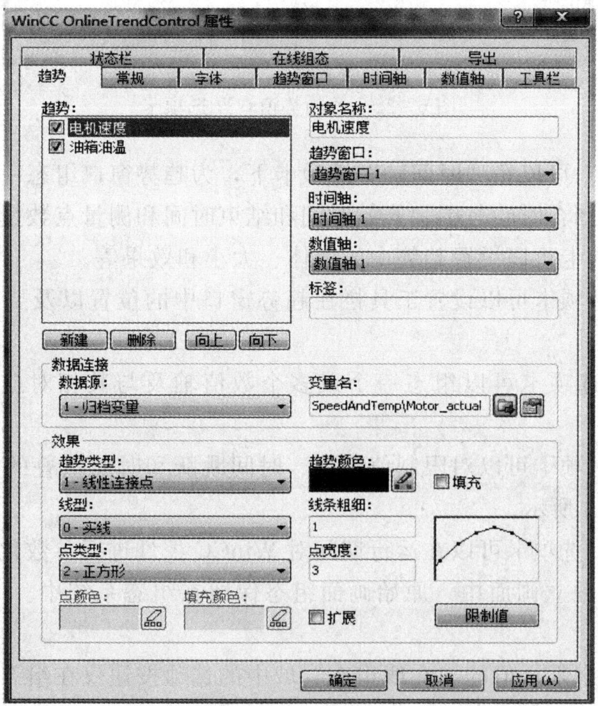

图 6-21 趋势控件“趋势”卡

（3）“趋势窗口”选项卡可以定义一个或多个趋势窗口，如图 6 - 22 所示。通过“新建”按钮可添加多个趋势窗口。如果组态了多个趋势窗口，则可以在“常规”选项卡上定义是否连接这些趋势窗口。相连接的趋势窗口拥有一个公共时间轴，具有一个滚动条和一个标尺，并且某个趋势窗口的缩放功能会影响到与之相连接的趋势窗口。

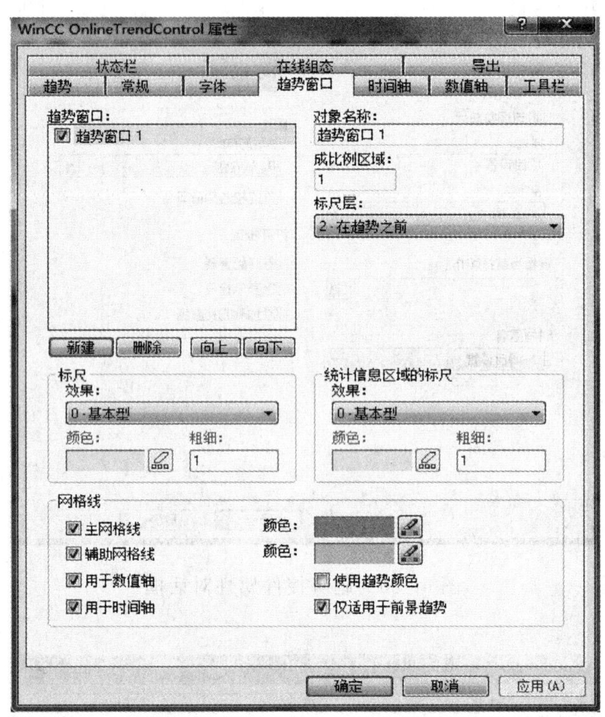

图 6 - 22 “趋势窗口”选项卡

（4）添加变量后，可以在“时间轴”选项卡下，为趋势窗口组态一个或多个时间轴；可以设置显示时间的范围：时间范围、开始时间和结束时间和测量点数量，如图 6 - 23 所示。

（5）“字体”选项卡可以设置趋势中的字体、大小和效果等。

（6）“工具栏”选项卡可以设置工具栏在趋势窗口中的位置以及要显示的按钮等，如图 6 - 24 所示。

（7）“数值轴”选项卡可以组态一个或多个数值轴及与其相对应的属性，如图 6 - 25 所示。

（8）“状态栏”选项卡可以对限制值超出、时间跳跃和时间重叠的彩色标记以及替换值进行设置，如图 6 - 26 所示。

（9）“在线组态”选项卡可以在运行期间对 WinCC 控件进行参数化。运行时，组态的更改保存在组态系统的独立画面中。原始画面组态保留在组态系统中。“在线组态”选项卡，如图 6 - 27 所示。

用于设置在线组态默认值的“在线组态”域中的选项按钮仅在组态系统中可用。这些选项按钮在运行系统中不可用。

选择在线组态的三种结果之一：

1）“不保留”。在线组态不保留在运行系统中。而且在下次画面更改时会丢失。

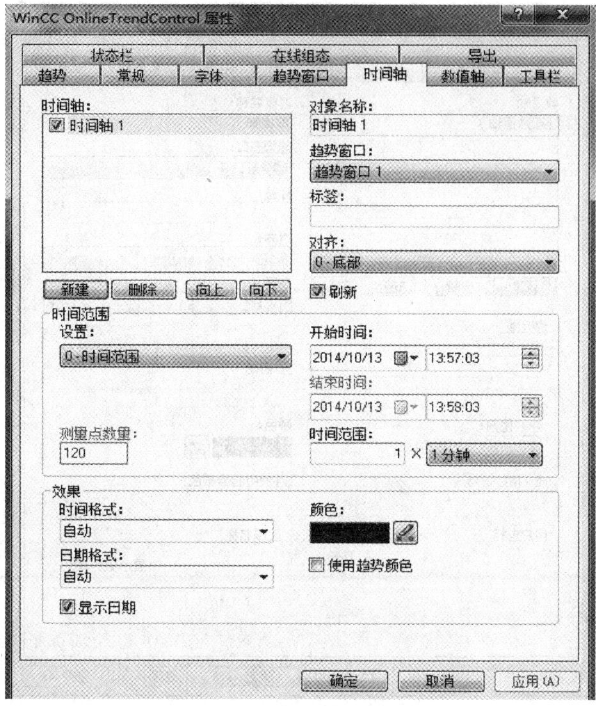

图 6-23 “时间轴”选项卡

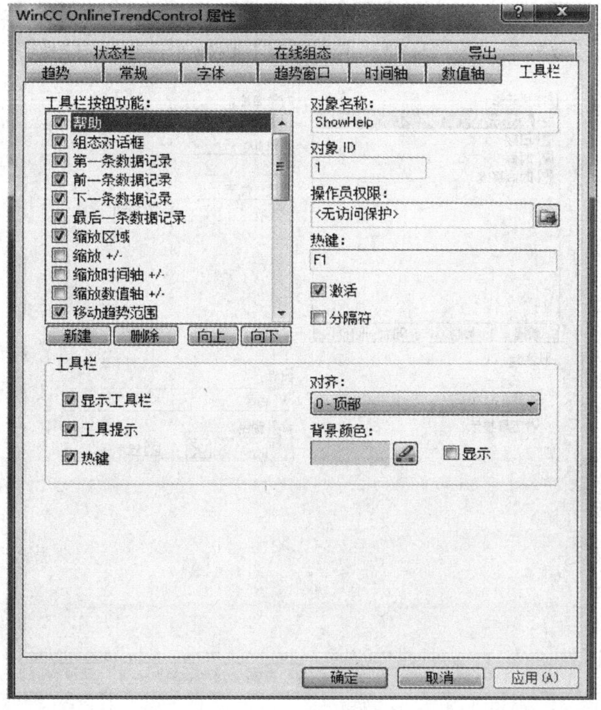

图 6-24 “工具栏”选项卡

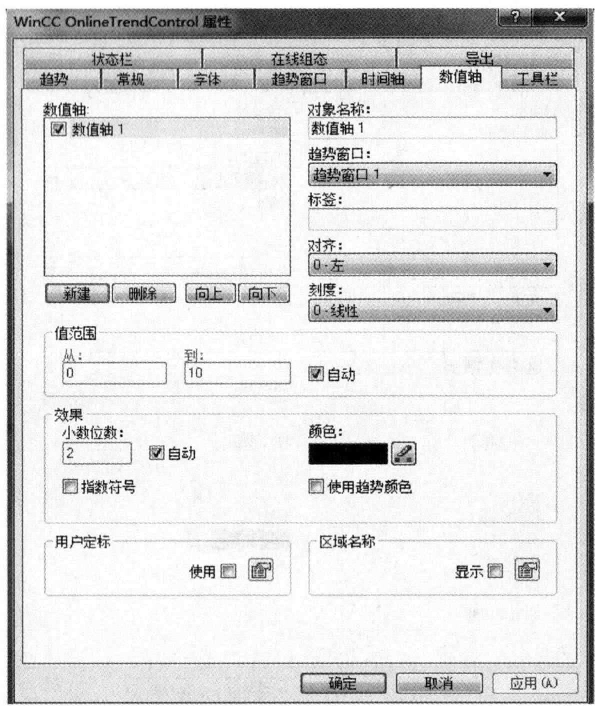

图 6-25 “数值轴”选项卡

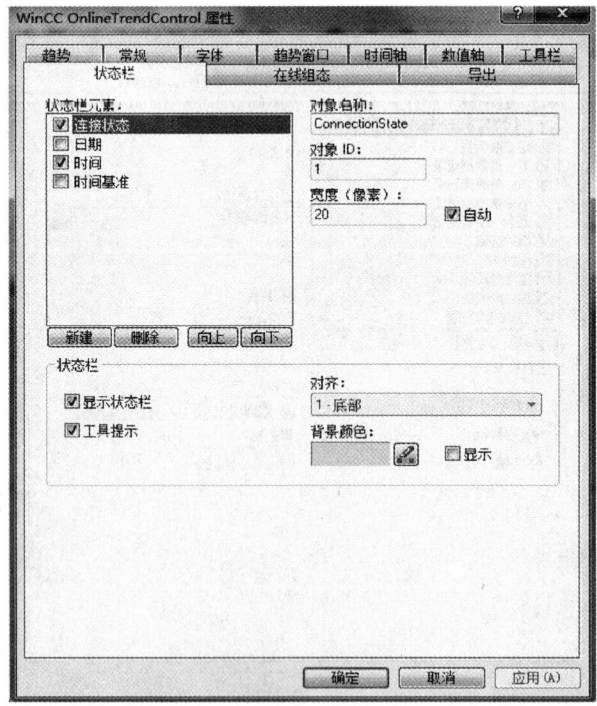

图 6-26 “状态栏”选项卡

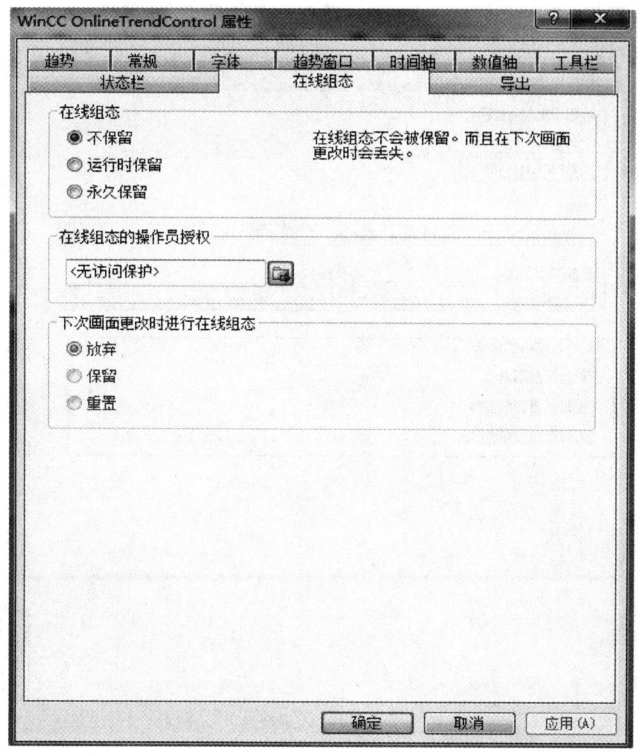

图 6-27 “在线组态”选项卡

2）“运行时保留”。此默认设置为运行系统用户启用了“放弃”、“保留”或“重置”选项。如果启用“保留”选项，则在线组态与下次画面更改时会保留，但是在激活/禁用该项目时会丢失。

3）“永久保留”。此默认设置为运行系统用户启用了“放弃”、“保留”或“重置”选项。如果启用“保留”选项，则在线组态于下次画面更改以及激活/禁用该项目时会保留。

“在线组态”选项卡中可以在线组态定义相应用户的权限。同时通过设置默认值“运行时保留”和“永久保留”，可以启用“下次画面更改时的在线组态”中的选项按钮，以便在组态系统中以及运行期间进行操作。“重置”操作只能在运行期间使用。

（10）WinCC V7.0 版本以上的在线趋势控件中显示的运行系统数据可以通过“导出”选项卡导出，如图 6-28 所示，并可在组态对话框中设置运行系统中的数据导出操作。

“导出”选项卡可以进行的操作包括：在“数据导出缺省设置”中输入标准文件名称和标准目录；定义数据导出的范围；定义 CSV 文件中的分隔符；组态运行系统中数据导出的操作。

6.3.2 组态表格控件

WinCC 中也可以以表格的形式显示已归档变量的历史值。在画面中组态趋势控件的步骤如下：

1. 创建表格

在图 6-9 的画面中的“对象选项板”上选择“控件”选项卡上的“WinCC Online Table Control”控件，将其拖动到编辑区至满意的尺寸后释放，如图 6-29 所示。

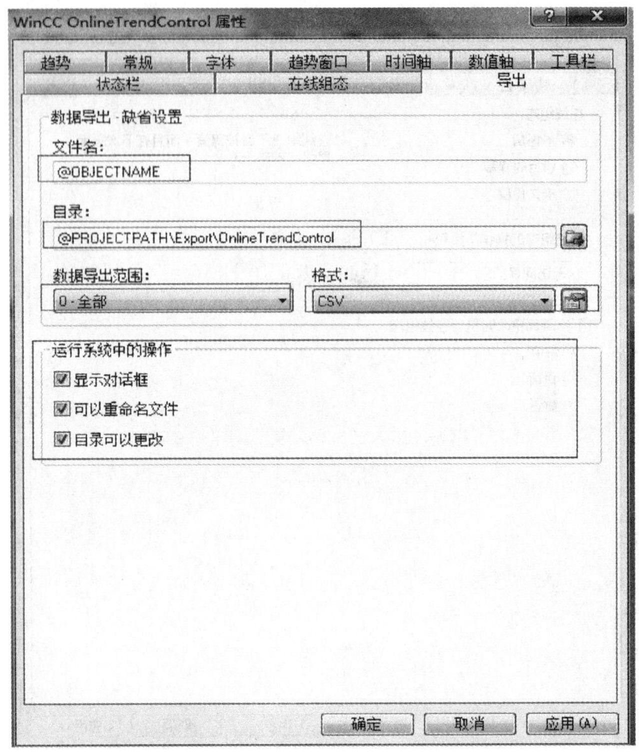

图 6 - 28 “导出”选项卡

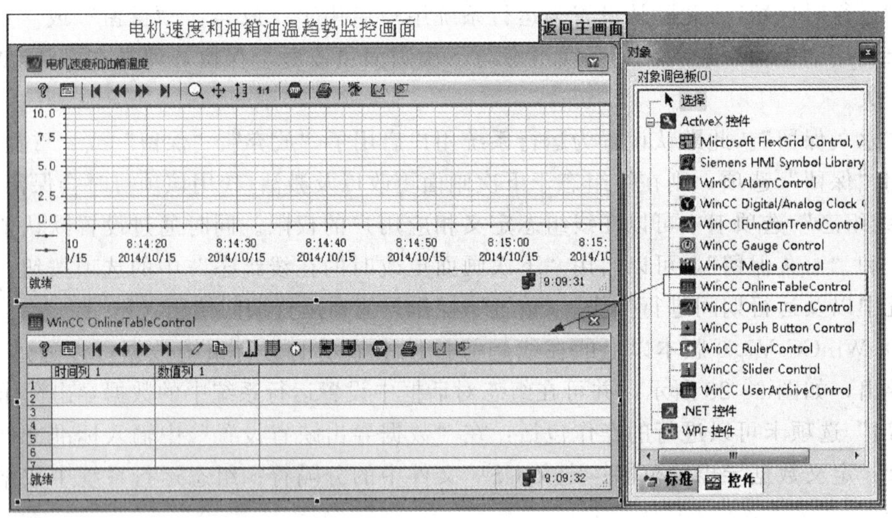

图 6 - 29 创建表格

2. 设置表格

可通过单击右键选择“组态对话框”来打开“WinCC 在线表格控件的属性”对话框，如图 6 - 30 所示，它包括 11 个选项卡。也可以通过双击如图 6 - 29 所示的表格控件打开“WinCC 在线表格控件的属性”对话框。

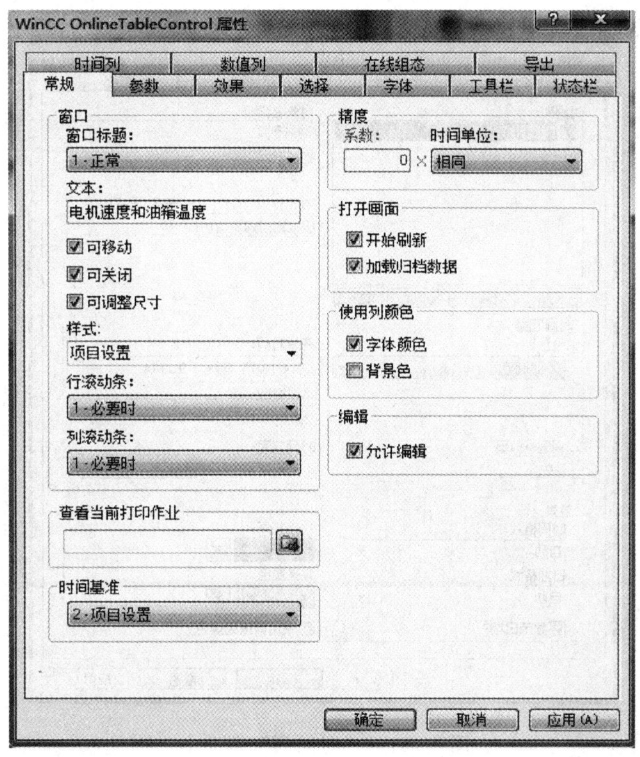

图 6-30 表格属性对话框

(1)“常规”选项卡可以组态在线表格控件的基本属性，如窗口标题文本框中输入“电机速度和油箱温度”作为表格窗口的标题。

(2)“时间列”选项卡通过“新建”按钮可以为表格组态一个或多个具有时间范围的时间列，如图 6-31 所示。

(3)“数值列”选项卡可以组态一个或多个数值列，可以将时间列分别分配给数值列。所组态的每个数值列都应该与在线变量或归档变量相连接，如输入“电机速度”对象名称，并选择相应时间列，则该时间列和数值列名称出现在表格控件的相应列表窗口中。单击“选择归档/变量”项的“选择”按钮，选择过程值归档 SpeedAndTemp 中的 Motor_actual 变量，将颜色设置为蓝色。通过“新建”按钮可以添加新的数值列并设置相应属性，如图 6-32所示。

(4)表格控件的“参数”、“效果”、“选择”和“字体”选项卡中可以组态表格的显示和属性，可根据需要进行设置。

(5)在“工具栏”和“状态栏”选项卡中，可以组态表格窗口的工具栏和状态栏。

(6)关于“在线组态”和“导出”选项卡的功能与在线趋势控件的功能类似，可以参看趋势控件中相关功能描述。

6.3.3 组态标尺控件

在 WinCC V7.0 或更高版本 WinCC 中，“标尺”已经分离出来独立为一个控件，名为“WinCCRulerControl”。使用趋势控件时需要注意：使用 WinCC V7.0 或更高版本 WinCC 做工程项目，需要用到在线趋势控件时，别忘了再组态相应的标尺（Ruler，标尺和在线趋

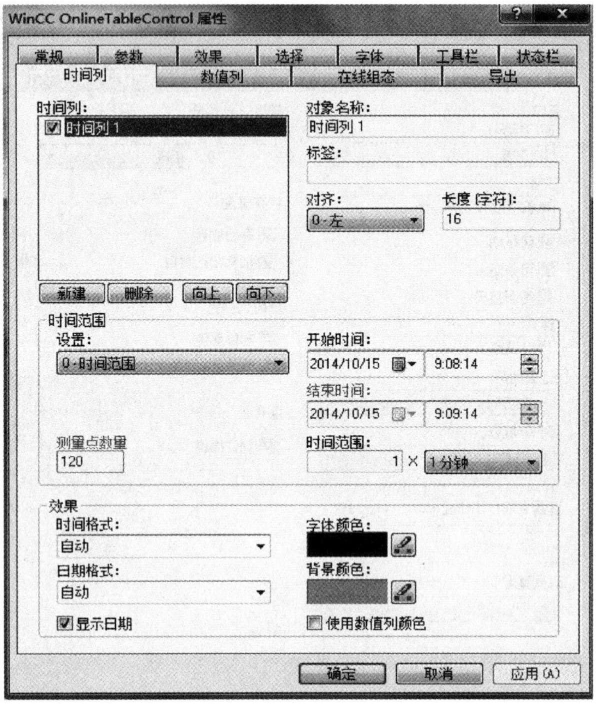

图 6-31　“时间列”选项卡

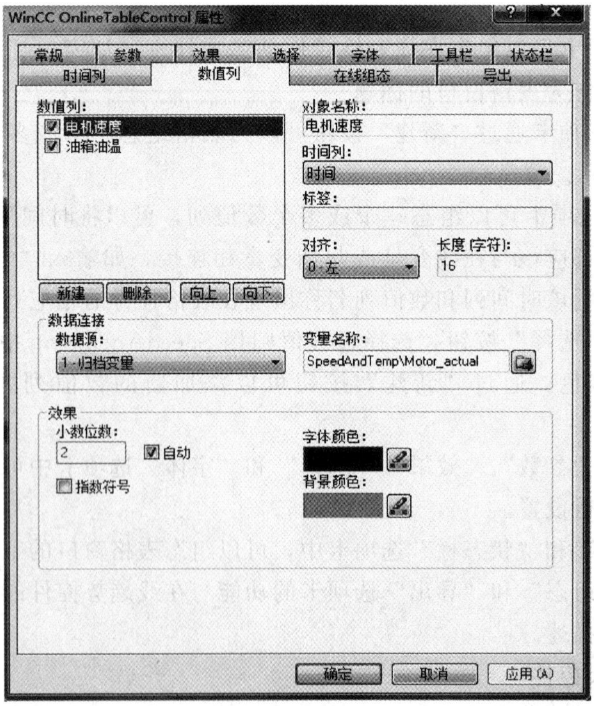

图 6-32　“数值列”选项卡

势控件需要手动组态连接起来)，只有这样才能和 WinCC6.0 和 6.2 一样得心应手的使用标尺来查询数据。

具体组态步骤如下：

(1) 在图形编辑器的“对象调色板”上，选择“控件”选项卡上的 WinCC RulerControl 将标尺控件插入到画面中，如图 6-33 所示。

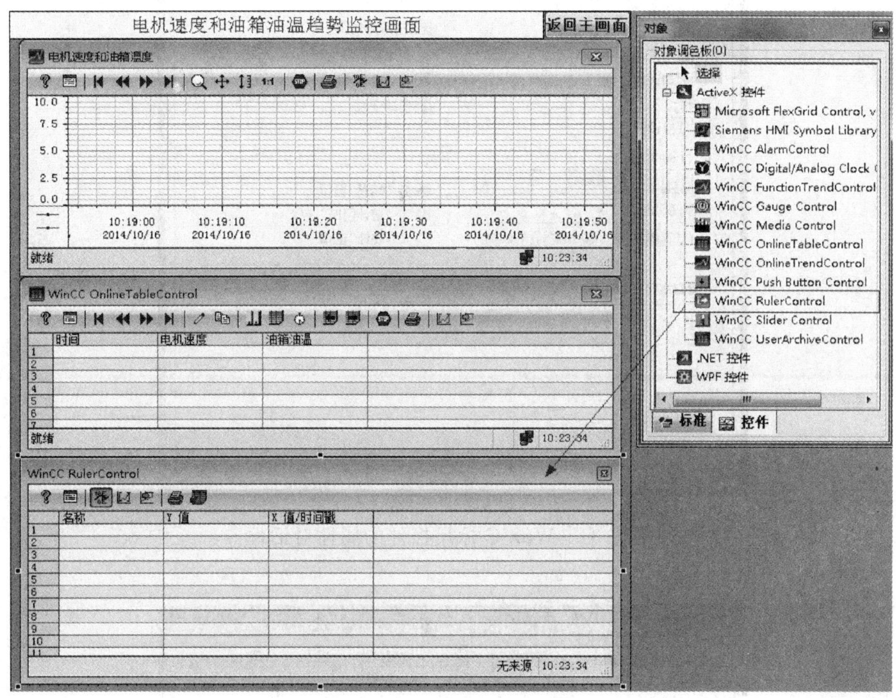

图 6-33 WinCC 标尺控件

(2) 双击标尺控件，打开组态对话框，如图 6-34 所示。

(3) 分别在“常规”、“工具栏”和“状态栏”选项卡上组态控件的属性。在“常规”选项卡的“源”域中，选择所组态控件的对象名称。控件的类型显示在“类型”域中。在“窗口”域中设置窗口类型。

(4).“块”选项卡如图 6-35 所示。每个列对应一个块。单击相应的块定义选定列的属性。如果块中存在特殊格式，则可以组态块的格式。如果此时不采用已连接控件的格式设置，则禁用选项“从来源应用”。在“效果”域中定义是将列和标题的数据显示为表格的文本还是图标。

(5)“列”选显卡如图 6-36 所示。使用箭头键选择要为控件的显示窗口分配的列。使用“向上”和“向下”键定义列的顺序。

(6) 在“参数”、“效果”、“字体”和“选择”选项卡上，针对标尺控件组态表格的属性和显示。

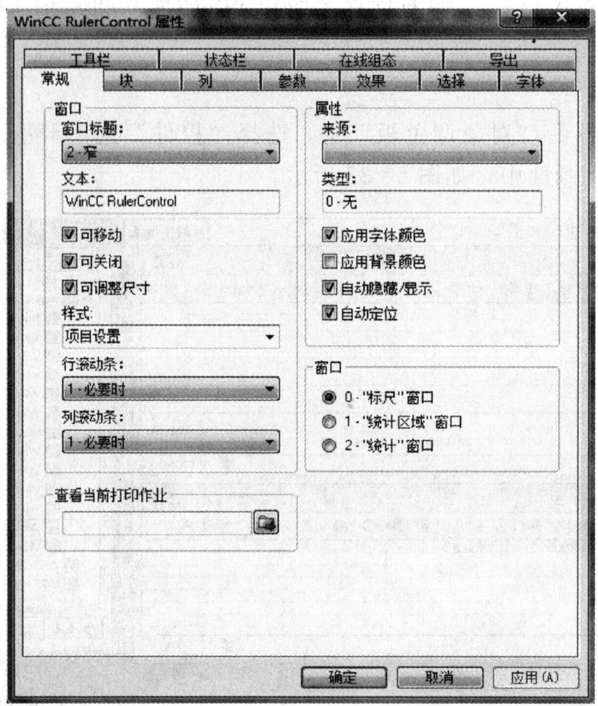

图 6-34　WinCC 标尺控件的属性对话框

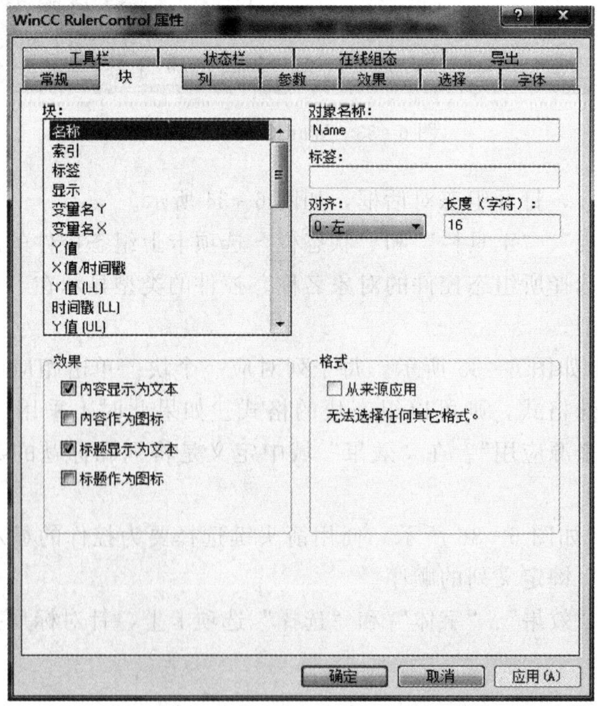

图 6-35　“块”选项卡

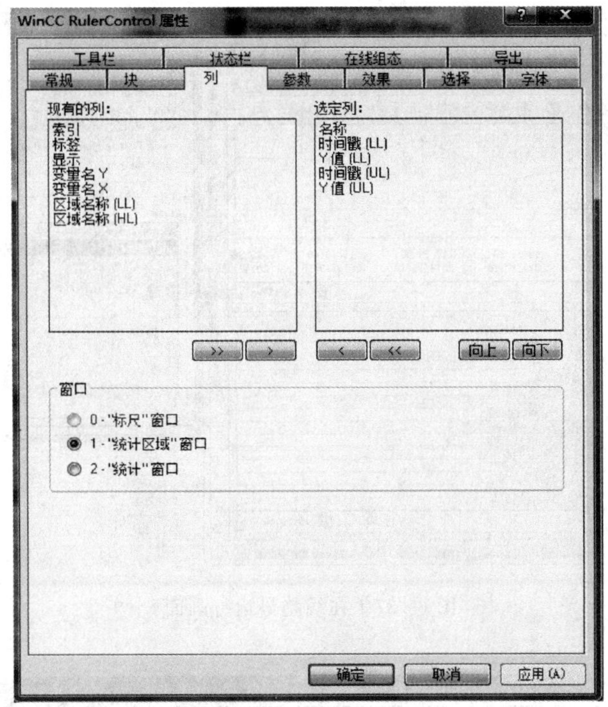

图 6-36 “列”选项卡

6.4 运 行 项 目

在 WinCC 项目管理器中，打开“计算机”属性对话框，选择“启动”选项卡，勾选“变量记录运行系统”复选框。

运行项目，通过仿真器对内部变量 Motor _ actual 和 Oil _ temp 进行随机模拟。

1. 趋势和表格控件

运行效果如图 6-37 所示。

2. 统计趋势控件

如果 WinCC 标尺控件与 WinCC 在线趋势控件相连，则可以利用趋势控件的统计功能。单击趋势上方工具栏中的“设置统计范围”按钮来打开 WinCC 标尺控件并在趋势窗口中显示区域选择线。单击“计算统计”按钮返回到有关所选范围的统计，如图 6-38 所示。

3. 统计表格控件

如果 WinCC 标尺控件与 WinCC 在线表格控件相连，则可以利用表格控件的统计功能。单击表格控件上方工具栏中的“设置统计范围”按钮来打开 WinCC 标尺控件并计算显示区域。单击“计算统计”按钮返回有关所选区域的统计，如图 6-39 所示。

4. 以百分比作为刻度

在 WinCC 趋势控件中的工具栏中选择“相对轴”按钮%，可以在趋势的数值轴中添加百分比作为刻度，如图 6-40 所示。

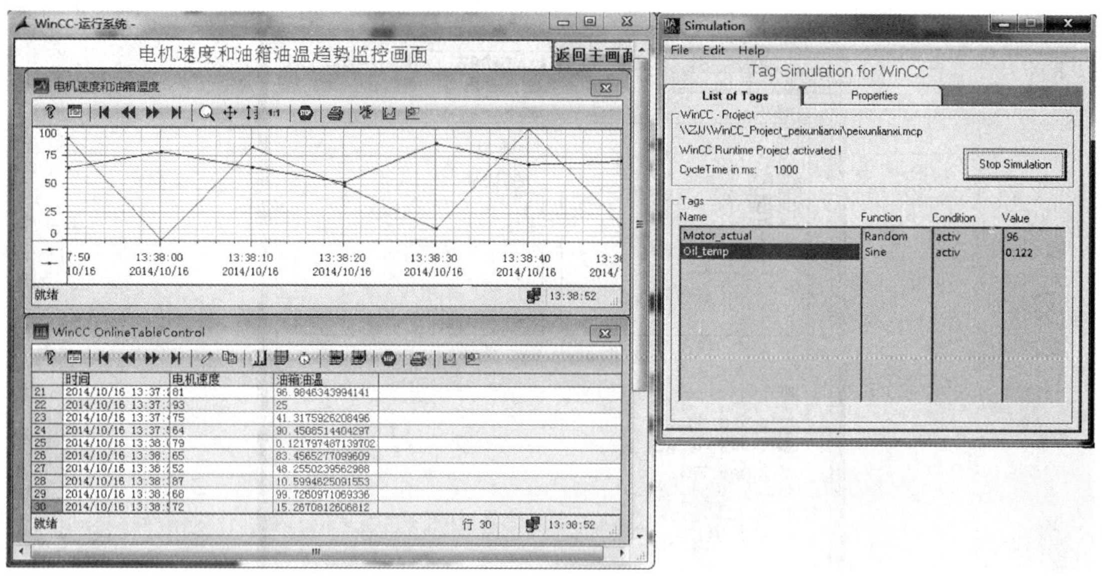

图 6-37　在线趋势运行画面

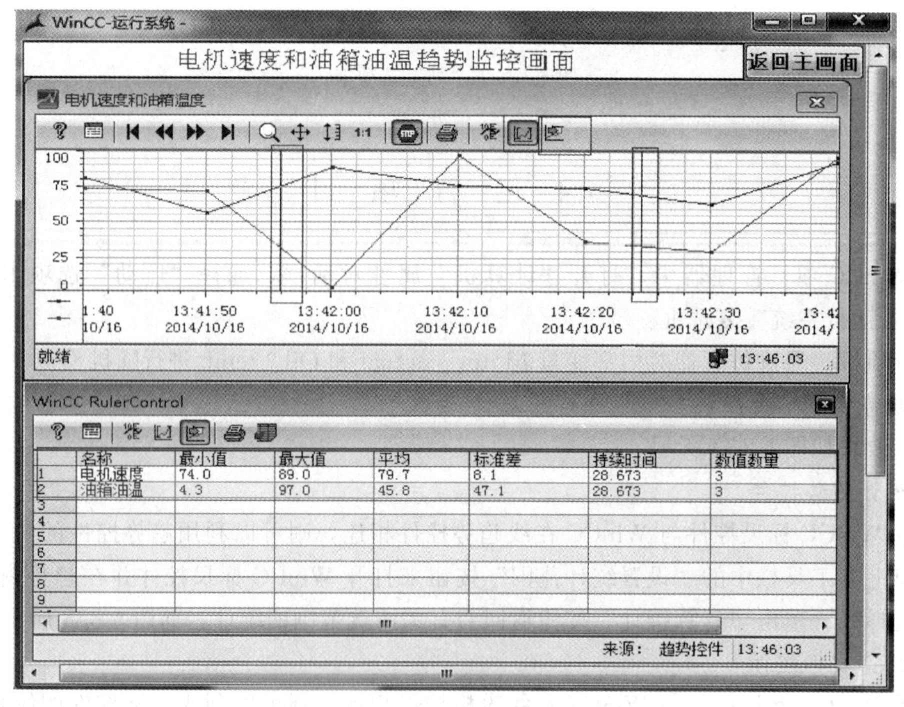

图 6-38　统计趋势控件

5. 工具栏部分按钮含义

可以利用工具栏按钮对趋势和表格进行各种操作，工具栏部分按钮的含义见表 6-1。

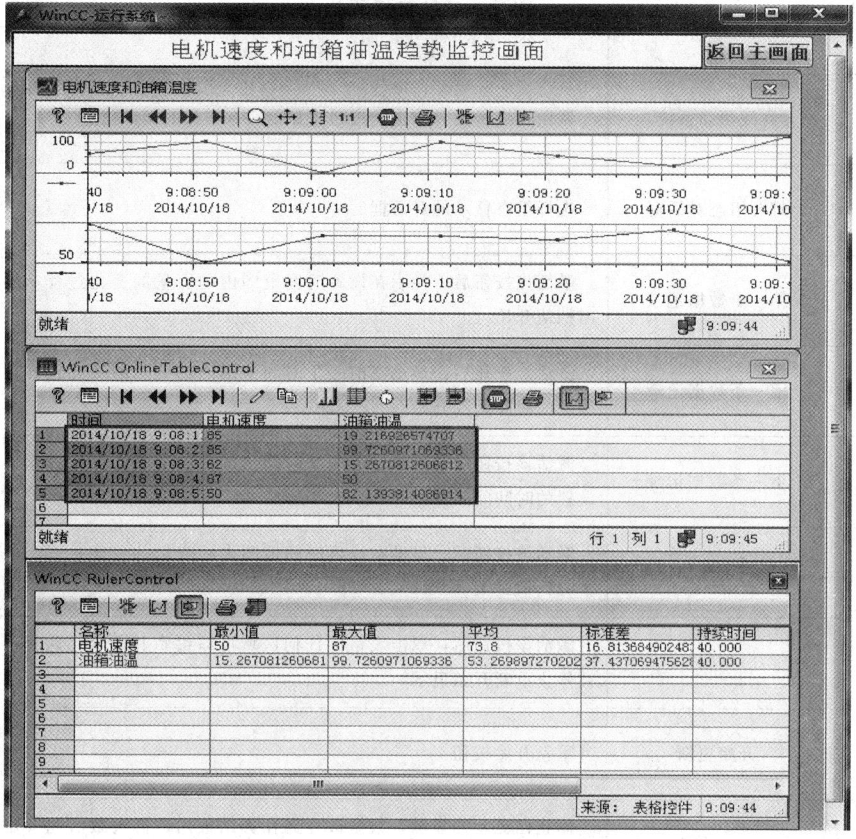

图 6-39 统计表格控件

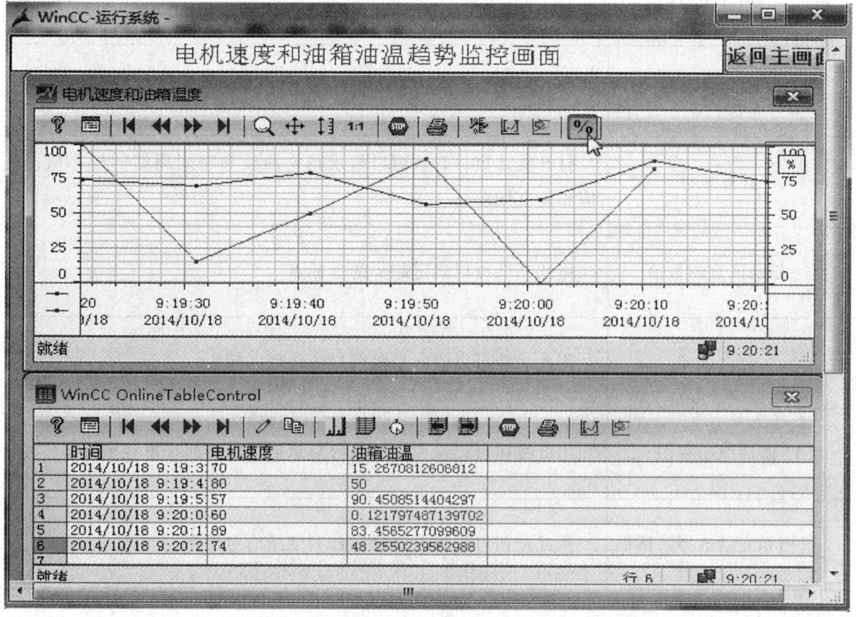

图 6-40 以百分比作为刻度的趋势曲线

表 6 - 1 **部分工具栏按钮含义**

图标	名称	含 义
	在线帮助系统	调用在线帮助，单击此按钮将显示所有按钮的帮助信息
	打开组态对话框	选择组态显示的对话框
	第一个数据记录	激活该按钮后，显示在设置时间范围内的变量的变化过程，显示从第一个归档值开始
	前一条数据记录	激活该按钮后，显示在前一个时间范围内的变量的变化过程，显示从当前设置的时间间隔开始
	下一条数据记录	激活该按钮后，显示在下一个时间范围内的变量的变化过程，显示从当前设置的时间间隔开始
	最后一条数据记录	激活该按钮后，显示在设置时间范围内的变量的变化过程，显示从最后一个归档值结束
	编辑	激活该按钮后，双击表格的任何区域可以编辑其内容，此时，当前显示将被停止重新开始显示
	开始更新	重新开始按钮
	停止更新	停止已更新的显示，数据被存储在剪贴板内，再次激活此按钮后重新输入数值
	记录打印输出	启动打印输出在曲线窗口中显示的曲线。可以在寄存器卡“常规”的控制属性中指定在打印期间使用的打印作业
	选择统计区域	在曲线窗口，允许在垂直线的帮助下指定计算统计的时间周期
	计算统计	打开统计窗口，该窗口显示指定曲线和时间周期的最小值、最大值、平均值和标准偏差
	显示该点的数值	用此功能可以确定趋势的坐标点
	放大区域	用此功能可以放大趋势窗口的任何区域
1:1	激活原始视图	用此按钮可以从放大的趋势显示返回组态的标准视图
	归档和变量选择对话框	用此按钮可以打开选择归档和变量的对话框

续表

图标	名称	含　义
	选择趋势对话框	用此按钮可以打开使趋势可见/不可见的对话框
	选择列对话框	此按钮打开用于使列可见/不可见的对话框
	选择时间范围	用此按钮打开设置趋势窗口（表格窗口）中显示的时间范围的对话框
	前一趋势在前面	用此按钮可以在趋势窗口的前景中显示前一趋势
	下一趋势在前面	用此按钮可以在趋势窗口的前景中显示下一个趋势
	前一个列置前	此功能允许将表格窗口中当前的最后列作为表格的第一个数据列来显示。如果已选择公共时间列，相应的归档定时器将显示在时间列内
	下一个列置前	此功能允许将表格窗口中下一个列作为表格的第一个数据列来显示。如果已选择公共时间列，相应的归档定时器将显示在时间列内

习　题

（1）变量记录的目的是什么？

（2）熟悉变量记录编辑器的使用？

（3）简述测量值归档步骤。

（4）新建一个变量，对其进行归档并以趋势和表格的形式对其当前值、历史值进行显示。

7 组态报表系统

在工业生产中报表一直占有非常重要的部分，主要用于记录现场生产过程中的工艺参数、过程数据、运行状态、能耗情况及人员管理等信息。它既能反应系统实时的生产情况又能对长期的生产过程数据进行统计、分析，使管理人员能够掌握和分析生产过程情况，有利于企业的生产、管理和决策。在企业的生产管理中，数据的显示输出是一项最复杂的、最费时的、开发周期最长的一项工作。

WinCC 是集成了完整和强大报表系统的 HMI 开发软件，应用报表可归档过程数据和完整的生产周期，可报告消息和数据，以创建班次报表、输出量数据或者对生产制造过程进行归档以用于验收测试等。

7.1 报表系统概述

1. 报表编辑器功能

用 WinCC 内置的报表编辑器，你可以从大量的预先定义好的报表布局中做出选择，这些布局包括报警归档、变量归档、项目组态和变量管理，你也可以在报表设计器中的布局编辑器里自己设计报表，除此之外每一个 WinCC 编辑器都预先自动组态了一个项目文档报表，可以对你的项目本身进行归档，也可以在文件菜单下选择浏览这个文档报表，这个报表已经事先组态好了，用户可以直接浏览和打印。对于 WinCC 项目管理器中的打印作业，可以打开其属性对话框，组态选择其打印的范围、打印开始时间等，并可以选择打印机。在运行模式下，操作员可以对特定的报表对象建立一个调度表使打印过程自动化，在另外一个方面你也可以选择在适当的地方组态报表打印，如在报警画面中可以直接用打印工具按钮打印报表。

2. 报表系统的数据源

报表系统的数据源主要有两类：组态数据和运行数据。

（1）组态数据是从各编辑器的组态设置获得的数据。例如，变量管理器的变量标签名、报警编辑器中的报警信息等。这些数据存在于项目的数据库中。

组态数据作数据源的报表为项目文档报表。在一个新项目创建后，所有的项目文档报表都已事先组态好，在各组态方式下，通过"文件"下拉菜单进行预览和打印。

（2）运行数据是从报警和变量归档档案库中获得数据。包含报警信息、归档变量值。

运行数据作数据源的报表为运行报表。运行报表只有在生成报表的编辑器处于运行状态时才能打印。

对应报警记录系统的运行报表可以从报警窗口的工具打印。对应变量归档系统的运行报表通常从打印作业中打印。

这些报表都可以在打印作业中按时间表进行打印。

3. 报表的组成

每个报表包括布局和打印作业。

(1) 布局。布局在报表编辑器中设计，决定报表的样式和所包含的数据。每个新项目都有 60 多个已组态好的布局供用户选择。用户可以利用报表编辑器生成自己的布局，例如，报表变量归档运行表 tlrttab. rpl，报告变量归档运行曲线表 tlrtkur. rpl 等。

(2) 打印作业。决定该报表什么时间按什么时间表进行打印、设置打印的数据范围、选择该报表所使用的打印机等。每个新项目都有 30 多个已组态好的打印作业供用户选择。用户可以利用报表编辑器生成自己的打印作业。

4. 报表打印形式

WinCC 的报表可以以两种形式打印：图形和文本。

报表如果是图形的，则打印成图形文件；如果是文本的，则打印成文本的文件。可以将文本、图形放在同一个报表中。

7.2 页面布局

接下来让我们看一下如何在 WinCC 项目管理器中组态可视报表功能。

WinCC 的报表系统提供了组态好的布局和打印作业，可以满足大多数报表的需要。

若用户希望生成一个新的报表，其步骤：

(1) 使用报表编辑器生成布局（说明）。

(2) 定义打印作业（与一布局对应）。

(3) 启动工程项目（计算机属性中“启动”项激活报表运行系统）。

7.2.1 页面布局结构

面向页面的报表根据不同的页面和打印区域划分静态、动态和系统对象。其中根据页面可以划分为封面、报表内容和最后页；根据打印区域划分为可打印区域和页面主体。

1. 封面

可以为每个页面布局创建封面。可以在“布局对象”中的“封面”属性中改变该预置。封面具有静态和动态两部分。如果在封面中使用动态对象，当报表输出时，有可能只包含这些数据的一部分。这是因为这些动态对象的数据并不适合于封面的情形。封面一般只有一页，没有分页符。

2. 报表内容

该部分定义了报表输出时的结构和内容。定义报表的内容可以使用静态、动态和系统对象。当定义页面布局时，无法预知动态部分划分为多少页面，动态表格和文本框的大小是由输出时预置的数据确定的。

3. 最后页

可以为每一个单独的页面布局创建一个最后页。作为缺省，系统预置为最后页的输出。可以在“布局”对象的“最后页”属性中改变该预置。

如果在最后页中使用动态对象，当报表输出时，有可能只包含这些数据的一部分，这是因为动态对象的数据并不适合于最后页情形。最后页一般只有一页，无分页符。

4. 报表可打印区

常用的打印机不能打印整个页面，空出页面的不打印，可以在报表中的激活窗口中设置打印区域。

5. 页面主体

在可打印区域内定义的区域称为“页面主体”。

7.2.2 页面布局编辑器

创建报表时根据报表的布局和数据内容来区分，可以使用页面布局和行布局两个编辑器。在页面布局中，报表编辑器为可视化结构提供静态、动态和系统对象。

每个新项目有若干个（不同版本有差异）已组态好的布局可供选择，可以在报表编辑区打开进行编辑修改。用户也可以通过报表编辑器生成自己的布局。

页面布局编辑器作为报表编辑器的组件，用于创建和动态化报表输出的页面布局，仅能用于在 WinCC 项目管理器中打开的当前项目。所保存的布局作为该项目的基准。

WinCC 项目管理器中，浏览树中的“报表编辑器”，则其下出现两个子目录：布局和打印作业。右键单击“布局”选择“打开页面布局编辑器”或双击打开页面布局编辑器，如图 7-1 所示。

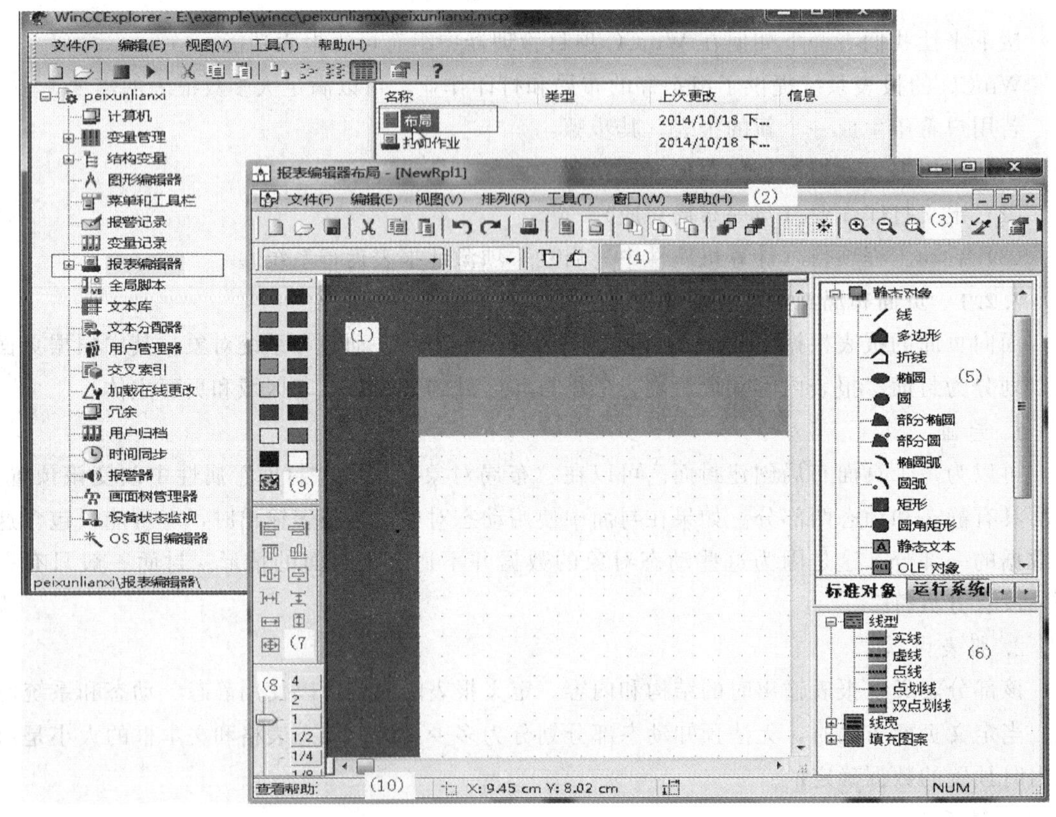

图 7-1 报表编辑器布局窗口

页面布局编辑器是根据 Windows 标准构建的。它具有工作区、工具栏、菜单栏、状态栏和各种不同的选项板。当打开页面布局编辑器时，将出现带缺省设置的工作环境，可根据个人习惯移动、排列选项板和工具栏，也可以选择隐藏或显示它们。

1. 工作区

页面的可打印区将显示在灰色区，而页面的其余部分将显示在白色区。工作区中的每个图像都代表一个布局，并将保存为独立的 RPL 文件。布局按照 Windows 标准进行扩大和缩小。

2. 菜单栏

菜单栏始终可见，提供了操作报表编辑器页面布局的各种功能，不同的菜单上的功能是否能激活，取决于具体情况。

3. 工具栏

工具栏默认位于页面编辑器顶端的菜单栏下方，包含一些特别重要的菜单命令按钮，使用这些按钮可以快速方便地访问页面布局编辑器的功能。工具栏可以隐藏或显示，它可固定在菜单栏下，当它未固定时，可用鼠标将其放置在屏幕上的任何位置。

4. 字体选项板

字体选项板用于改变文本对象的字体、大小和颜色，以及标准对象的线条颜色。

5. 对象选项板

对象选项板包含可插入到页面布局中的对象类型。在构建可视化的页面布局时，可使用静态对象和系统对象，输出数据时可使用动态对象。对象选项板中对象可概括为 4 个对象：

（1）标准对象。标准对象包括静态对象、动态对象和系统对象。其中静态对象用于创建可视化面布局，见表 7-1。页面布局的静态和动态部分都可插入标准对象。

表 7-1　　静态对象

图标	对象	含义
	线	线是开放对象。线的长度和角度由包围对象的矩形的高度和宽度确定
	多边形	多边形是封闭对象，可以用颜色或图案填充。多边形可以具有许多顶点；按照其创建时的顺序，对这些顶点都进行了编号，并可分别对其进行修改，甚至将其删除
	折线	折线是开放对象。即使起点和终点具有相同的坐标，其区域还是不可填充。折线具有许多顶点；按照其创建时的顺序，对这些顶点进行了编号，并可分别对其进行修改、甚至将其删除
	椭圆	椭圆是封闭对象，可以使用颜色和图案进行填充。椭圆的高度和宽度均可随意调整，这样就可以进行水平或垂直定位
	圆	圆是封闭对象，可以用颜色或图案填充。圆形可以按需要调整大小
	部分椭圆	部分椭圆是封闭对象，可以用颜色或图案填充。部分椭圆的高度和宽度均随意调整，这样就可以进行水平或垂直定位
	部分圆	部分圆是封闭对象，可以用颜色或图案填充。可以按需要调整部分圆的大小

续表

图标	对象	含　　义
	椭圆弧	椭圆弧是开放对象。椭圆弧的高度和宽度均随意改变，这样就可以进行水平或垂直定位
	圆弧	圆弧是开放的对象。可以随意调整圆弧的大小
	矩形	矩形是封闭对象，可以用颜色或图案填充。矩形的高度和宽度均随意调整，这样，就可以进行水平或垂直定位
	圆角矩形	圆角矩形是封闭对象，可以用颜色或图案填充。圆角矩形的高度和宽度均随意调整，这样就可以进行水平或垂直定位。圆角矩形的转角可以随意修改弯曲弧度
A	静态文本	静态文本是封闭对象，可以填充颜色或图案。静态文本可输入到任意大小的文本域中。文本可输入到一行或多行之中
OLE	OLE 对象	可将文件或新建对象的内容导入到任意数据类型的布局中，例如，Adobe Acrobat 文档
	静态图元文件	可将图形数据插入到具有“静态图元文件”对象的布局中。图形文件必须是 *.emf（增强的图元文件）格式

使用动态对象，可设置来自不同数据源的想要输出到报表/日志中的数据，该数据可按 WinCC 布局输出，见表 7-2。只能将动态对象插入到页面布局的动态部分。

表 7-2　　动　态　对　象

图标	对象	含　　义
A	ODBC 数据库域	使用“ODBC 数据库域”对象类型，可通过 ODBC 接口将来自某些数据源的文本输出到日志中
	数据库表	使用“ODBC 数据库表”对象类型，可通过 ODBC 接口将来自某些数据源的表格输出到日志中
	嵌入布局	项目文档的布局可与“所嵌入的布局”动态对象嵌套。对象只用于 WinCC 已建布局中的项目文档
	变量	输出具有“变量”对象类型的运行系统中的“变量”值。当然，只有项目被激活时才能输出变量值。在运行系统中，也可调用脚本进行输出
	硬拷贝	使用“硬拷贝”对象类型，可将当前屏幕和内容的画面或其所定义部分输出到日志中，也可输出当前所选择的画面窗口

系统对象用作系统时间、报表的当前页码以及项目和布局名称的占位符，见表 7-3。系统对象只能插入到页面布局的静态部分中。

表 7-3 系统对象

图标	对象	含义
	日期/时间	使用“日期/时间”系统对象将输出的日期和时间占位符输入到页面布局中。在打印期间，系统日期和时间均由计算机进行添加
	页码	使用“页码”系统对象可以将报表或日志当前页码的占位符插入布局
	项目名称	使用项目名称系统对象可以将项目名称占位符插入页面布局
	布局名称	使用“布局名称”系统对象可以将布局名称占位符插入页面布局

（2）运行系统文档对象。运行系统文档对象包括报警记录 RT、运行系统用户归档、CSV 数据源等，如表 7-4 所示。

表 7-4 运行系统文档对象

对象	含义
WinCC 报警控件	“WinCC 报警控件”对象用于以表格的格式输出消息列表
WinCC 函数趋势控件	“WinCC 函数趋势控件”对象用于以趋势形式输出作为来自过程值、压缩的和用户归档的其他变量函数的过程数据
WinCC 在线表格控件	“WinCC 在线表格控件”对象用于以表格格式输出来自相关的变量记录归档的过程数据
WinCC 在线趋势控件	“WinCC 在线趋势控件”对象用于以趋势形式输出来自相关的变量记录归档的过程数据
WinCC 用户归档控件表格	“WinCC 用户归档控件表格”对象用于以表格格式输出来自用户归档的数据或视图
报警记录归档报表	“归档报表”对象链接到消息系统，并将保存在消息归档中的消息输出到表格中
报警记录消息报表	“消息报表”对象链接到消息系统，并将消息列表中的当前消息输出到表格中
用户归档运行系统	“用户归档运行系统”对象链接到用户归档，并将用户归档和视图中的运行系统数据输出到表格中
CSV 提供程序表格	可将“CSV 数据源表格”对象链接到 CSV 文件。文件中所包含的数据均输出到表中。数据必须具有预先定义的结构
CSV 提供程序趋势	可将“CSV 数据源趋势”对象链接到 CSV 文件。文件中所包含的数据均输出到曲线中。数据必须具有预先定义的结构

运行系统对象用于输出运行系统数据的日志。所提供的对象均已经与当前数据源相链接。输出选项可使用“对象属性”对话框进行组态。日志的数据可在输出时从已链接的数据源中提取。只能将运行系统文档对象插入页面布局的动态部分。

（3）COM 服务器对象。为了使用 COM 服务器对象，必须将 COM 服务器项目器集成到 WinCC 中。该 COM 服务器使对象可用于记录数据。采用这种方式，可以将用户指定的数据收集到 WinCC 日志中。COM 服务器对象的形式和属性均由 COM 服务器记录器确定。使用 COM 服务器记录器传递 COM 服务器对象的描述。用于选择输出数据的选项均由当前

COM 服务器对象确定。只能将 COM 服务器对象插入页面布局的动态部分中。

（4）项目文档对象。项目文档对象包括图形编辑器中的动作、报警记录 CS、全局脚本等。项目文档对象可用于组态数据的报表输出。只能将项目文档对象插入页面布局的动态部分。

项目文档对象将于 WinCC 组件严格连接，对象类型是固定的。根据要输出的组态数据的类型和大小，使用“静态文本”、“动态图元文件”或“动态表”对象类型。

6. 样式选项板

所选对象的线段类型、线条粗细以及背景样式均可使用样式选项板进行修改。根据对象的不同、可改变线段类型、线条粗细或填充方案。

7. 对齐选项板

使用对齐选项板可以改变一个或多个对象的绝对位置以及改变所选对象之间的相对位置，并可改变对多个对象的对齐高度和宽度，对齐选项板中按钮的功能见表 7-5。

表 7-5　对齐选项板按钮功能

按钮	功　能
	左对齐对象。选择类型决定将哪个对象用作对齐的参考。如果使用选择框选择对象，则最远处的对象将用作参考。如果使用鼠标左键选择对象，则对齐期间使用首次选择的对象作为参考
	右对齐对象。参见“左对齐对象”来确定对齐期间将使用哪个对象作为参考
	顶部对齐对象。参见“左对齐对象”来确定对齐期间将使用哪个对象作为参考
	底部对齐对象。参见“左对齐对象”来确定对齐期间将使用哪个对象作为参考
	水平居中对齐对象。将对象移动到公共的中央水平坐标轴进行对齐
	垂直居中对齐对象。将对象移动到公共的中央垂直坐标轴进行对齐
	对象之间的标准水平分隔。对象将保持相互之间的相同水平距离。外面的对象位置保持不变
	对象之间的标准垂直分隔。对象将保持相互之间的相同垂直距离。上面和下面对象的位置将保持不变
	对象标准宽度。如果使用鼠标左键选择了对象，则它们将接收所选择的第一个对象的宽度。然而，线条的宽度将不会改变。使用选择框选择了对象，则宽度调整为组中最大的宽度
	对象的标准高度。如果使用鼠标左键选择了对象，则它们将接收所选择的对一个对象的高度。使用选择框选择了对象，则高度将调整为组中最大的高度
	对象的标准宽度和高度。对象将接收在组中所组态的第一个对象的宽度和高度

8. 缩放选项板

活动布局中的对象缩放因子可使用缩放选项板进行设置。当前的缩放因子将显示在滚动条下。缩放选项板提供了用于放大或缩小活动布局中对象的两个选项：使用带有缺省缩放因子的按钮或使用滚动条。注意：缩放因子也可使用标准工具栏上的按钮和逐渐进行设置。

9. 调色板

可为所选对象分配 16 种标准颜色中的任一种，也可使用调色板分配一种主要颜色或自定义的颜色。例如，用鼠标单击调色板可修改：

(1) 区域对象（例如矩形）的填充颜色。

(2) 线条对象（例如折线）的线条颜色。

(3) 文本对象的背景颜色。

10. 状态栏

状态栏提供了下列信息：

(1) 所选功能、菜单命令和按钮的帮助文本。

(2) 关于高亮显示的对象名称、位置和大小的信息。

(3) 关于键盘状态（例如，NUM LOCK 键）的信息。

7.2.3 页面布局编辑器的基本设置

在“设置”窗口中，可进行一些基本设置来调整页面布局编辑器的外观和特性，以满足用户需要。这些设置均可保存，并可保留到再次打开页面布局编辑器的时候。

通过菜单“工具→设置”或菜单“视图→网格”打开“设置”窗口，如图 7 - 2 所示。

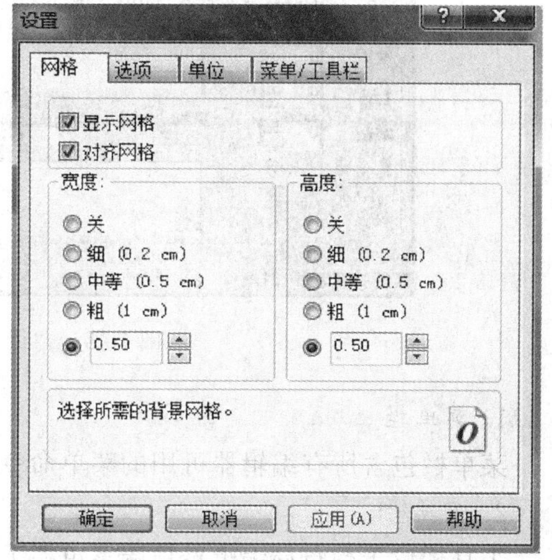

图 7 - 2 页面布局编辑器外观和特性属性设置

表 7 - 6 页面布局编辑器设置窗口选项标签含义

标签	含 义
网格	是否应将对象对齐到网格；网格是否应为可见；网格点之间的距离
选项	改变基本的程序设置的地方，例如，当程序关闭时对于改变的程序设置会发生哪些变化，或应如何选择和编辑对象
单位	可选择所要使用的测量单位，用于输入坐标、文本高度和线条宽度的大小
菜单/工具栏	可设置菜单栏、工具栏和选项板的外观和属性，例如，标准工具栏是否应可组态，键盘快捷键是否应显示等

7.2.4 行布局编辑器

行布局编辑器是一个由 WinCC 提供的编辑器，它允许创建行布局并使之动态化，以用于消息顺序报表的输出。作为 WinCC 的一部分，行布局编辑器仅用于创建和编辑消息顺序报表的行布局。每个行布局包含一个连接到 WinCC 消息系统的动态表。附加的对象不能添加到行布局，可在页眉和页脚中输入文本。

打开 WinCC 项目管理器，选中浏览树中的“报表编辑器”的“布局”，右键单击“布局”选择“打开行布局编辑器”，如图 7-3 所示，行布局编辑器有工具栏、菜单栏、状态栏以及用于编辑行布局的各种不同区域，打开时，行布局编辑器以默认设置显示。

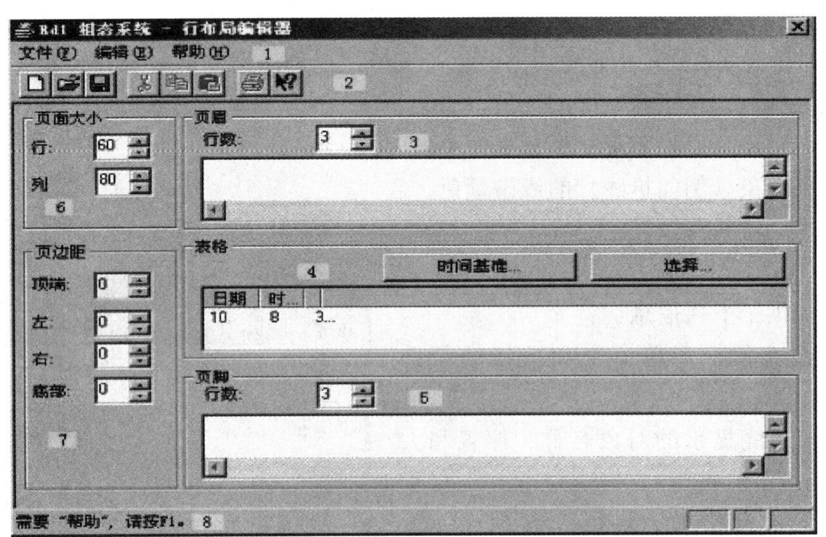

图 7-3　“行布局编辑器”对话框

1. 菜单栏

菜单栏包含所有编辑器可用的菜单命令。不能激活的命令以灰色显示。

2. 工具栏

工具栏位于行布局编辑器顶端菜单栏下方。使用排列在工具栏上的按钮可以快速方便地访问行布局编辑器的功能。部分工具栏按钮含义见表 7-7。

表 7-7　　部分工具栏按钮含义

按钮	功　　能	组合键
	创建新的行布局	<CTRL+N>
	打开现有的行布局	<CTRL+O>
	存储激活的行布局	<CTRL+S>
	从页眉或页脚剪切选定的文本并将其复制到剪贴板。该功能仅在选择了文本时才可用	<CTRL+X>
	从页眉或页脚复制选定的文本到剪贴板。该功能仅在选择了文本时才可用	<CTRL+C>

续表

按钮	功　　能	组合键
	将剪贴板的内容粘贴到光标位置。该功能只有在剪贴板中有文本时才可用	<CTRL+V>
	行布局中取消激活“打印”功能	—
	激活直接帮助（这是什么?）	<CTRL+F1>

3. 页眉区域

页眉区域允许输入文本以创建行布局的页眉。

4. 表格区域

可以为每个行布局定义用于输出报表和测量值的表格。列的数目和内容单击“选择”按钮进行定义，列数可以在1～40之间，这依赖于所选择的消息快的数量。

5. 页脚区域

页脚区域用于输入文本以创建行布局的页脚。

可以为每个行布局定义不同的页眉和页脚。页眉和页脚数为0～10之间，可以在其中输入任何文本。可以输出与所设置的行数一样多的页眉，但页眉和页脚并不是一定要输出。

6. 页面大小区域

页面大小区域用于设置行布局的行数和列数。行布局的页面大小可以在以下限制范围内设置：行数可以在1～400；列数可以在20～400。列数的数值定义为每行的字符数。

7. 页边距区域

页边距区域用于设置行布局输出的页边距。由于大多数打印机不能打印到页面边缘，因此必须在行布局中相应地设置页边距。行布局的页边距可以在以下限制范围内设置：页边距数值（顶端、左、右、底端）可以在0～30个字符之间。

8. 状态栏

状态栏提供下列信息：

（1）显示敲键状态，例如，NUN LOCK键是否打开。

（2）可以改变应用程序窗口的大小。

单击图7-3中的“时间基准”按钮可以在表格区域中改变时间基准。通过改变时间按设置的基准可以将在报表数据的时间标志中指定的时间转换成不同的时间基准。可选择时间基准包括应用项目设置、服务器时区、本机时区和协调世界时（UTC）等。时间设置仅为报表中输出而转换，不会写回到报警记录。例如，如果想在另一个时区输出远程计算机的数据，就可以使用此功能以确保数据以可比较的时间被输出。如果在这种情况下两台计算机使用“当地时间”时间基准工作，选择在两台计算机上收到的报表会有不同的时间。

7.2.5　打印作业

WinCC中的打印作业对于项目和运行系统文档的输出极为重要。在布局中组态输出外观和数据源；在打印作业中组态输出介质、打印数量、打印时间以及其他的输出参数。

每个布局必须与打印作业相关联，以便进行输出。WinCC 中提供了各种不同的打印作业，用于项目文档。这些系统打印作业均已经与相应的 WinCC 应用程序相关联。既不能将其删除也不能对其重新命名。

可在 WinCC 项目管理器中创建新的打印作业，以便输出新的页面布局。WinCC 为输出行布局提供了特殊的打印作业。行布局只能使用打印作业输出。不能为行布局创建新的打印作业。

在 WinCC 项目管理器中，选中浏览窗口中的“报表编辑器”条目，将在数据窗口显示“布局”和“打印作业”两个子目录。右键单击所选的“打印作业”，在弹出的菜单中选择“新建打印作业”，则自动建立一个名称为 PrintJob001 的打印作业，每创建一个新的打印作业，打印作业名称中的数字就将递增一次。在创建打印作业后，现有的所有打印作业均显示在数据窗口中。双击“PrintJob001”打开“打印作业属性”对话框，它包括了三个选项卡，如图 7-4 所示。

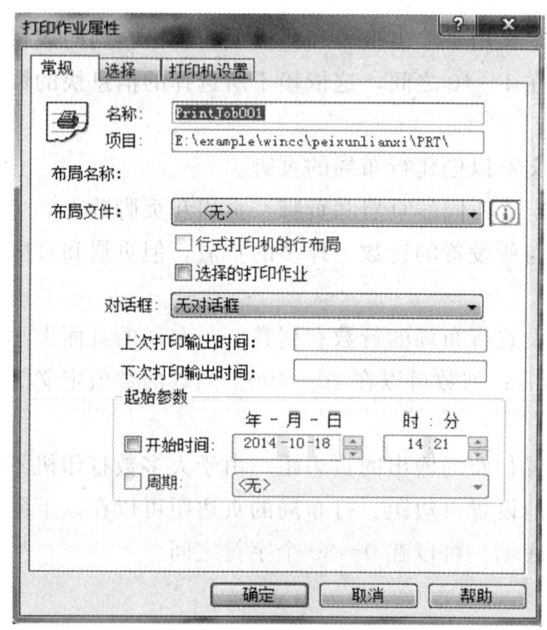

图 7-4 “打印作业属性”对话框

常规选项卡中的标签含义见表 7-8。

表 7-8 常规选项卡标签含义

元素	描述
名称	在此输入打印作业的名称。在项目中，名称必须是唯一的，并且遵守 Windows 的规则
项目	在此显示打印作业带有完整路径的项目名称。不能编辑此框
布局	在此给打印作业分配一个报表布局。布局必须已经是可用的。如果在此区域没有输入布局，并且试图打开其中一个标签，出现“PRTRTAPI”对话框。该对话框提醒您，正在使用必须分配了布局的系统打印作业

续表

元素	描　　述
行式打印机布局	使用此选择按钮发送所有作为行布局的打印报表到行打印机。必须在“布局”框中输入一个以前组态好的行布局（<文件>.RP1）。在“启动参数”区域内所有的数值显示为灰色，因此它们是不可用的。标签中，图标做相应的改变。注意：此复选框只对系统打印作业“@Report Alarm Logging RT Message Sequence”有效
打印作业列表标记	图形编辑器包括一个属于打印作业列表的应用程序窗口。如果 WinCC 画面中集成了该打印作业列表，则可显示打印作业，用于在运行期间进行记录，并启动输出。在打印作业列表中，可对打印作业的显示进行设置。可选择下列视图：所有打印作业，仅系统打印作业，仅用户自定义打印作业和具有所选“标记打印作业列表”选项的打印作业。“标记打印作业列表”选项允许在运行期间将所需的打印作业选择放在一起
对话框	为了使运行系统文档更灵活，许多记录参数都已经进行了动态化，这将允许在运行期间改变记录输出。从“对话框”列表中选择“组态对话框”选项，当运行期间调用打印作业时，可修改输出参数。该对话框也将允许选择或改变用于输出的打印机。为在页面布局中输出日志，可在运行期间改变用于输出的打印机。为此，可在“对话框：”列表中选择“打印机设置选项”。当运行期间调用打印作业时，将调用用于选择打印机的对话框
上次打印于	在此显示打印作业的上次打印输出的日期。此框不可以编辑，它只能描述一种状态
下次打印于	在此显示打印作业的下次打印输出的日期。此框不可以编辑，它只能描述一种状态
起动参数	可设置起动时间和输出周期。该设置主要用于定期输出运行系统文档中的日期（如换班报表）。项目文档不需要设置启动参数，因为项目文档不是周期性输出。对于已组态了启动参数或周期性的打印作业，可在 WinCC 项目管理器中根据打印作业列表的不同符号来识别

“选择”选项卡如图 7-5 所示可以指定要打印的数量、页面范围的选择或将要输出的数据的时间范围，具体设置含义见表 7-9。

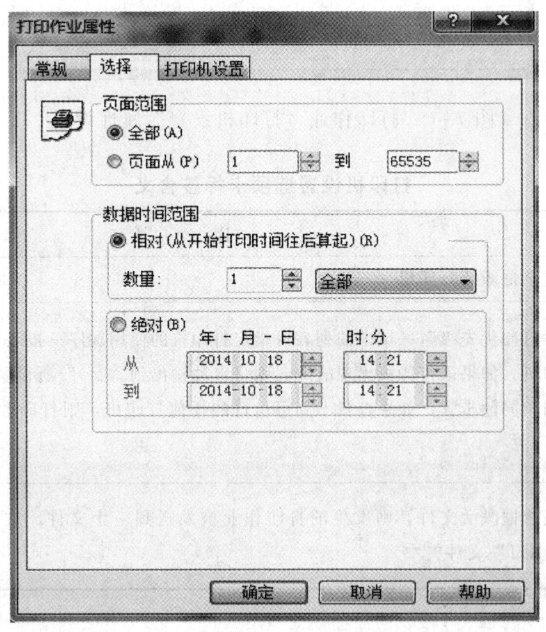

图 7-5　打印作业“选择”属性设置

表 7-9 常规选项卡标签含义

元素	描　　述
页面范围	可指定输出时将要打印多少，既可输出单个页面也可输出页面范围或该打印作业的全部页
数据时间范围	可使用“相对”选项来指定用于输出的相对时间范围（从开始打印时刻算起）。对于相对时间范围，有下列几种可能性：全部、年、月、周、天和小时。“数量”可以设置时间范围的大小。数值可以在 1～100 之间。“绝对”选项将允许为输出的数据指定绝对的时间范围

“打印机设置”选项卡如图 7-6 所示，可以指定用于打印输出的一台或多台打印机，具体设置含义见表 7-10。

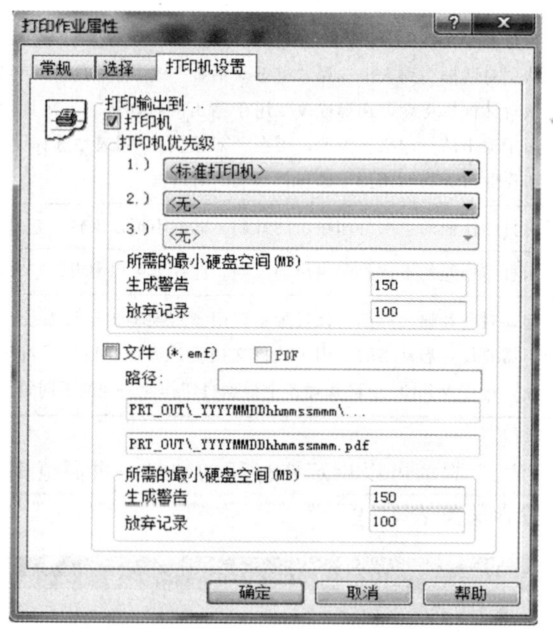

图 7-6 打印作业“打印机设置”属性设置

表 7-10 打印机设置选项卡标签含义

元素	描　　述
打印机	选中复选框激活打印机
打印机优先级	使用“打印优先级”区域中的列表可指定打印机的使用次序。报表和日志均输出到“1.)”所设置的打印机，如果该打印机出现故障，则将自动输出到“2.)”所设置的打印机。对于第三台打印机也采用相同的步骤。如果查找不到可运行的任何打印机，则打印数据将保存到硬盘上的某个文件中
文件（*.emf）	选中复选框激活文件，则发生的打印作业被发送到一个文件。这些文件均存储在项目目录的“PRT_OUT”文件夹中

7.3 组 态 报 表

在 WinCC 中生成和打印报表是个简单的过程。在每个 WinCC 项目生成的缺省布局和打印作业，通常可以满足大多数报表的需要，一般不需要用户设计布局。如果希望生成一个新的报表或修改一个已有的报表，基本步骤如下：

(1) 在布局编辑器生成或修改布局。如果使用系统已有布局，则此步可以省略。可以修改已有布局或者生成新的布局。

(2) 生成或修改一个打印作业。打印作业定义报表的打印时间表、范围和打印机的选择等。如果用户使用已有的打印作业，则此步可以省略。

(3) 组态报表，激活“报表运行系统”。

7.3.1 打印报警记录顺序报表输出在线数据

消息顺序报表允许按时间顺序输出在项目中产生的所有消息的列表。通常在行式打印机上输出。消息按其发生的顺序输出。

如果使用行式打印机进行输出，则必须将其与执行记录的计算机进行本地连接，必须选择打印作业中的“行式打印机的行布局”复选框。然而，消息顺序报表也可在页面布局中输出。没有必要为了用页面布局输出报表而将打印机本地连接到执行记录的计算机上。页面布局中的消息顺序报表也可以在网络打印机上输出。以页面布局输出时，如果进入的消息填满了一个页面或按下操作按钮启动打印输出页面，将执行打印输出作业。

报表输出的先决条件有两条：

(1) 将要输出消息顺序报表的行式打印机必须从本地计算机连接到执行记录的计算机上。

(2) 必须在执行记录的计算机的启动列表中激活消息顺序报表，如图 7-7 所示。

在进行组态之前，确保已经组态好了报警记录和显示报警记录的画面（例如，报警画面.pdl)，画面中已经组态了显示报警记录的控件 WinCC Alarm Control。

1. 创建页面布局

在 WinCC 项目管理器的左边选中“报表编辑器”中的布局条目，单击“布局”下的“中文”条目，则现有的所有布局将显示在文件窗口。右击“中文”在快捷菜单中选择“新建页面布局”，则在文件夹“中文”中创建了一个新的页面布局名称为 NewRPL0 _ chs. RPL，如图 7-8 所示。右键单击新布局选择“重命名”，在打开的对话框中输入名称 TagLogging _ chs. RPL。

2. 编辑页面布局

页面布局包括静态部分和动态部分。静态部分可以组态页眉和页脚，来输出诸如公司名称、项目名称、页码和时间等。动态部分包含输出组态和运行数据的动态对象。在静态部分只能插入静态对象和系统对象；而在动态部分，静态对象和动态对象都能插入。

在 WinCC 项目管理器中，双击刚才创建的页面布局 TagLogging. RPL，页面布局编辑器会打开一个空白的页面，单击工具栏的和图标，将分别选择当前布局的“封面”、“报表内容”和“最后一页”，这也是通常报表的几个部分。

从对象选项板的“运行系统”选项卡中的“报警记录运行系统”中选择“消息报表”，

图 7-7 设置“消息顺序报表/SEQPROT”启动项

图 7-8 新建页面布局

在页面布局的动态部分，把对象拖放到合适的尺寸，如图 7-9 所示。

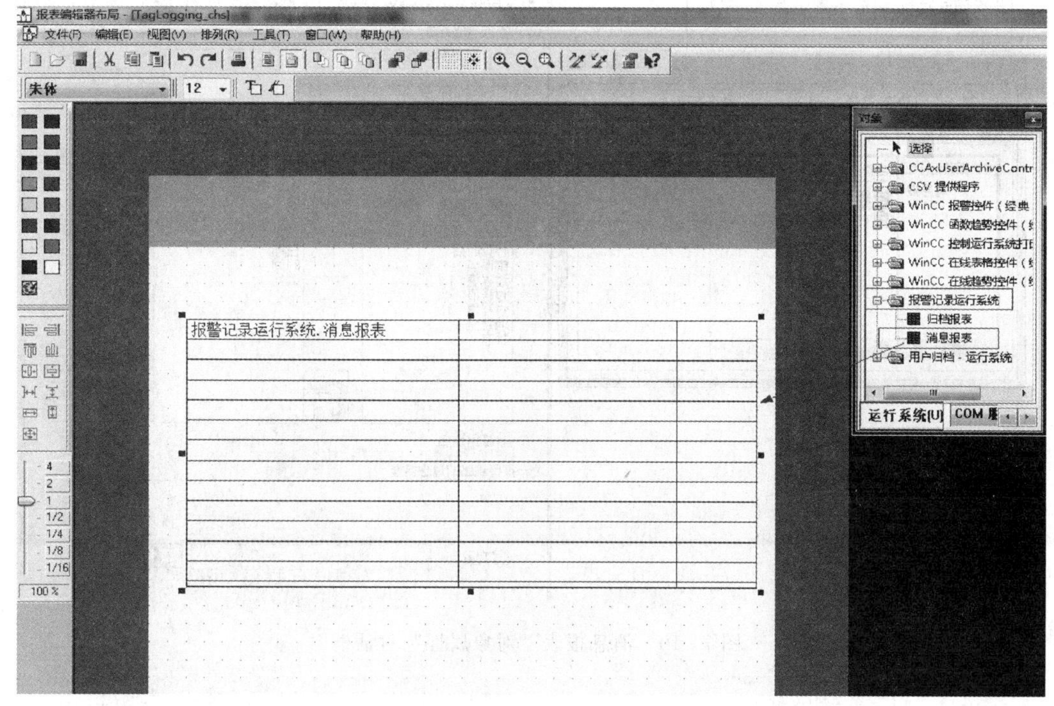

图 7-9 插入“消息报表”

双击“消息报表”对象，打开“对象属性”对话框，选择“连接”选项卡，双击“选择”项或选中“选择”项单击“编辑”按钮，打开如图 7-10 所示的“报警记录运行系统：报表—表格列选择”对话框，将“存在的块”栏中的需要在消息报表中打印的消息块选中单击按钮移至“报表的列顺序”栏中；选择消息块“编号”，单击“属性”按钮，打开消息块的属性对话框，在“数字位数”文本框中输入 9。在消息块“错误点”中进行同样的操作，在“长度”文本框中输入 20，单击“确定”按钮完成组态。

在图 7-9 的工作区的空白区单击右键选择“属性”打开布局的“对象属性”对话框，如图 7-11 所示。

在“属性”选项卡选中“几何”，在“纸张大小”项中选择“A4 纸”，其他设置根据需要修改即可。完成组态，单击工具栏中的保存按钮保存页面布局。

3. 组态打印任务

为了在运行状态下打印输出报表，需要在 WinCC 项目管理器中组态打印任务。WinCC 项目管理器中，选中浏览窗口中的“报表编辑器”，选中“打印作业”则右侧窗口显示定义的打印作业列表。双击打印作业中的@Report Alarm Logging RT Message Sequence 打开其属性对话框，取消勾选“行打印机布局”（必须取消，否则无法选择布局），从下拉列表中选择 TagLogging _ chs. RPL 布局。

在图 7-12 中选择“打印机设置”选项卡，选择实际所需的打印机，单击确定完成组态。

现在消息窗口需要连接到已经组态好的打印任务。如果运行时单击“打印”，将会用到

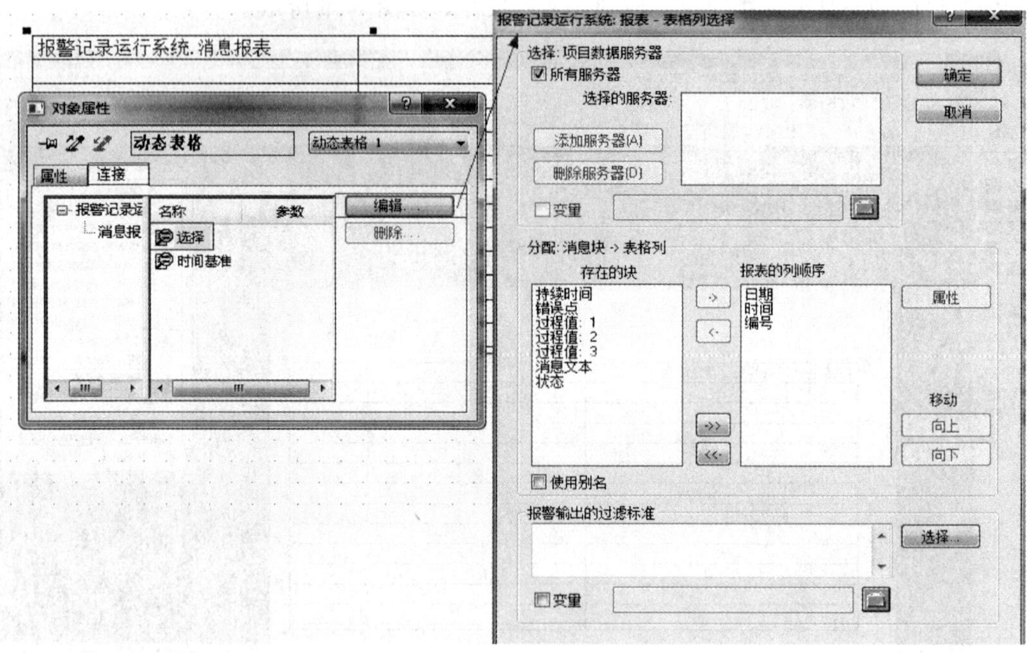

图 7-10　消息报表“对象属性”对话框

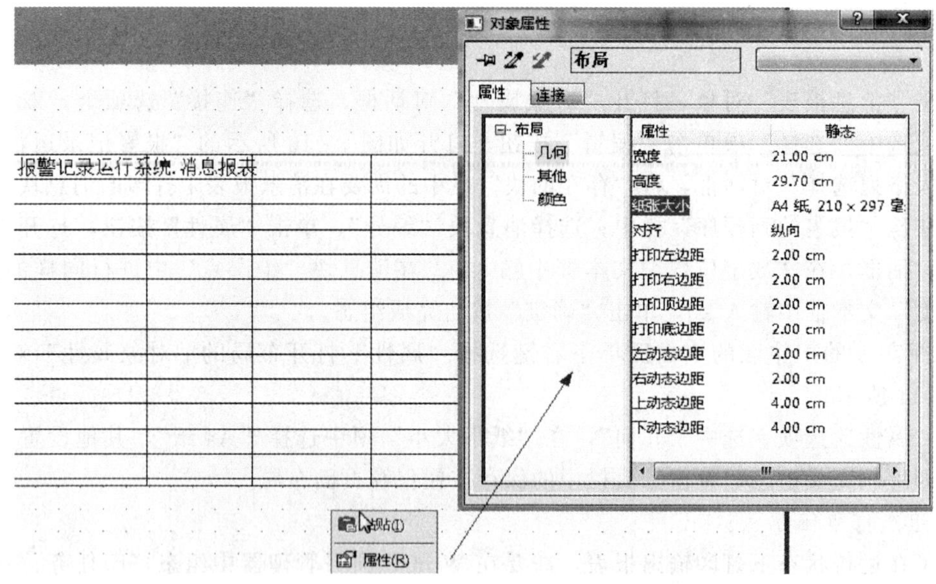

图 7-11　消息报表“对象属性”对话框

已经组态的布局。

打开已经组态好的报警画面 alarms. pdl，双击 WinCC Alarm Control 打开属性对话框，选择“常规”选项卡，单击“查看当前打印作业”项后的“选择”按钮，打开“选择打印作业”对话框，从中选择“Report Alarm Logging RT Message sequence”打印作业，如图 7-13所示。

图 7-12 “打印作业属性”对话框

图 7-13 选择打印作业

保存报警画面。

4. 运行项目

在 WinCC 项目管理器中，打开“计算机”属性对话框选择“启动”选项卡，勾选“报表运行系统”复选框，使报表编辑器在运行状态下启动。

为了能够在运行时打印消息顺序报表，单击“激活”按钮，在 Windows 任务栏中，单击“WinCC 资源管理器”，右击“消息顺序报表”打印作业，在弹出的菜单中，单击“预览打印作业”项，如图 7-14 所示。在需要打印时，单击“打印”按钮。

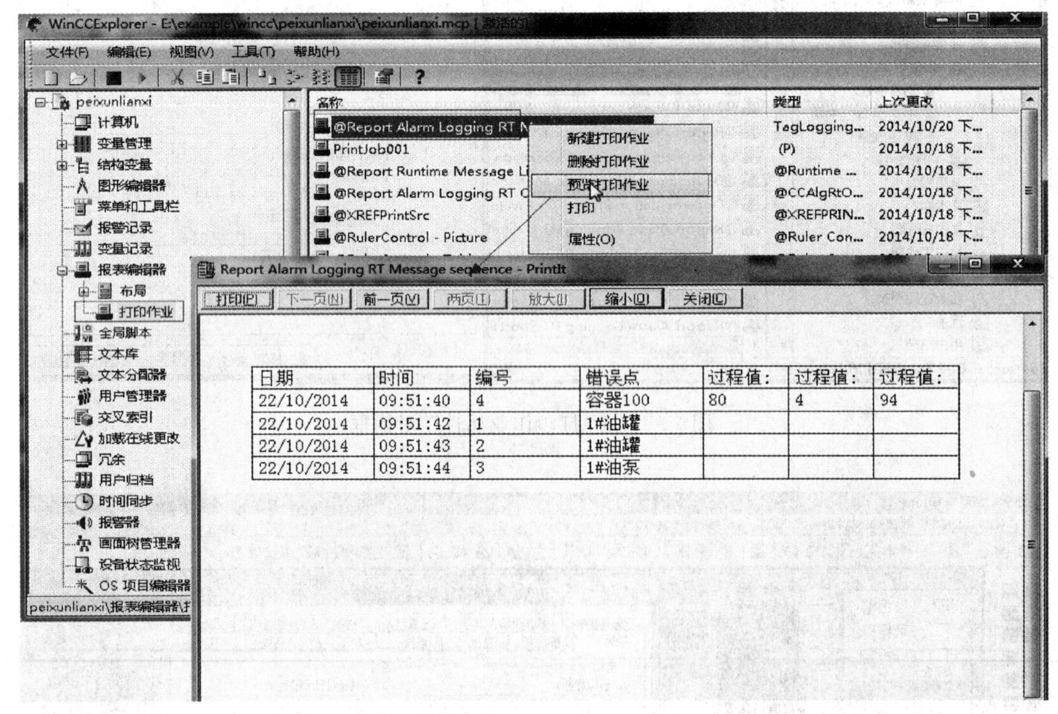

日期	时间	编号	错误点	过程值:	过程值:	过程值:
22/10/2014	09:51:40	4	容器100	80	4	94
22/10/2014	09:51:42	1	1#油罐			
22/10/2014	09:51:43	2	1#油罐			
22/10/2014	09:51:44	3	1#油泵			

图 7-14　打印预览效果

7.3.2　打印变量记录运行系统报表

任务描述：在运行状态下，在表格窗口中打印输出变量记录数据。在这个例子中，通过单击变量记录表格控件工具栏上的打印按钮，预定义的@CCTableControlContents_CHS.RPL 将会用到。同时，在此例中，还要组态一个带页眉和页脚的用户定义布局。

1. 创建布局

在 WinCC 资源管理器的浏览窗口中，用鼠标右键单击“布局”，从快捷菜单中选择“新建布局”，一个名为“NewRPL0_chs.RPL”的新布局添加到 WinCC 资源管理器数据窗口中列表的末尾，用鼠标右键单击该新建布局，从快捷菜单中选择“重新命名布局”，更名为“TagLoggingTable.RPL”，如图 7-15 所示。

2. 编辑静态部分

在 WinCC 资源管理器的数据窗口中双击新建布局“TagLoggingTable.RPL”，打开“报表编辑器”，显示一个空白页，首先在静态部分添加日期/时间、页码、布局名称和项目名称。单击菜单中“视图→静态部分”，编辑页面的静态部分。点击“系统对象”选项板上的“日期/时间”，页面布局中显示时间和日期。

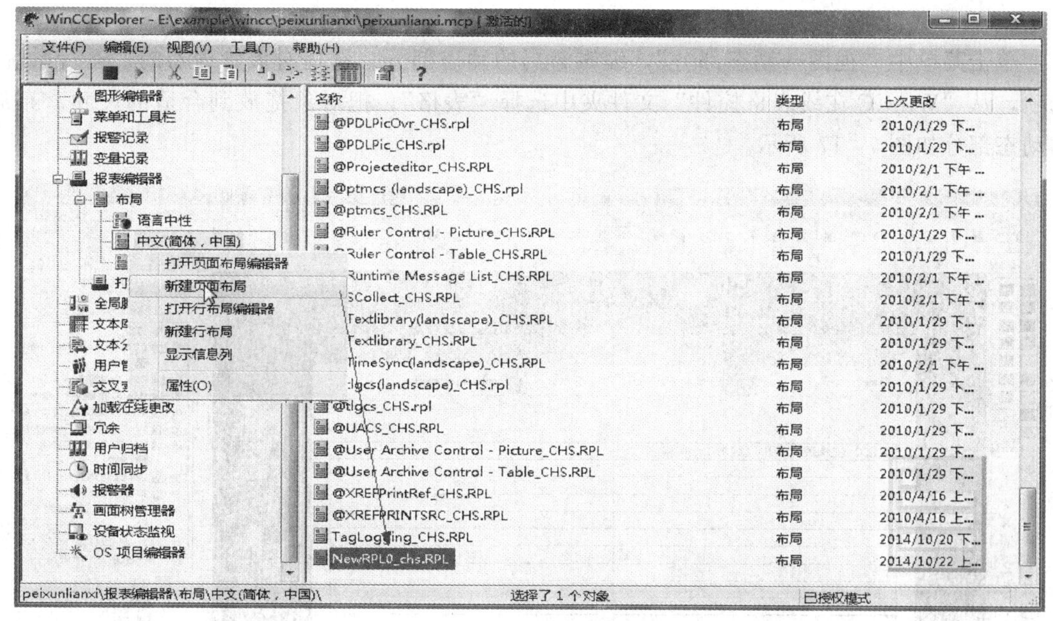

图 7-15 创建新的布局

把对象放在左上角，按住鼠标拖动调整对象大小，用鼠标右键单击“日期/时间”对象，从快捷菜单中选择“属性”项，在浏览器窗口中，点击“字体”；在数据窗口中“X 对齐”，选择“左”；“Y 对齐”，选择“居中”。根据同样的方法，在静态部分添加“项目名称”、“页码”以及“布局名称”，然后调整对齐方式，还可以调整更多的属性，使外观更好看。调整后的布局静态部分如图 7-16 所示。

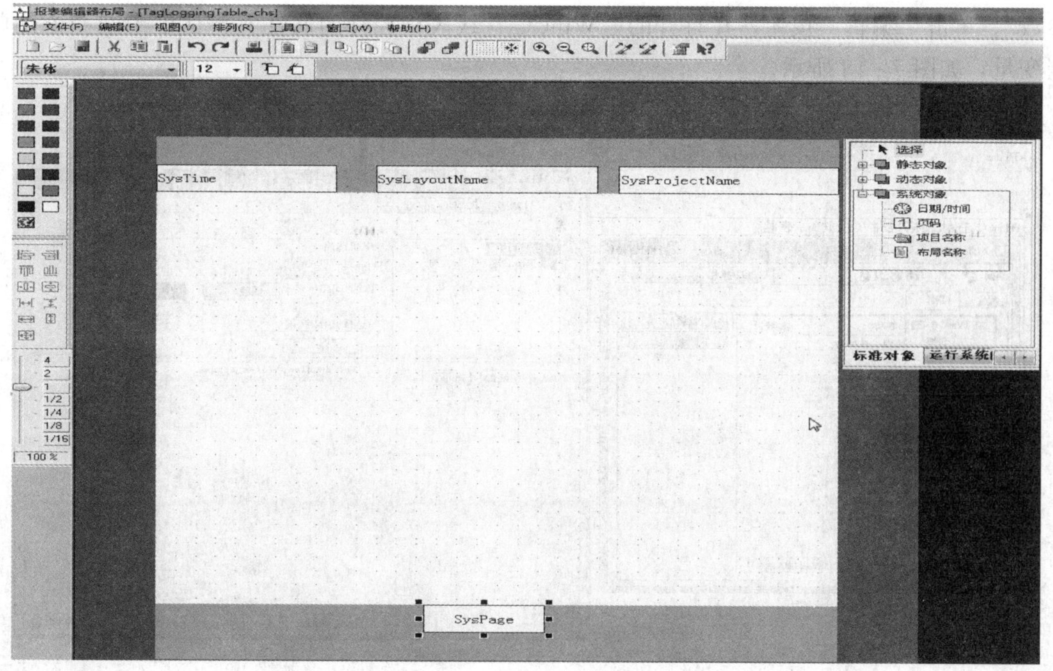

图 7-16 布局的静态部分

3. 编辑动态部分

单击菜单中“视图→动态部分”，编辑布局的动态部分。选择对象管理器的“运行系统”选项，从“WinCC在线表格控件”文件夹中选择“表格”，把对象拖放到合适的尺寸。布局的动态部分如图7-17所示。

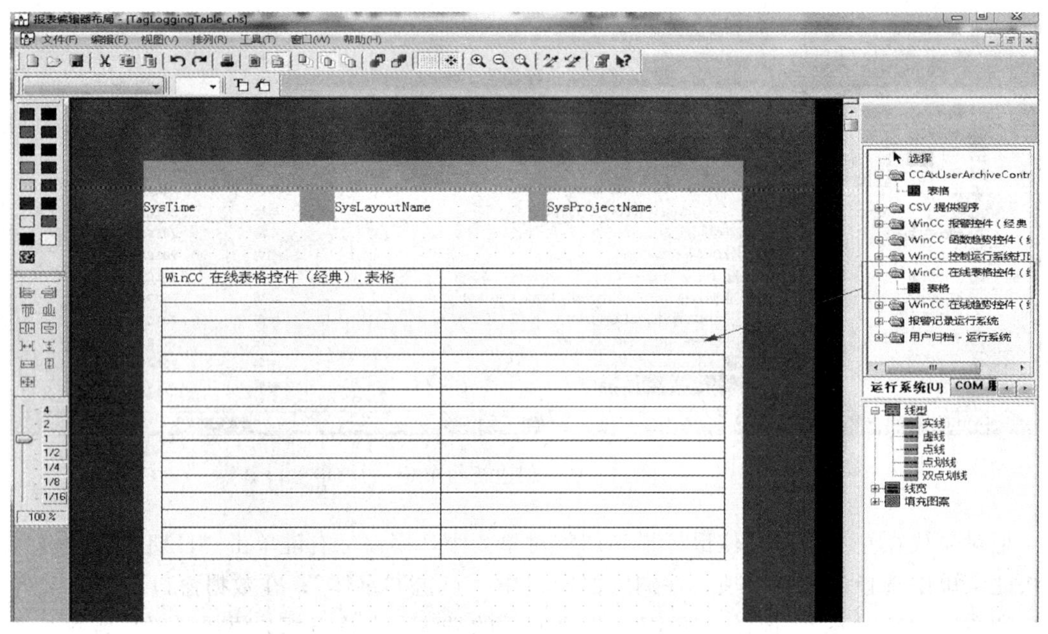

图7-17　布局的动态部分

双击“表格”对象，打开“对象属性”对话框，选择“连接”选项卡，选中“动态分配参数”，单击“编辑”按钮，在打开的“WinCC在线表格控件的属性”对话框中选择添加归档变量，如图7-18所示。

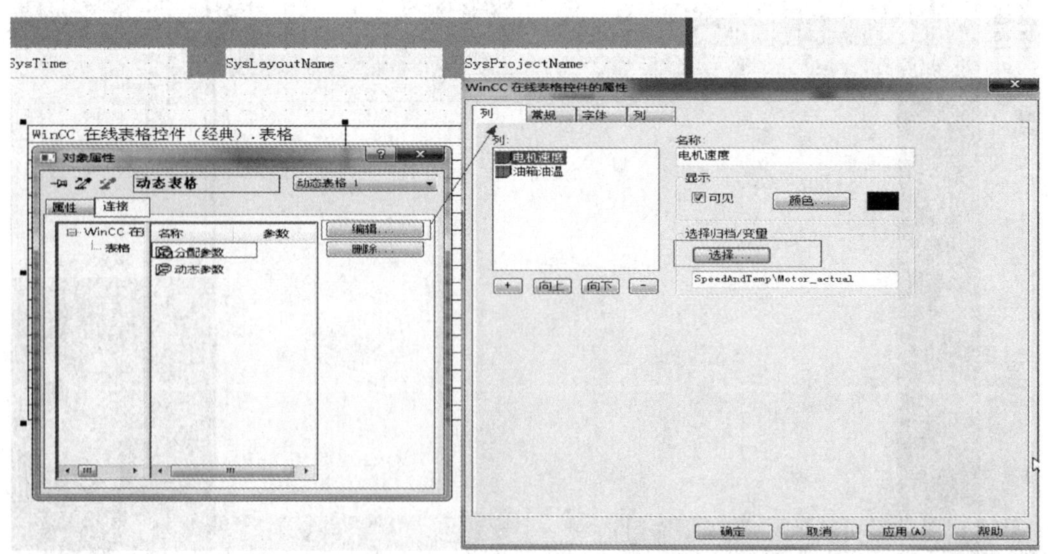

图7-18　设置表格控件对象的连接属性

在图 7－17 的工作区的空白区单击右键选择“属性”打开布局的“对象属性”对话框，在“属性”选项卡中“几何”，在“纸张大小”项中选择“A4 纸”，其他设置根据需要修改即可。

完成组态，单击工具栏的保存按钮保存页面布局。

4. 组态打印作业

为了打印输出变量记录运行报表，需要定义打印作业参数。

打开 WinCC 项目管理器，选中浏览窗口中的“报表编辑器→打印作业”，双击打印作业@Report Tag Logging RT Tables New，打开其属性对话框，从下拉列表选择 TagLogging-Table. RPL 布局，如图 7－19 所示。选择“打印机设置”选项卡，选择实际所需的打印机，单击“确定”按钮完成组态。

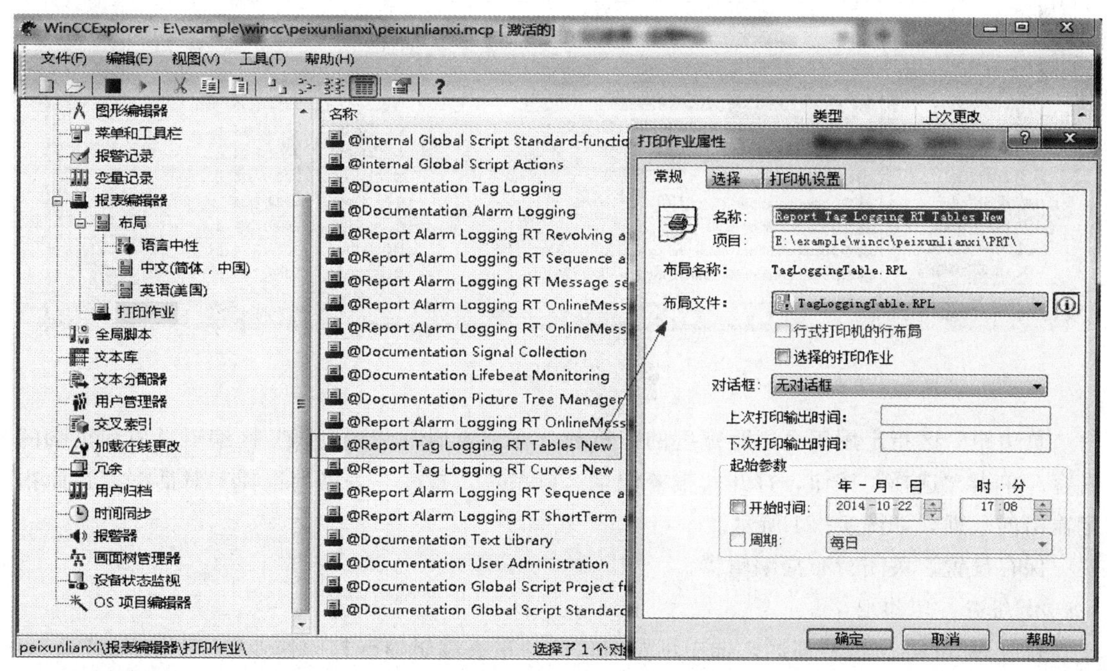

图 7－19 设置打印作业属性

5. 运行项目

在 WinCC 项目管理器中，打开“计算机”属性对话框选择“启动”选项卡，勾选“报表运行系统”复选框。运行项目，利用 WinCC 提供的变量模拟器来给 WinCC 变量赋值。在 WinCC 项目管理器中，右键单击打印作业@Report Tag Logging RT Tables New 选择“预览打印作业”打开预览窗口如图 7－20 所示。单击“打印”，文档即可打印输出。

7.3.3 行式打印机上打印消息顺序报表

任务描述：设计一个适合行式打印机输出的消息顺序报表。主要组态内容为创建一个行式布局，并为打印作业“@Report Alarm Logging RT Message sequence”指定该布局。

1. 创建行布局

打开 WinCC 项目管理器，选中浏览窗口中的“报表编辑器”，右键单击“布局”下的“中文”选项，选择“打开行布局编辑器”，在“页面大小”区指定每个页面的行数和列数；

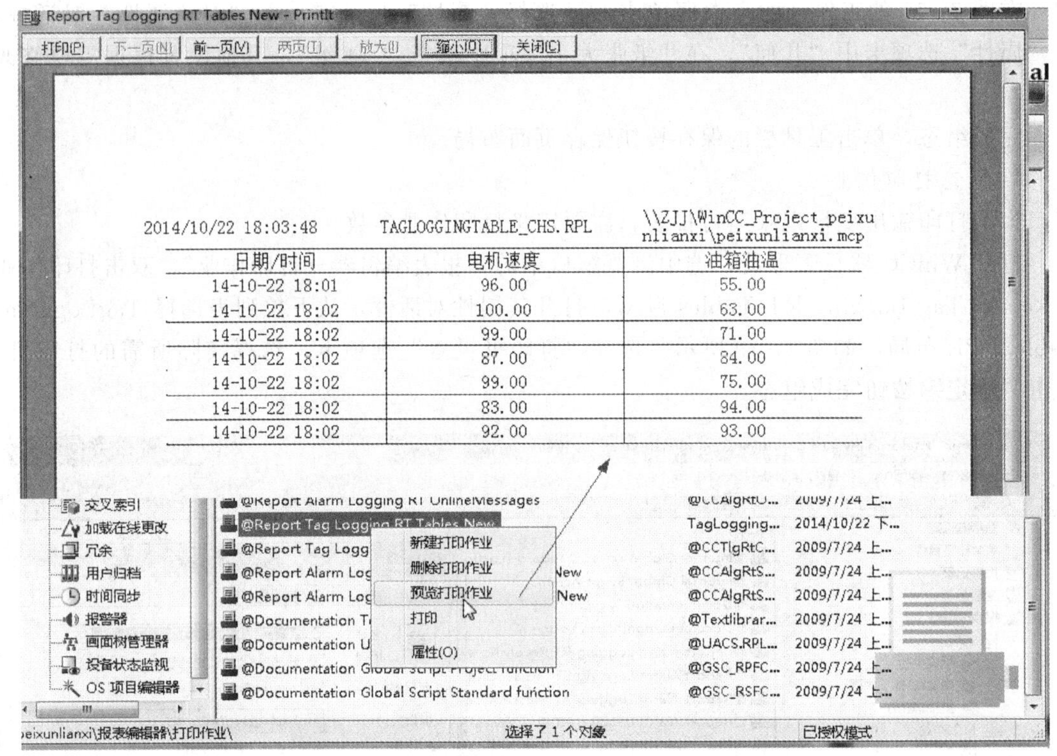

图 7-20 打印预览

在“页边距”区指定用于页边距宽度的字符数；在“页眉”和“页脚”区编辑页眉和页脚的内容。单击“选择”按钮，打开“报警记录运行系统：报表—表格列选择”对话框，在此指定输出的数据，如图 7-21 所示。

保存设置，关闭行布局编辑器。

2. 组态打印作业

打开 WinCC 项目管理器，选中浏览窗口的“报表编辑器→打印作业”，双击“@Report Alarm Logging RT Message sequence”打开“打印作业属性”对话框，在“常规”选项卡中勾选“行式打印机布局”复选框，并指定布局为之前创建的布局，如图 7-22 所示。在“打印机设置”选项卡中设置期望的打印机。单击确定按钮，关闭对话框。

3. 运行项目

在 WinCC 项目管理器中，打开“计算机”属性对话框，选择“启动”选项卡，勾选“报表运行系统”复选框，运行系统，观察效果。

友情提示

必须要将输出消息顺序报表的行式打印机连接到执行记录的计算机上。

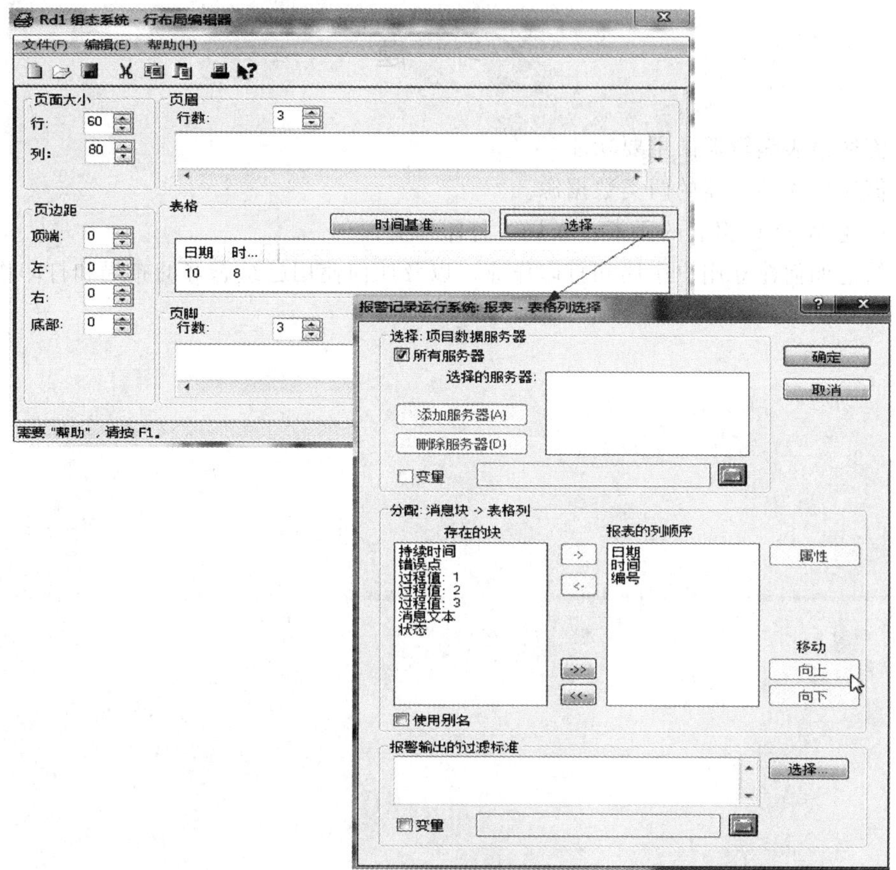

图 7-21 创建行布局

图 7-22 "打印作业属性"设定

习题

(1) 简述报表编辑器的主要功能。

(2) 简述报表编辑器的两类数据源。

(3) 简述 WinCC 报表的元素：布局、打印作业。

(4) 简述如何建立用户布局和打印作业，以及如何使用已组态好的布局和打印作业。

8 WinCC 用户管理和安全性

8.1 WinCC 安全性应用范围

基于 Windows 的 HMI 应用，主要要求不同级别的用户，访问一定级别的安全设置，希望操作人员既要完成所要求的操作任务，同时又要求确保过程监视系统的完整性。因此，HMI 应用中应考虑三方面安全设置：

1. 运行中的应用

运行中的应用本身包含许多区域，当不熟练的操作员由于不小心可能会造成破坏，或通过不适当的操作造成数据的丢失，所以应限制不同的用户有不同的操作权限。

2. HMI 组态

对 HMI 组态参数进行不正确的修改也可能造成错误的过程操作、数据丢失或其他不希望发生的事情出现，所以应避免对组态数据做不正确的修改。

3. 操作系统

不限制用户访问操作系统并能运行其他应用或改变设置有可能降低计算机的运行性能，以及对过程造成破坏，所以应限制用户对操作系统的访问或运行其他应用程序影响过程监视。

8.2 WinCC 用户管理器

在 WinCC 项目内，用户可以用用户管理器编辑生成多达 999 个用户组和用户账号。它可以在运行的应用中，允许访问有权限的区域，拒绝访问其他区域。访问这些区域是根据在该编辑器中生成的权限进行的，这些权限可与图形设计器中的每个对象相连，以及与报警存档和变量标签存档的运行控制相连。WinCC 也允许用户通过禁止一些 Windows 热键和在运行窗口中设置参数来组态运行环境以保护操作系统不被访问。

WinCC 用户管理器用于组态当前 WinCC 项目中的用户账号和访问权限。它与 Windows 的用户管理员系统是分开独立操作的，只是界面是相似的。该编辑器有两种操作方式：

（1）组态方式：允许生成用户组、用户和权限，即对用户和授权进行维护。

（2）运行方式：没有运行的图形界面，当 WinCC 应用进入运行状态时，它在后台运行。用户管理器运行方式的主要目的是管理每位用户的登录和退出，检查登录权限，即对系统登录和访问权限进行监控。

在 WinCC 项目管理器浏览窗口中，右键单击"用户管理器"→"打开"或者双击即可打开"用户管理器"编辑器，简称用户管理器，用户管理器界面如图 8-1 所示。

从图 8-1 中可以看出，用户管理器包括菜单栏、工具栏、状态栏以及项目窗口，其中项目窗口包括浏览窗口和表格窗口。

浏览窗口包含了对已建立的组和相应注册用户的树形结构的浏览。用户名在浏览窗口顶

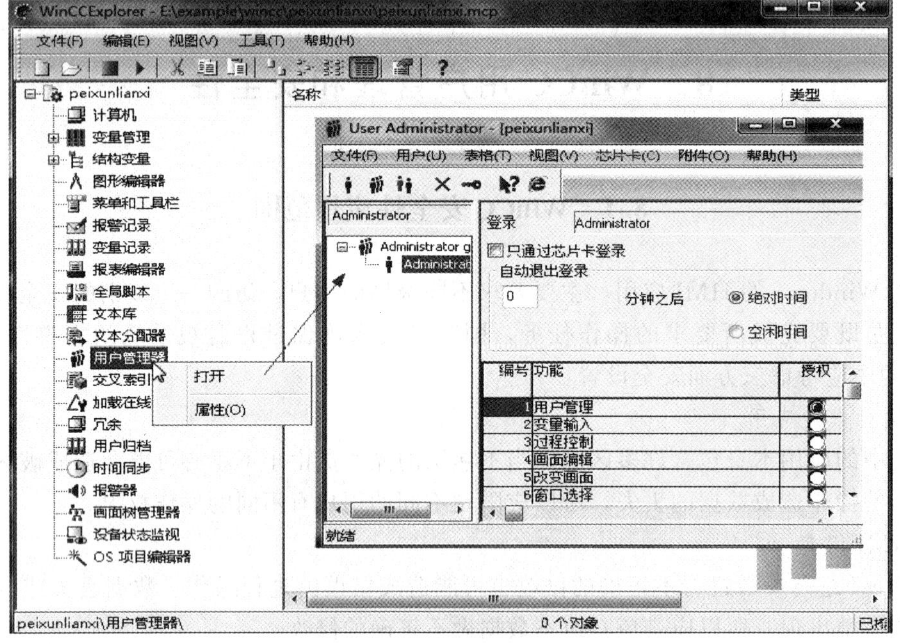

图 8-1 用户管理器界面

部灰色背景的方框中输入。用鼠标右键单击所选择的用户或用户组，打开弹出式菜单。

表格窗口顶部包含登录名称或用户标识符。所有与该特定用户有关的设置均显示在表格窗口中。关于表格窗口的几个选项的说明如下：

1. 自动退出登录

“自动退出登录”项用于设置用户登录运行系统后的退出方式，这将避免未授权的人员，在当前登录的用户完成控制操作之后，紧接着对系统进行未许可的访问。当用户自动退出，同一用户或其他用户在运行期间都可登录。如果在输入域中输入“0”，则将取消激活该功能。“绝对时间”选项指的是自动退出的组态时间在用户登录时开始计时，而与用户是否同时完成控制操作无关；“空闲时间”选项指的是组态时间将从用户上一次完成键盘或鼠标操作的时间开始计时。只有暂停操作员控制之后才能进行自动注销。

2. 芯片卡选项

WinCC 用户管理器提供了用于控制芯片卡阅读器的功能，可在组态系统中对芯片卡进行写入和检查。该选项激活条件为 WinCC “芯片卡”选项已安装和 WinCC 项目不处于运行系统中。运行前通过接口（COM1 和 COM2）连接芯片卡阅读器。用户将其芯片卡插入到芯片卡阅读器中，并读出所需要的数据进行登录。插入了芯片卡，则不能在系统上手动登录。用户在设定时间之后自动注销所凭借的“自动注销”功能将只能和芯片卡操作联合使用时才有效。

3. Web 浏览器

选择 Web 浏览器，则将显示“Web 选项”区。在该区域中，可组态启动画面和语言的设置。在用户通过 Web 连接到 WinCC 项目时对其进行应用，注意，只有 Web 浏览器上的可用图像才可用作启动画面。

4. 授权表

每一个用户/组都可具有的每个权限一般预置 17 个，可加入新权限级或删除授权。组态时，将相应的授权分配到图形对象。注意：权限没有等级差异。用户的访问权限可以与图形画面的每个对象相连，从而确定可访问的区域。

WinCC 授权表中显示所有组态的授权。每行包含一个授权，白色的圆圈表示没有授权。双击可出现红色选项，表示选择了该授权。WinCC 中的标准授权见表 8-1。此外还有系统授权，默认的几个系统授权见表 8-2，编号为 1000～1099 的都是系统授权。系统授权是由系统自动生成的，用户不能对其进行设置、修改和删除。系统授权在系统组态及系统运行期间都是有效的。系统组态时避免未登录的用户未经许可访问如服务器项目等。

表 8-1　WinCC 中的标准授权

编号	名称	含　义
1	用户管理	准许用户访问用户管理。如设置了该授权，则用户可以调用用户管理器并做改变
2	数值输入	允许用户在 I/O 域中手动输入数值
3	过程控制	允许用户执行如手动/自动切换等操作
4	画面编辑	允许用户使用图形编辑器改变画面和画面元素
5	画面切换	允许用户触发画面切换，然后打开另一个已组态的画面
6	窗口选择	允许用户在 Windows 中切换各组态窗口
7	硬拷贝	允许用户硬拷贝当前的过程画面
8	确认消息	允许用户确认消息
9	锁定消息	允许用户锁定消息
10	解锁消息	允许用户解锁（释放）消息
11	消息编辑	允许用户组态报警
12	启动归档	允许用户启动一个归档过程
13	停止归档	允许用户停止一个归档过程
14	归档值编辑	允许用户修改档案库变量的值
15	归档编辑	允许用户组态变量记录编辑器，控制或改变归档过程
16	动作编辑	允许用户组态全局脚本编辑器，执行和改变脚本
17	项目管理器	允许用户访问 WinCC 资源管理器

表 8-2　系　统　授　权

编号	名称	含　义
1000	远程激活	如存在该设置，则用户可以从其他计算机上启动或停止该项目的运行系统
1001	远程组态	如设置了该条目，则用户可以从其他计算机上进行组态，并对项目进行修改
1002	仅进行监视	如设置了该条目，则用户从其他计算机上只能打开项目，而不能进行修改或执行控制操作

在默认状态下，在“管理员”组中将设置用户的授权 1“用户管理”。该授权不能删除。每个授权必须单独进行分配。在用户组中添加新用户时，新用户拥有该组的授权。

8.3　组态用户管理器

设置用户管理系统的基本步骤如下：

（1）添加需要的组。

（2）选择组的相应授权。

（3）添加用户，并分配各自的登录名称和口令。

（4）为各种不同的用户选择特定的授权。可以在此处设置时间，该时间段结束后，系统将自动注销用户，以防止未经授权的输入；也可以确定用户是否能够只通过芯片卡进行登录以及如果用户通过 Web 连接到系统时应使用哪些设置。

8.3.1　创建组和用户

要为 WinCC 项目设置安全保护管理，在 WinCC 项目管理器中开始，首先，右键单击“用户管理器”，单击“打开”创建一个用户组权限，用工具栏上的按钮图标选择新建组，为该新建组起名“操作员”接着为该操作员组分配权限，WinCC 项目刚开始时默认定义了 17 个权限，用户最多有 999 级可以选择。现在我们来设置操作员组的访问权限，选中授权 5“改变画面”和授权 6“窗口选择”，如图 8-2 所示。

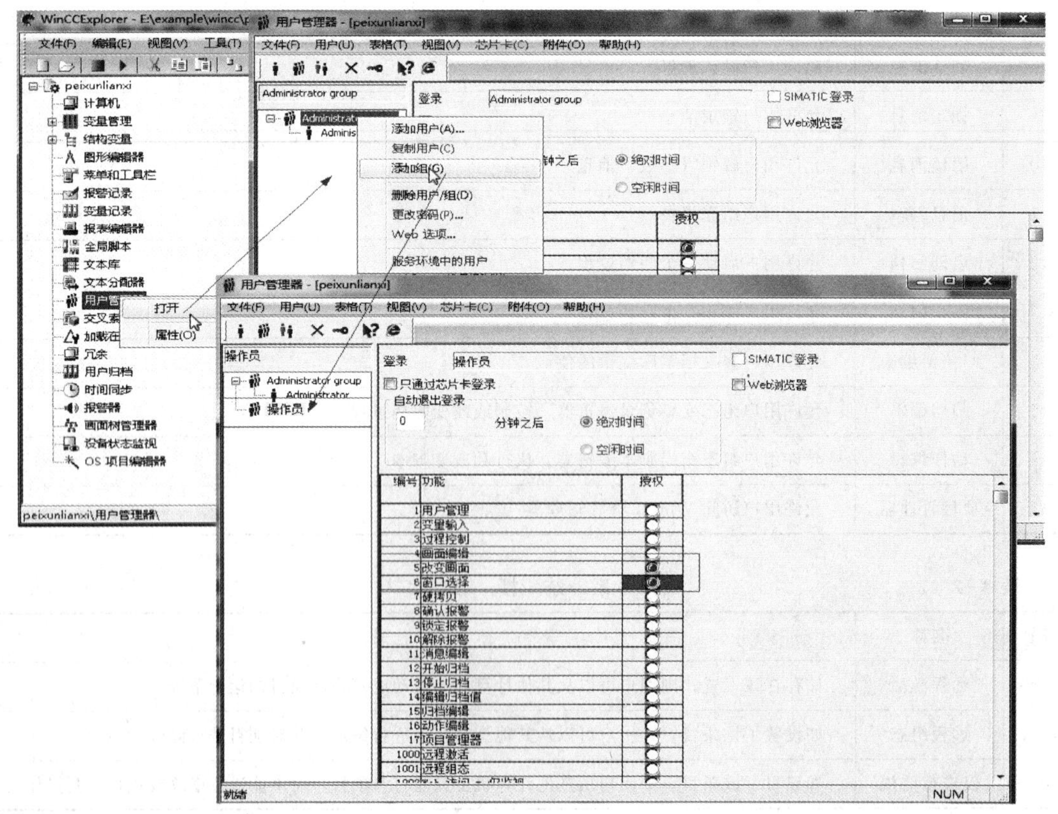

图 8-2　创建组和权限

接下来创建一个用户。右键单击刚创建的用户组“操作员”，在弹出的菜单中选择“添加用户”，在弹出的“添加新用户”对话框中：输入一个新的用户 User01（用户名要求不少于 4 个字符），输入密码：123456（密码要求不少于 6 个字符），验证密码要与输入的密码一致，否则会出现错误提示。确保选中“同时复制组设置”，单击确定按钮完成新用户的定义。这时用户 01 加入到这个组中，如图 8-3 所示。

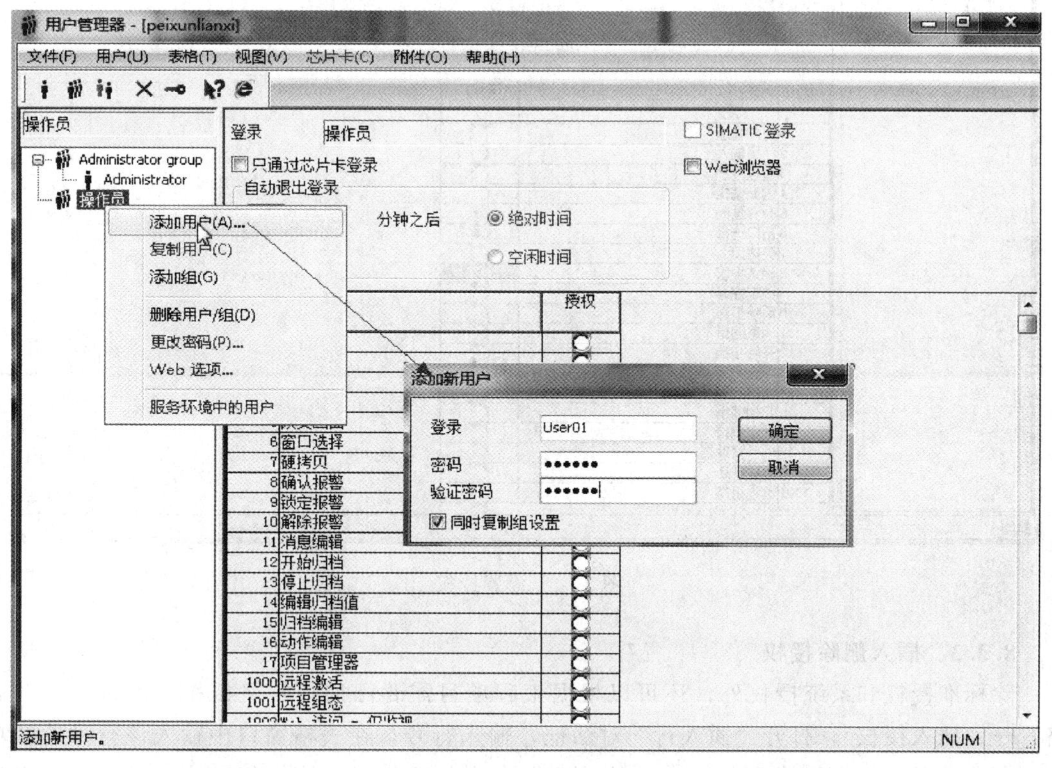

图 8-3 添加新用户

8.3.2 添加授权

新的组和新的用户添加完成后，需要给每个用户添加相应的授权。为用户 01 定义运行模式下用户 10min 不活动自动退出。用户 01 还需要别的安全访问权限，选中 17“项目管理器”和 8“确认报警”，如图 8-4 所示。

用户拥有不同的授权，其权限级别是不同的，权限的高低主要从两个方面体现：拥有授权的数量的多少；拥有较重要的授权，而其他用户没有这个授权，级别自然就高。

此时用户管理器组态完成，无需保存，直接关闭用户管理器即可。

友情提示

在组态组和用户时，建议首先分配好组并组态其授权，在新建组下的用户时，默认情况下是勾选了“同时复制组设置”，则该组的所有设置复制到新建的用户中。当然，也可以对单个用户进行组态。

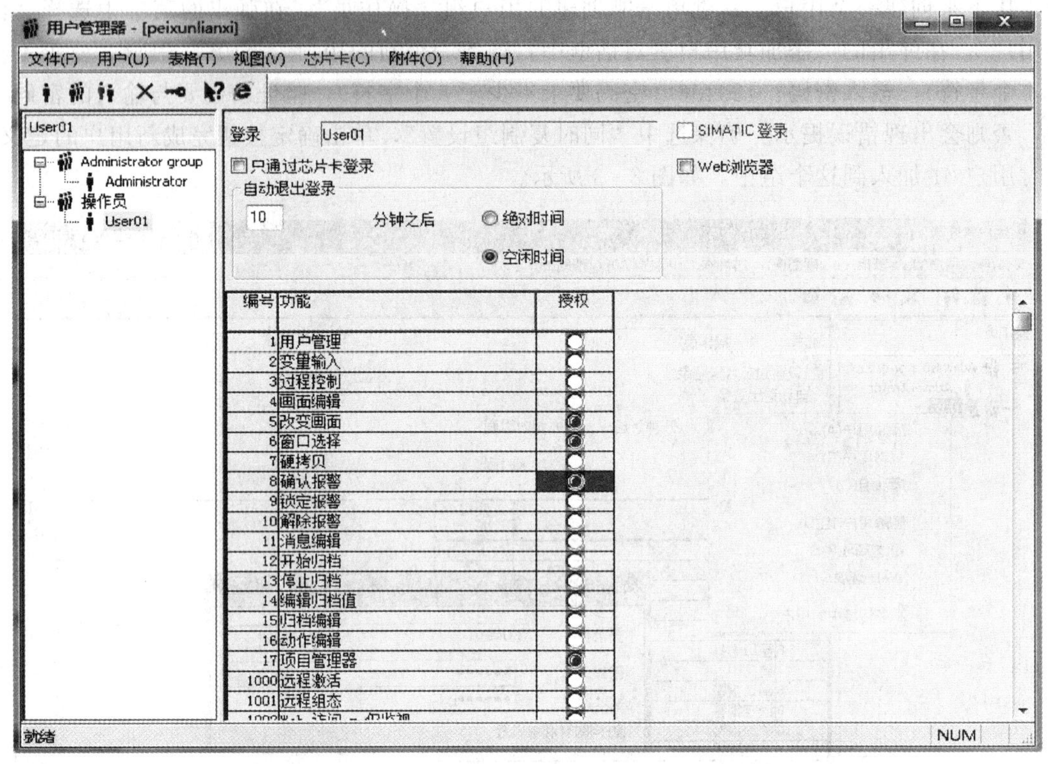

图 8-4 设置授权

8.3.3 插入删除授权

除标准授权和系统授权外，还可以根据工程项目需要添加自定义授权。通过菜单“表格”→“插入授权”，打开“插入行”对话框，输入行号，在表格窗口中输入该行号的“功能”名称，插入一个行编号为 18，功能为工艺参数的授权，将该授权赋给“操作员”组的“User01”用户，如图 8-5 所示。

选中表格中的某一授权，通过单击菜单“表格”→“删除授权”可以删除选中的某一授权。除了“用户管理”以外，可以删除或改变表格中的任何权限。

8.4 组态登录和注销对话框

系统运行后需要弹出用户登录的对话框，将前述的用户名和密码输入后该用户才可以进行相应的操作，如改变变量的输入值、切换画面、确认报警等。如果没有输入用户名和密码，用户不能作任何设置了授权的对象。执行注销操作后系统恢复到没有登录之前的状态，用户只能观看起始画面的信息，不能进行任何操作。

用户登录有两种方式，一是通过设置热键的方式来调出登录对话框；二是通过脚本编程的方式弹出登录对话框。

8.4.1 使用热键的登录方式

WinCC 项目管理器中，右键单击项目名称选择属性，打开项目属性对话框，选择热键选项卡，选中“动作”项下的“登录”，单击“分配”按钮下的文本框，同时按下要分配给

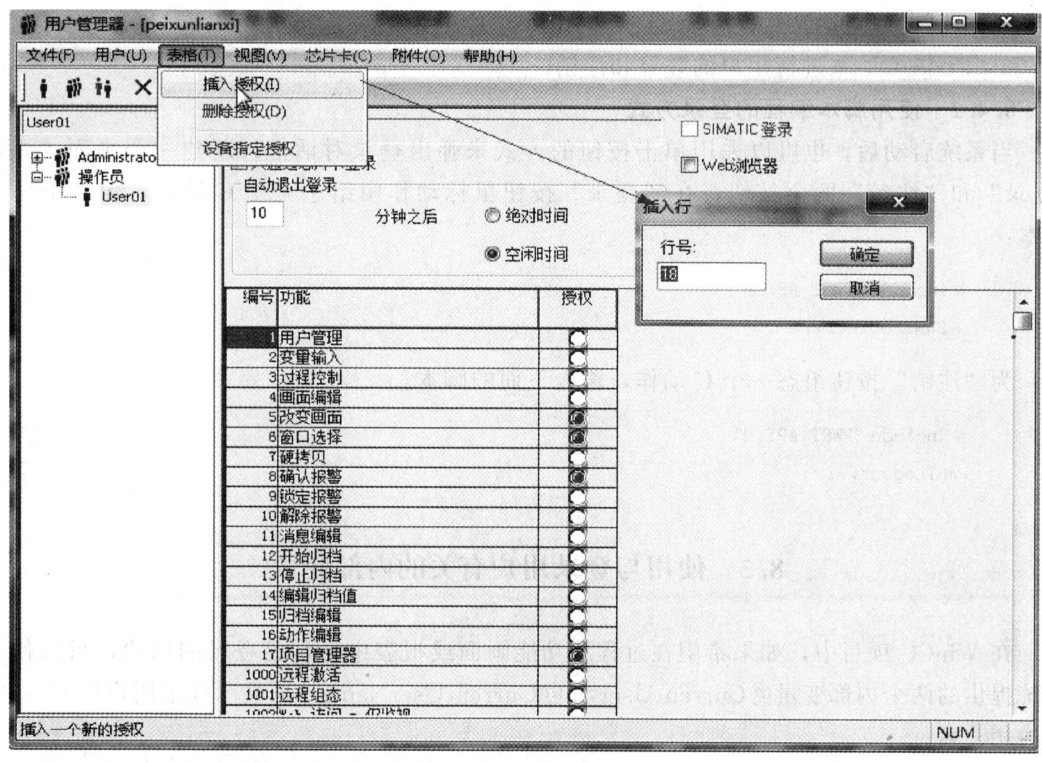

图 8-5　插入授权

“登录”动作的热键，如 Ctrl+L 键，则同时按下的键出现在该文本框中，如图 8-6 所示。如果没有分配热键，该文本框显示“无”。

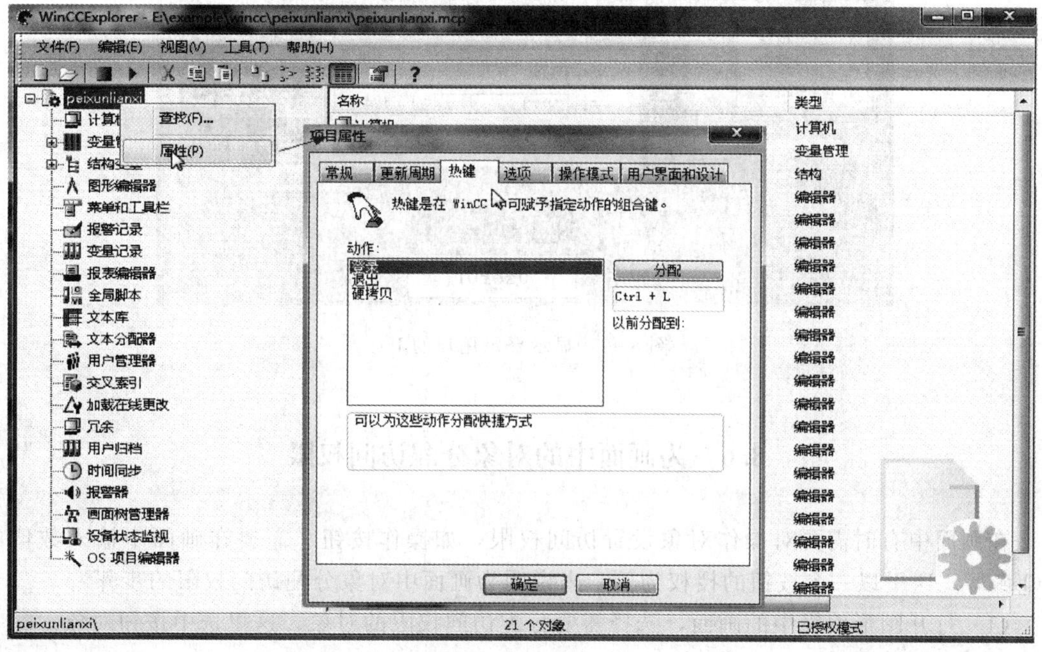

图 8-6　分配热键

同样可以将热键 Ctrl＋O 分配给“退出”动作，则系统运行时可以通过按下＜Ctrl＋L＞和＜Ctrl＋O＞来进行用户的登录和注销。

8.4.2 使用脚本编程的登录方式

当系统启动后，也可以采用单击按钮的方式来弹出登录对话框。新建一个画面，添加“登录”和“注销”两个按钮，在“登录”按钮鼠标动作中组态一个 C 动作，输入下面的脚本：

```
#include "PWRT_API.H"
  PWRTLogin(1);
```

为“注销”按钮组态一个 C 动作，输入下面的脚本：

```
#include "PWRT_API.H"
PWRTLogout();
```

8.5 使用与登录用户有关的内部变量

在 WinCC 项目中，如果希望在过程和功能画面或报表中显示已登录的用户，可以使用系统提供的两个内部变量@CurrentUser 和@CurrentUserName，来显示登录用户的 ID 或完整的用户名。

可以在画面中插入一个 I/O，与@CurrentUser 连接，设置 I/O 域的格式为字符串；然后在插入一个静态文本与@CurrentUserName 连接。运行项目，当有用户登录时，登录的用户 ID 和用户名就显示在相应的对象中，如图 8-7 所示。

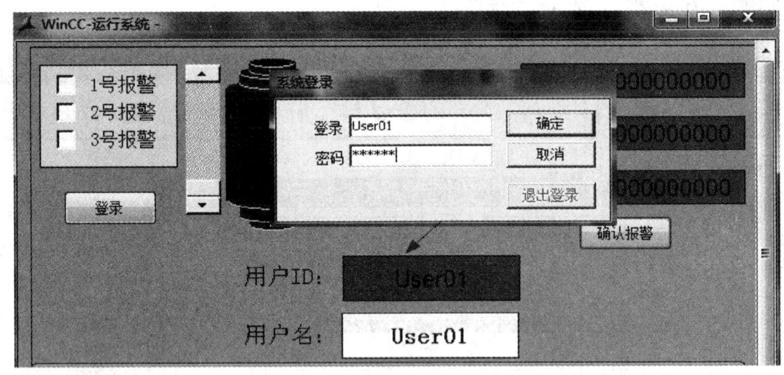

图 8-7 显示登录用户的 ID

8.6 为画面中的对象分配访问权限

在画面中有时需要对操作对象设置访问权限，如操作按钮、需要在画面中输入数值的 I/O 域等。这里以一个按钮的授权为例，来说明为画面中对象分配访问权限的步骤：

(1) 打开图形编辑中的画面，选择需要分配访问权限的对象，这里选中按钮对象。

(2) 鼠标右键选择属性或者双击所选择对象，打开对象属性对话框。

（3）在属性选项卡的“其他”目录中，有一项“授权”，默认情况下为“没有访问保护”，双击或右键单击“没有访问保护”，选择“编辑”打开“授权”选择对话框，选择“确认报警”授权，单击“确定”按钮完成授权的定义如图 8-8 所示。

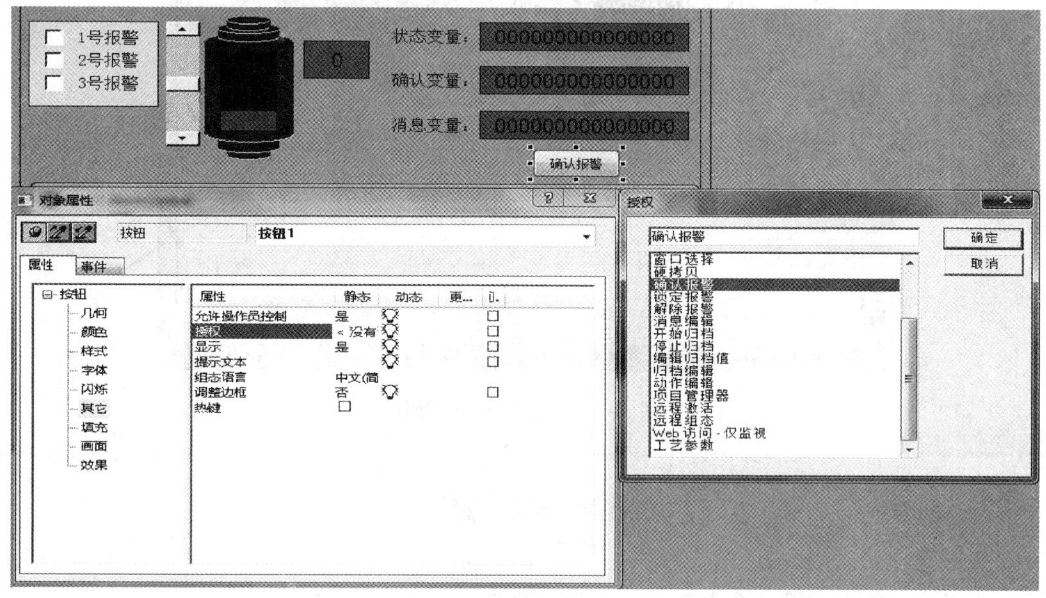

图 8-8 设置对象的授权

（4）运行项目，如果没有此项授权的用户登录，单击此按钮将提示“没有许可权”，如图 8-9 所示。

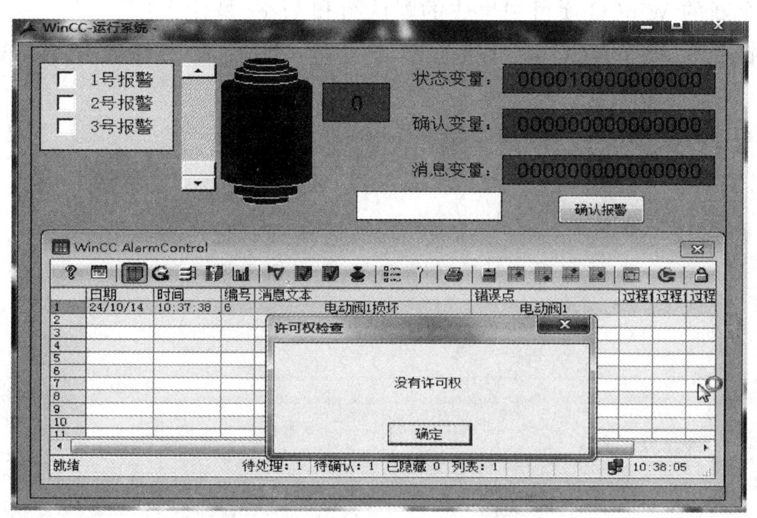

图 8-9 没授权用户的操作

只有授权用户登录后才能进行相关的操作，如图 8-10 所示。

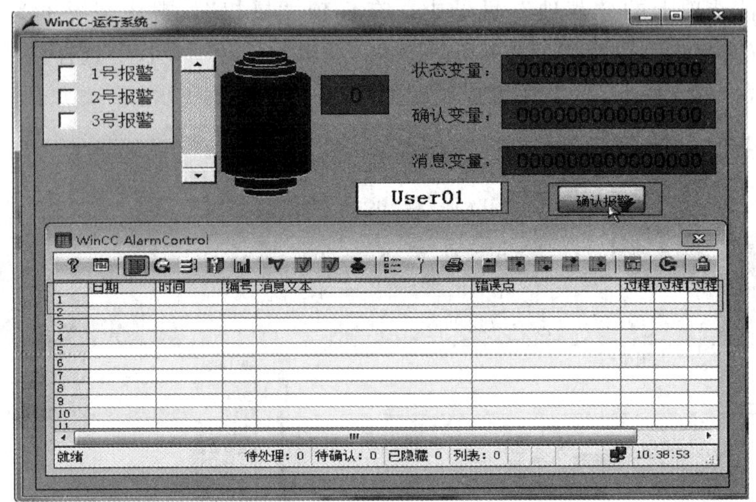

图 8-10 授权用户的操作

习 题

(1) 在 HMI 中，哪 3 个主要部分通常需要安全保护？

(2) 在控制中心里的用户管理员编辑器的目的是什么？

(3) 请描述在 User Administrator 中使用的 groups 和 Users 的意思是什么？

(4) WinCC 的权限级是绝对的或分等级的吗？请解释。

(5) 在一个新的 WinCC 项目中生成的默认组和 User 是什么？

(6) 防止操作员从 WinCC 运行状态中访问 Windows 的文件或应用所需要的设置是什么？

(7) 如何在 PC 重新启动时保护应用？

9 脚本系统

所有的过程可视化系统基本上都或多或少地提供一些脚本语言。WinCC 提供了两种脚本：ANSI-C 和 VBScript，这两种脚本都可以集成在图形编辑器运行系统和全局脚本运行系统中。脚本用来组态一些对象的动作（触发函数）。在运行系统中，后台任务，例如，打印日常报表、监控变量或完成指定画面的计算等，均作为动作来完成。这些动作均由触发器来启动。在全局脚本中有 C 编辑器和 VBS 编辑器。分别打开两个编辑器，又有项目函数、全局动作和动作，其中全局动作和动作是需要触发的，没有设置触发信号的全局脚本中的动作是无法执行的。

9.1 ANSI-C 脚本

9.1.1 C 脚本基础

WinCC 可以通过使用函数和动作使 WinCC 项目中的过程动态变化。

1. 函数和动作的差异

函数是一段代码，可以在多处使用，但只能在一个地方定义。WinCC 中包含许多函数。

动作用于独立于画面的后台任务，例如，打印日常报表、监控变量或执行计算等。

函数一般由特定的动作来调用，动作由触发器启动。

此外用户还可以编写自己的函数和动作。用户可以修改所包括的标准函数，重新安装或升级 WinCC 时，会删除修改过的标准函数，或使用为编辑的标准函数替换它们。因此，应在升级或重新安装之前事先备份修改过的函数。

C 脚本中的动作和函数工作原理图如图 9-1 所示。

2. 函数和动作的分类

C 脚本中函数和动作的分类如图 9-2 所示。

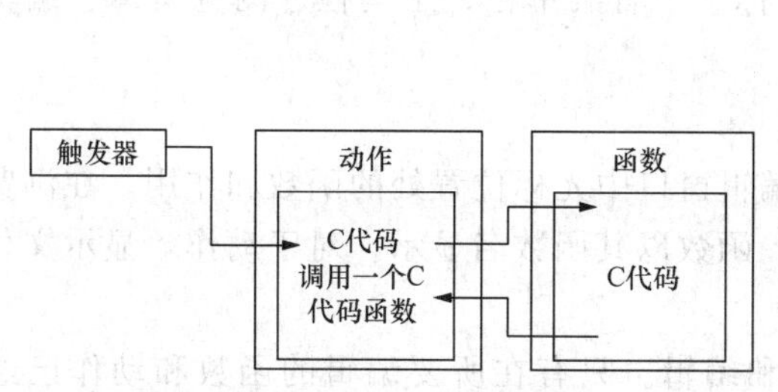

图 9-1　C 脚本中的动作和函数工作原理图

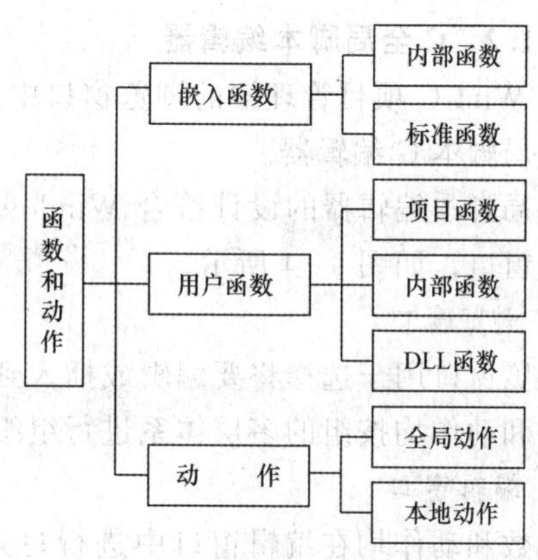

图 9-2　C 脚本中函数和动作的分类

(1) 项目函数。项目函数可生成全局访问的 C 函数，没有任何触发器，仅在项目内识别，具有结构为“. fct”的文件名，保存在 WinCC 项目的子目录“\ library”中。

(2) 标准函数。标准函数包含用于 WinCC 编辑器、报警、存档等，保存在 WinCC 安装目录的子目录“\ aplib”中。

(3) 内部函数。内部函数是 C 语言常用函数，不能创建，不能改变，不能重命名，没有任何触发器，具有结构为“ * . icf”的文件名，保存在 WinCC 安装目录的子目录“\ aplib”中。

(4) 局部动作。局部动作可指定给某台计算机。例如，采用这种方式可以确保报表只在服务器上打印。

局部动作结构为“ * . pas”的文件名，保存在项目目录的子目录“\＜计算机名＞\pas”中。

(5) 全局动作。全局动作在客户机—服务器项目的所有项目计算机上执行。在单用户项目中，全局和局部动作之间不存在任何区别。

全局动作具有结构为“ * . pas”的文件名，保存在 WinCC 项目的子目录“\ pas”中。

3. 触发器类型

WinCC 中的触发器分为时间触发和变量触发等，触发器类型图如图 9 - 3 所示。

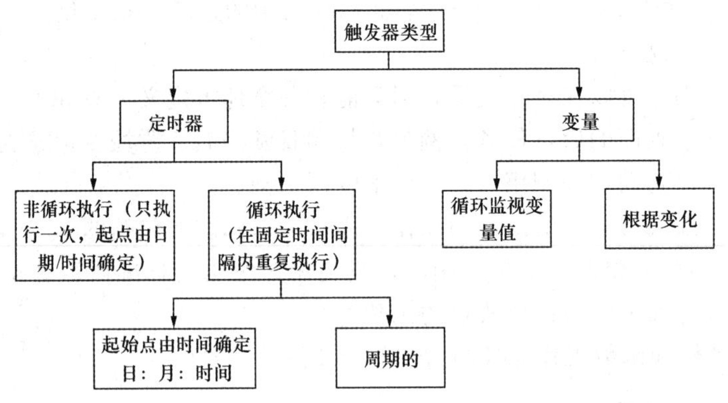

图 9 - 3 触发器类型图

9. 1. 2 C 全局脚本编辑器

在 WinCC 项目管理器的浏览窗口中选择全局脚本中的 C-Editor（C 脚本编辑器），双击打开全局脚本 C 编辑器。

全局脚本编辑器的设计符合 Windows 标准，有菜单栏、工具栏、浏览窗口、编辑窗口和输出窗口，如图 9 - 4 所示。

1. 浏览窗口

浏览窗口用于选择将要编辑或插入到编辑窗口中光标位置处的函数和作用。在浏览窗口中函数和动作均按组的多层体系进行组织。函数以其函数名显示。对于动作，显示文件名。

2. 编辑窗口

函数和动作均在编辑窗口中进行写入和编辑。只有在所要编辑的函数和动作已经打开时，它才是可见的。每个函数或动作都将在自己的编辑窗口中打开，可同时打开多个编辑窗口。

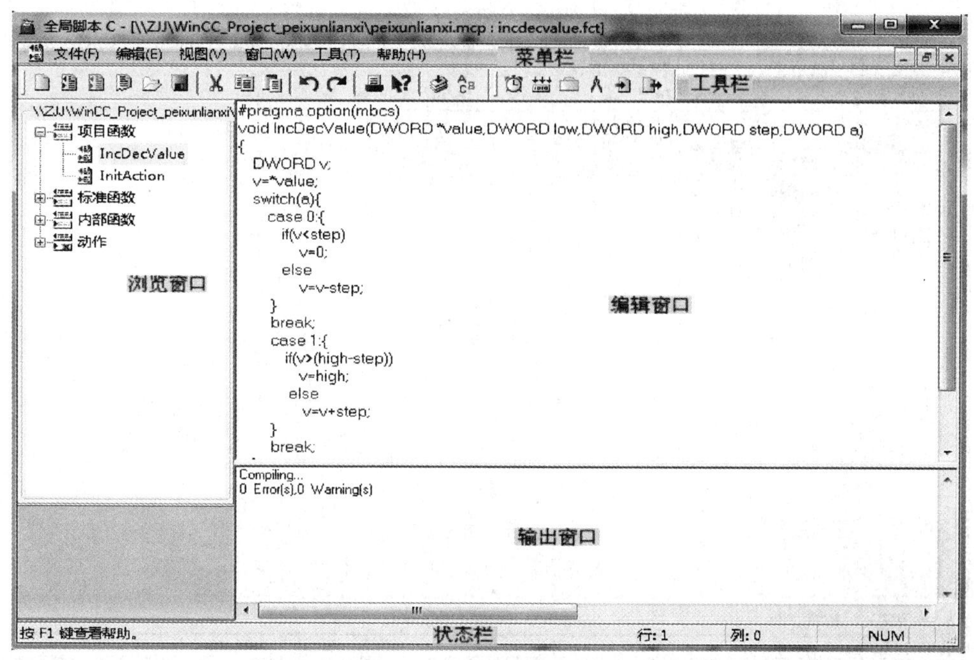

图 9-4 C 全局脚本编辑器

3. 输出窗口

函数“在文件中查找”或“编译所有函数”的结果将显示在输出窗口中。通常，它是可见的，但也可以将其隐藏。双击出错消息可以跳转到代码中相应的行。

9.1.3 创建和编辑函数

如果在多个动作中需要执行相同或类似的计算（只是具有不同的起始值），可以编写函数来执行该计算，然后在动作中用当前的参数来调用该函数。

下面通过一个具体的示例来说明创建函数的步骤。

【例 9-1】 创建一个简单的项目函数“CelsiusConv”用来实现华氏到摄氏度的温度转换。

在全局脚本 C 编辑器浏览窗口的项目函数选项，单击鼠标右键，选择“新建”添加一个新的项目函数，如图 9-5 所示。

编写函数代码，插入与函数有关的附加信息，编译并保存函数，如图 9-6 所示。

单击工具栏按钮图标或在程序编辑器右键选择“编译”，来检查编写的程序是否存在错误。若存在错误，则根据输出窗口的提示进行处理修改。输出窗口返回出错或警告信息，该信息包含产生该信息的代码行号，双击其中一条消息，将会使光标定位到该行。

友情提示

在编写代码时，所有的关键字都是蓝色的。有警告时函数可以运行，但是最好能清楚它们或者至少知道为什么会出现警告。最常见的警告是在数据转换时，数据可能会丢失。

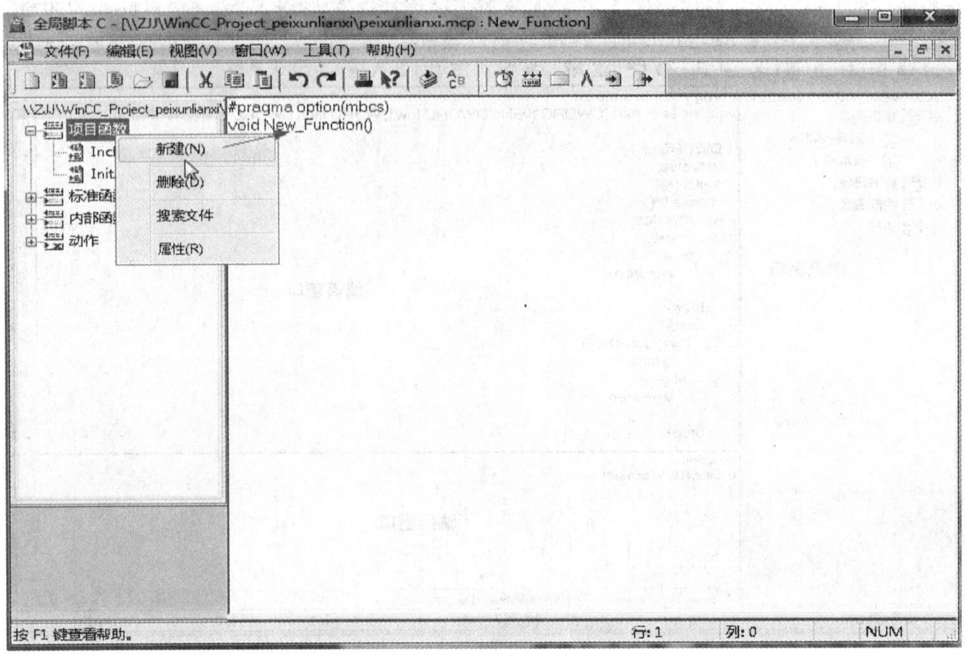

图 9-5　生成一个新的项目函数

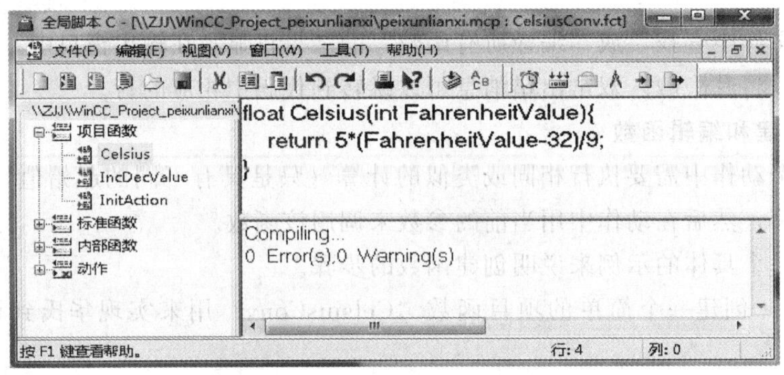

图 9-6　定义 CelsiusConv 函数

单击菜单栏上的“编辑→信息”打开如图 9-7 所示的“属性”对话框，在此可以输入与函数有关的附加消息，如版本信息、注释和口令等。

9.1.4　创建和编辑动作

与函数相比，动作可以具有触发器，也就是说，函数在运行时不能由自己来执行，通过动作调用函数来实现相应的功能。动作与 WinCC 中其他函数不在同一执行线程上，这就意味着它们可以和 C 脚本并行运行。动作分为全局和局部动作，在客户机—服务器项目中，全局动作在项目中的所有计算机上都可执行，而局部动作只能在对其进行分配的计算机上执行。下面就动作实例来说明动作的创建执行过程。

1. 局部动作

局部动作的例子是通过图形编辑器中的对象调用 C 动作。

在 WinCC 管理器中新建两个浮点数 32 位 IEEE754 变量"Fahrenheit"和"Celsius"，然后新建一个画面，在画面中插入一个按钮、两个静态文本和两个 I/O 域，如图 9-8 所示。用"转换"按钮实现 CelsiusConv 函数的功能，在输入华氏温度后，单击"转换"按钮计算并显示对应的摄氏温度。

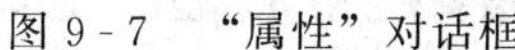

图 9-7 "属性"对话框

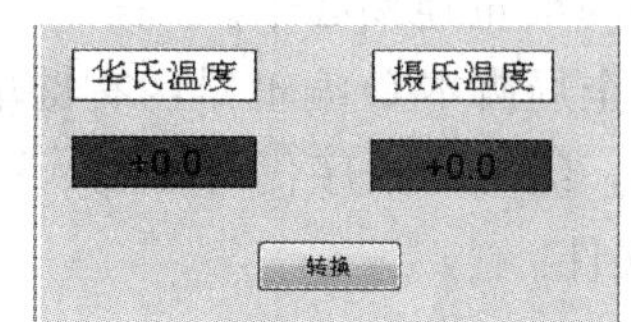

图 9-8 "属性"对话框

在"转换"按钮的"鼠标动作"事件上编写一个 C 动作调用 CelsiusConv 函数，如图 9-9所示。在图中打开的鼠标动作编辑器显示了函数的基本框架，C 动作的名称已经自动生成不能修改。在 C 动作代码的第一行包含文件 apdefap. h，通过该文件向 C 动作通知所有项目函数、标准函数和内部函数。C 动作代码的第二部分为函数名称，提供了有关 C 动作的返回值以及 C 动作中的使用的传送参数的信息等。C 动作代码的第三部分是大括号，它是成对的，不能删除，大括号之间为实际 C 动作的代码编辑区。

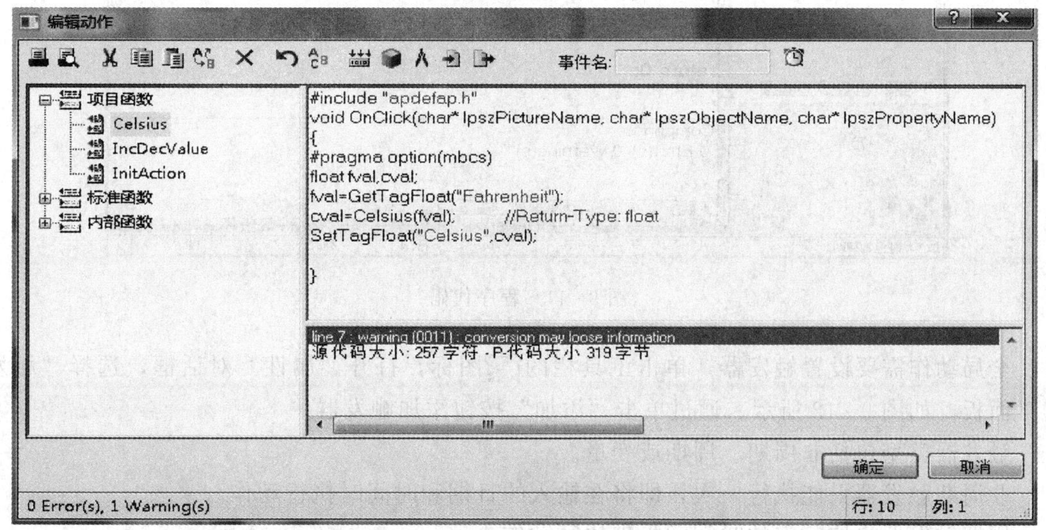

图 9-9 编写调用脚本

为对象的属性创建 C 动作还需要定义触发器，此处鼠标事件本身就是触发器，故不必要自己定义。

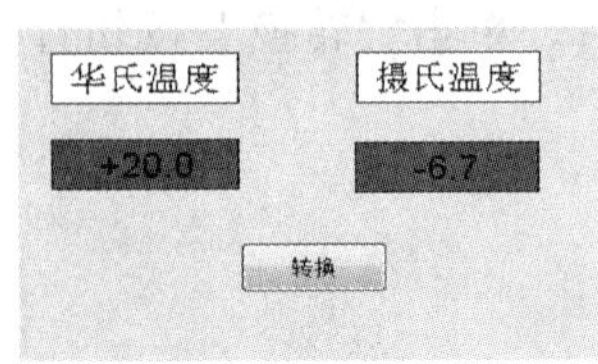

图 9-10　运行测试结果

运行测试结果，如图 9-10 所示。当在华氏 I/O 域中输入一个温度值，单击“转换”按钮，则相对应的 I/O 域显示摄氏温度值。

2. 全局动作

编写全局动作的代码本体与任何其他函数相同，但不能改变代码中的函数名称或修改返回值。

全局动作位于与直接连接相同的执行线程上，如果它的执行时间太长，会影响项目的性能。一般来说，动作应短小简明。

【例 9-2】　创建一个全局动作，完成每隔 1s 变量 TagValue 自动加 1 的动作。

在 WinCC 管理器中新建一个无符号 32 位数的变量 TagValue，在图形编辑器中组态一个 I/O 域与变量连接起来。

启动全局脚本 C 编辑器，右键单击“动作”→“全局动作”→“新建”，创建一个新的全局动作，编写的程序代码如图 9-11 所示。通过菜单“文件”→“保存”保存为 counter_inc. pas 文件。

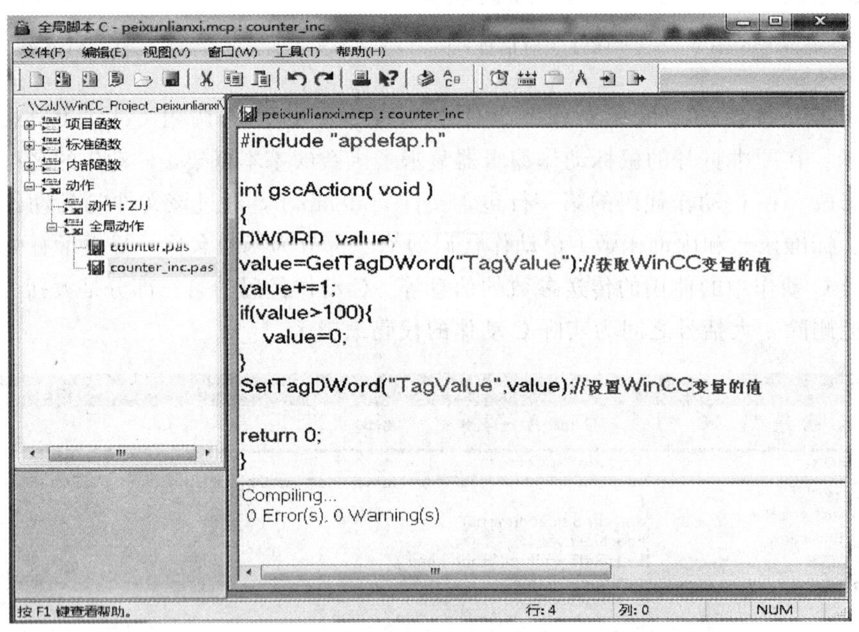

图 9-11　程序代码

全局动作需要设置触发器，单击工具栏的图标，打开“属性”对话框，选择“触发器”面板，如图 9-12 所示。通过单击“添加”按钮添加触发器。

触发器类型包括非周期、周期或变量。

非周期触发器只能执行一次，即将在输入的日期和时间时执行动作。

周期触发器将按一定的时间间隔来执行动作。

变量触发器运行将变量与动作相连，当变量变化时执行动作。但是使用变量触发器时还需要定义变量更新时间，来告诉 WinCC 多长时间去看一看变量有没有变化。

本例中选择的是周期触发器，右键单击“周期”→“添加”，打开“添加触发器”对话框，设置触发器名称：为 1s，选择周期为 1s，如图 9-13 所示。

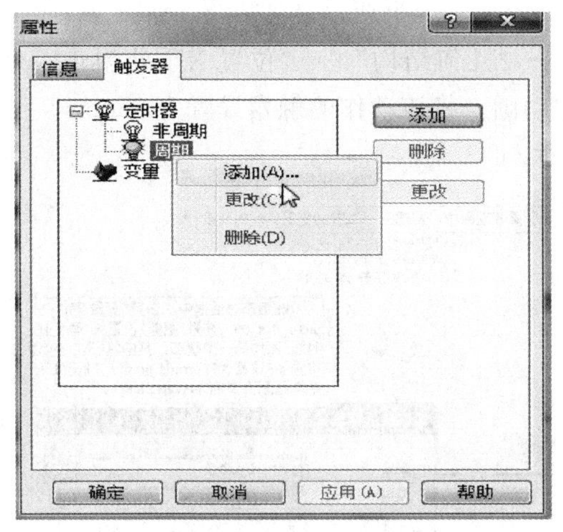

图 9-12 信息/触发器“属性”对话框

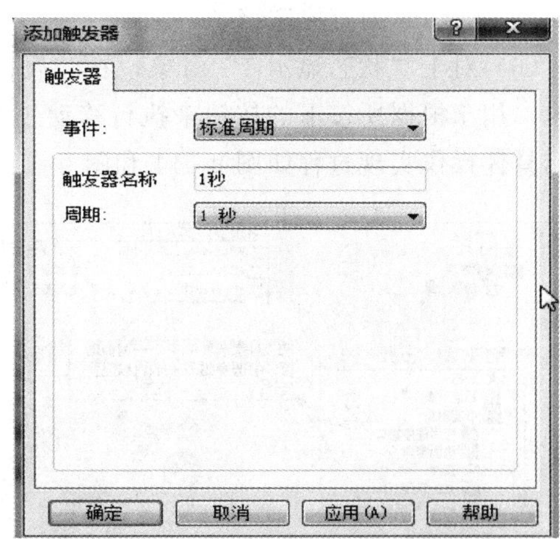

图 9-13 “添加触发器”对话框

在“计算机属性”对话框的“启动”选项卡中勾选“全局脚本运行系统”，运行项目，观察测试结果。

9.2 C 应 用 实 例

9.2.1 利用 C 动作实现移动过程动画

1. 任务描述

通过单击一个按钮使一个对象沿某一个方向移动，通过单击另一个按钮时其沿另一个方向移动。

2. 概念的实现

为了实现上述任务，将使用一个“智能对象”→“状态显示”来显示两个画面。用两个“Windows 对象”→“按钮”来沿两个不同的方向移动此状态显示。

3. 在 WinCC 项目中的实现

(1) 在变量管理器中，创建三个二进制变量类型的变量：在本实例中，使用变量 pictu_dyn_05、pictu_dyn_06 与 pictu_dyn_07。

(2) 在“对象选项板中”→“智能对象”中选择组态一个“状态显示”。在本实例中使用“状态显示 1”对象。在组态对话框中，设置 pictu_dyn_05 变量并将触发设置为“有变化时”。添加另一个状态，其中状态 0 的基本画面设置为“Ferrari1. bmp”，状态 1 的基本画面设置为“Ferrari2. bmp”。

(3) 在“属性”→“状态显示”→“状态”→“基准画面透明颜色”处，设置颜色白色，并将“基准画面透明颜色开”设置为“是”，也就是说基准画面不以白色背景来显示。

(4) 组态一个“Windows 对象”→“按钮”。在本实例中，使用按钮 1 对象。在“事件”→“鼠标”→“按下左键”处，创建一个将 pictu_dyn_07 变量设置为 1 的直接连接，并在“事件”→“鼠标”→“释放鼠标左键”处，创建一个将同一变量复位为 0 的直接连接。

(5) 在第二个“Windows 对象”→“按钮”处，按照上述相同的方法创建两个与变量 pictu _ dyn _ 06 的直接连接。

(6) 对于“状态显示 1”对象，在“属性”→“几何结构”→“位置 X”处创建一个 C 动作，用于根据所按下的按钮来执行移动过程的动画。将该动作的触发设置为 250ms。

具体操作实现过程如图 9 - 14 和图 9 - 15 所示。

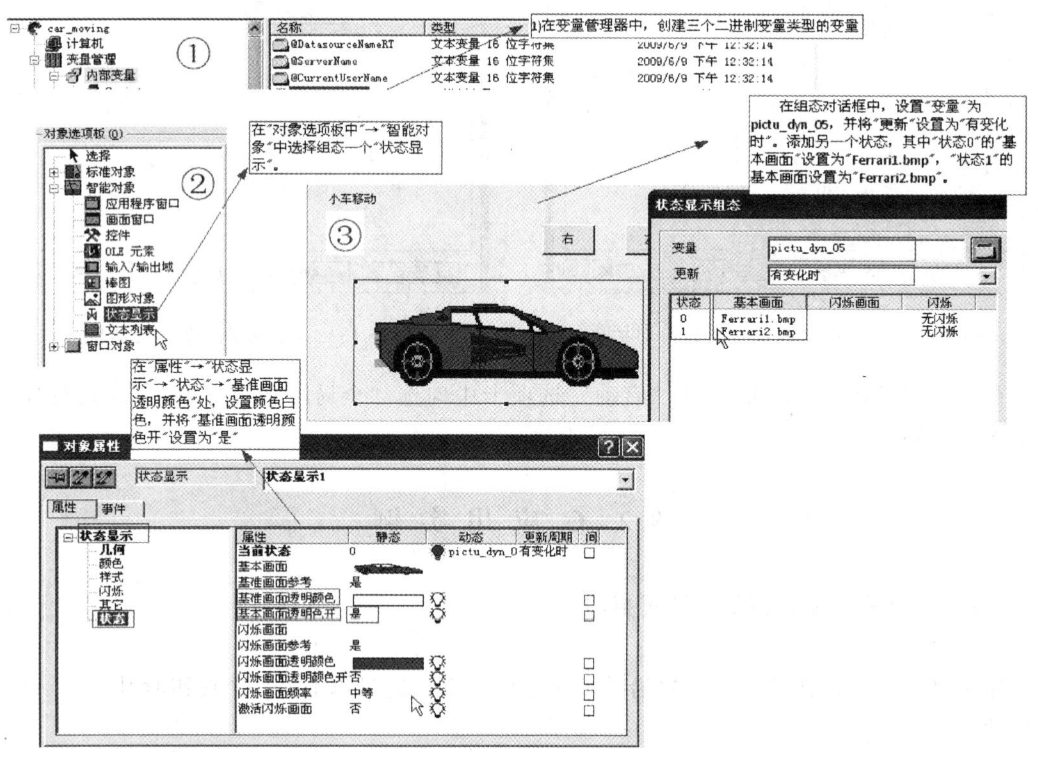

图 9 - 14 利用 C 动作实现移动过程动画（1）

友情提示

定义一个 static int 类型的变量，并用对象的当前 X 位置对其进行初始化。检查按钮 1 是否已按下以及 X 位置是否小于 950。如果是，则将包含 X 位置的值增加 20，然后改变状态显示 1 中的画面。检查按钮 2 是否已按下以及 X 位置是否大于 60，如果是，则将包含 X 位置的值减少 10，然后改变状态显示 1 中显示的画面。返回值就是新的 X 位置。

9.2.2 利用 C 动作实现搅拌过程动画

1. 任务描述

通过单击一个按钮使螺旋或搅拌叶片实现旋转的动态画面。

图 9-15 利用 C 动作实现移动过程动画（2）

2. 概念的实现

为了实现上述任务，搅拌机的图形是由两个部分椭圆组成，使用 C 脚本使其产生动画，在其运行时产生视觉上的旋转。

3. 在 WinCC 项目中的实现

（1）在变量管理器中，创建一个二进制变量类型的变量作为启动和停止的信号：在本实例中，使用变量 pictu_dyn_08。

（2）在"对象选项板中"→"标准对象"中选择组态一个"部分椭圆"。

（3）组态一个"Windows 对象"→"按钮"。在本实例中，使用按钮 1 对象。在"事件"→"鼠标"→"鼠标动作"处，创建一个将 pictu_dyn_08 变量设置为 1 的直接连接。

（4）在第二个"Windows 对象"→"按钮"处，在"事件"→"鼠标"→"鼠标动作"处，创建一个将 pictu_dyn_08 变量复位为 0 的直接连接。

（5）对于"部分椭圆 1"，在"属性"→"几何"→在"半径 X"处创建一个 C 动作，用于根据所按下的按钮来执行旋转的动画。将该动作的触发设置为 250ms。对于第二个 Windows 对象"部分椭圆 2"也进行相同的操作，具体操作过程如图 9-16 所示。

9.2.3 利用 C 动作实现彩色车轮旋转的动画

1. 任务描述

单击按钮制作彩色车轮旋转动画。

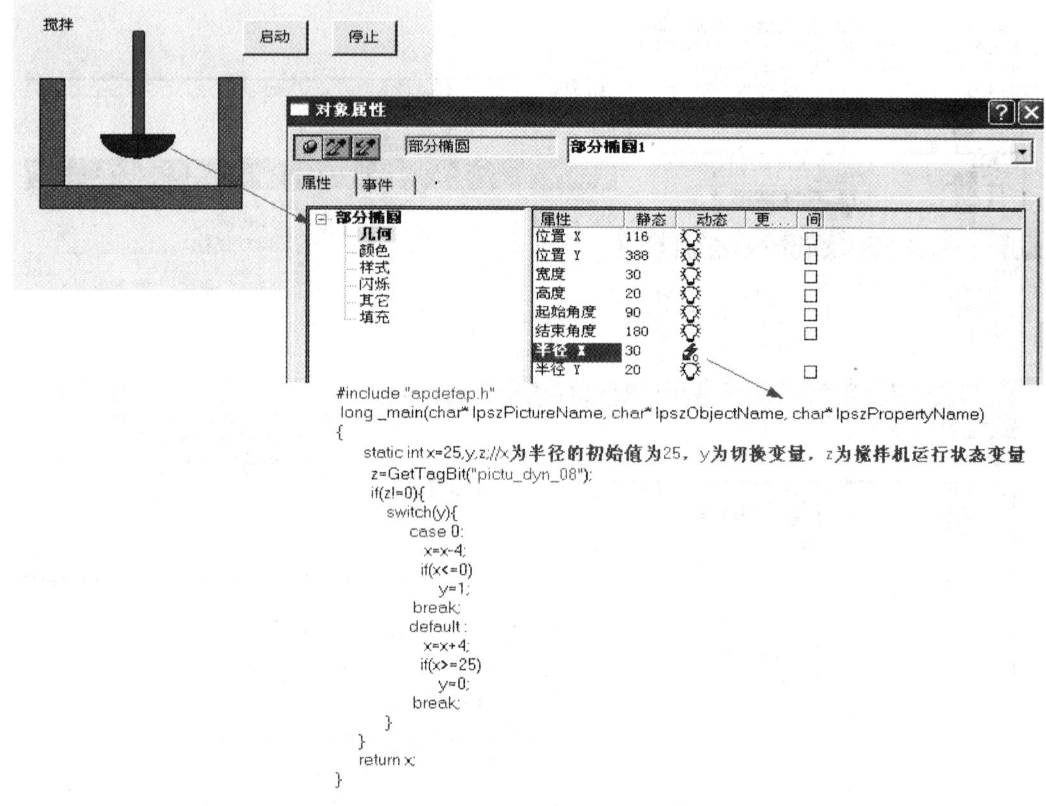

图 9-16　用 C 动作实现搅拌过程动画

2. 在 WinCC 项目中的实现

(1) 创建系统内部变量。在变量管理器中创建一个无符号的 32 位数类型的变量，变量名称为“jiaodu”，同时创建一个二进制变量“xuanzhuan”。

(2) 创建过程画面。在画面编辑器中创建好空白画面并调整好大小后，接下来添加图形对象。在对象选项板中选择一个圆和四个部分圆组成彩色车轮，使用“属性”→“几何”→“宽度”→“高度”→“起始角度”→“结束角度”→“半径”来设置部分圆的几何属性，四个部分圆的属性设置见表 9-1，编辑好的过程画面如图 9-17 所示。接着为对象连接过程变量。

表 9-1　　4 个部分圆的属性设置

序号	宽度	高度	起始角度	结束角度	半径	颜色
1	64	90	315	0	90	蓝色
2	90	64	45	90	90	绿色
3	64	90	135	180	90	粉色
4	90	64	225	270	90	红色

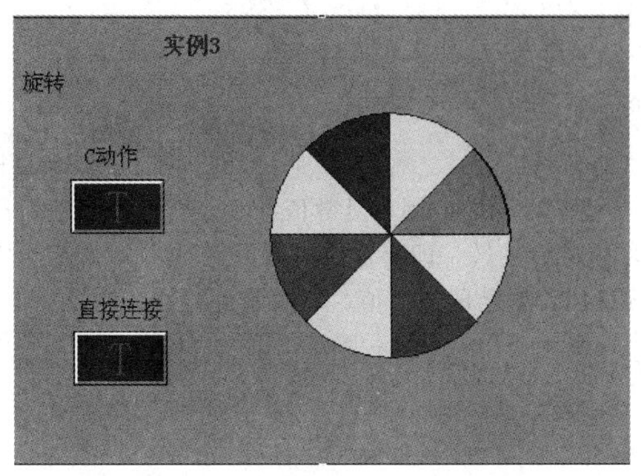

图 9 - 17 彩色车轮旋转动画过程画面

（3）动画实现。在画面中组态 Windows 对象→C 动作按钮，在“事件”→“鼠标”→“按下左键”处，创建一个 C 动作，它将旋转变量设置为 1。在“事件”→“鼠标”→“释放左键”处，创建另一个 C 动作，它将 xuanzhuan 变量的值设置为 0。C 动作按钮的 C 动作如下：

```
#include"apdefap.h"
void OnLButtonDown(char * lpszPictureName,char * lpszObjectName,char * lpszPropertyName,UINT
nFlags.intx,inty)
{
SetTagBit("xuanzhuan",1);//on
}

#include"apdefap.h"
void OnLButtonUp(char * lpszPictureName,char * lpszObjectName,char * lpszPropertyName,UINT
nFlags.intx,inty)
{
SetTagBit("xuanzhuan",0);//off
}
```

注：使用内部函数 SetTagBit 将变量设置为 1 和 0。

接下来需要一个动作以固定的时间间隙来修改旋转角度值，这里我们通过一个 C 动作对饼图中的一个部分圆的“线条颜色”的属性数值进行修改，具体代码如下：

```
#include"apdefap.h"
long_main(char * lpszPictureName,char * lpszObjectName,char * lpszPropertyName)
{
static DWORD i = 0;

//if button pressed
if(GetTagBit("xuanzhuan")){
  i = i + 10;      //increment angle of rotation
  if(i = = 360){i = 0};  //high limit
```

```
  SetTagDWord("jiaodu",i);
}//if
return(0×0);  //black
}
```

注：将 C 变量 i 声明为 static DWORD，因为其数值在画面打开时必须保持为常数；如果按下按钮（按钮启动），则车轮将以 10°的增量进行旋转，即变量值的增量为 10；每当车轮完全旋转一周（360°）就对变量 i 进行初始化；使用 return 返回背景色的组态值，不对其进行修改。

9.3 VBS

WinCC V6.0 以上版本集成了 VBScript，简称 VBS 或 VB 脚本，它与 ANSI-C 脚本一样，既可以利用 VBS 来运行环境动态化，也可以利用 VBS 创建动作和过程来动态化图形对象。VBS 简单易学，便于调试，可以使用微软标准的工具编辑和调试，能够访问 ActiveX 控件和其他 Windows 应用的属性和方法。

9.3.1 VBS 基础

1. 可在 WinCC 的以下位置使用 VBS

（1）在全局脚本编辑器中。这将用于组态独立于画面的动作和过程。这些过程可在依赖于画面的动作和独立于画面的动作中使用。一些过程在与主题相关的模块中进行编译。

（2）在图形编辑器中。可依赖于画面的动作，使用依赖于画面的动作可将图形对象的属性动态化，或将其引发以响应运行系统中的事件。

（3）在用户定义的菜单和工具栏中。在此使用菜单和工具栏组态运行系统中调用的过程。

2. WinCC 中的 VBS 允许使用过程、模块和动作实现运行环境的动态变化

（1）过程。过程是一段代码，类似 C 语言中的函数，只需创建一次，在工程中可以多次调用，省去了很多重复性的代码。可在 WinCC 中创建带有或不带返回值的过程。过程没有自己的触发器，始终通过动作来重新获取它们。

（2）模块。模块是一个文件，存放着一个或多个过程。根据存储在其中的过程的有效性不同，模块分为 3 种类型：

1）标准模块：包含所有项目可全局调用的过程。其存放的路径是＜WinCC installation directory＞\Aplib\ScriptLibStd\＜Module name＞.bmo。

2）项目模块：包含某个项目可用的过程。其存放的路径是＜Project directory＞\ScriptLib\＜Module name＞.bmo。

3）代码模块：由 WinCC 安装时提供的代码模板，用户在编辑标准模块、项目模块和动作时可复制模板中条目调用。

（3）动作。和 C 动作一样，VBS 动作可以在图形编辑器和全局脚本中组态，需要触发器启动。只有在图形编辑器中组态对象事件 VBS 动作时不必设置触发器，因为事件本身具有触发功能。而在图形编辑器中对象属性的 VBS 动作和全局脚本中的 VBS 动作都需要触发启动。根据需要可选择定时触发和变量触发。

9.3.2 全局脚本 VBS 编辑器

在 WinCC 项目浏览窗口中选择全局脚本中的 VBS-Editor，右键单击“打开”，打开

“Global Script VBS”编辑器，如图 9-18 所示。全局脚本 VBS 编辑器的设计符合 Windows 标准。它有菜单栏、工具栏、浏览窗口、编辑窗口和输出窗口。

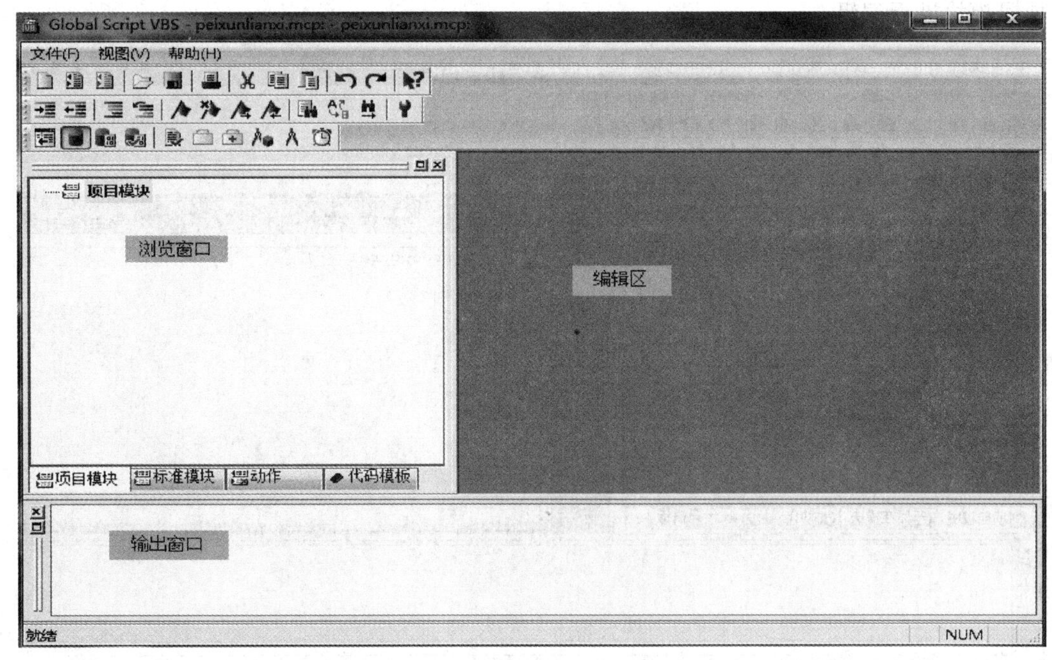

图 9-18 全局脚本 VBS 编辑器

1. 浏览窗口

浏览窗口用来管理项目模块、标准模块、动作和代码模板，选择相应的选项卡即可。

2. 编辑窗口

在编辑窗口中编辑选择的模块或动作。每个模块或动作都将在自己的编辑窗口中打开。可同时打开多个编辑窗口。

3. 输出窗口

单击工具栏中的语法检查按钮，可检查编辑过程中的语法错误，检查的内容在输出窗口中显示，同时会弹出提示框。

在浏览窗口中选择需要查找的项目模块、标准模块、动作或代码模板，使用命令“在文件中查找”的搜索结果将按每找到一个搜索术语显示一行的方式显示在输出窗口中。在输出窗口中双击显示的行，可直接打开相关文件。

9.3.3 创建编辑过程

VBS 的过程是存放在模块中的，可以把过程建立在已存在的模块或还需要新建的模块中。在创建一个新过程的时候，WinCC 自动地为过程分配一个标准的名字“procedure＃”(＃代表序号)。可以在编辑窗口中修改过程名，以便动作能够调用此过程。当保存过程后，修改后的过程名就会显示在浏览窗口中。过程名必须是唯一的。

创建过程的步骤如下：

(1) 打开全局脚本 VBS 编辑器，在浏览窗口中，通过单击下方的面板选择“项目模块”或“标准模块”选项。

(2) 右键单击“新建”→“项目模块”，一个没有返回值的过程已经输入到编辑窗口中，在代码中自动产生一个默认过程名：Sub procedure1，如图 9-19 所示。也可以打开已存在的项目模块进行编辑。

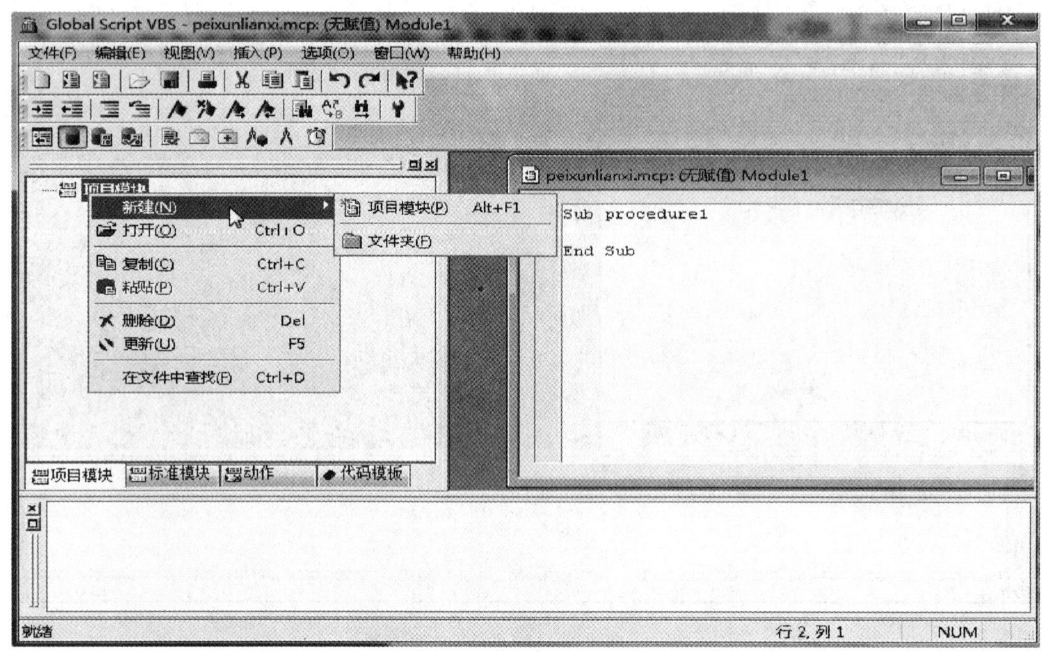

图 9-19 新建项目模块

在浏览窗口中选择模块，右键单击“添加新过程”，打开“新过程”对话框，可以在已有的模块中插入一个过程，输入过程名并选择是否带返回值，然后一个变量声明和一个返回值就会输入到代码窗口中。

按要求输入代码，单击工具栏上的图标或在编辑区右键单击“语法检查”，对编写的程序代码进行语法检查。

9.3.4 创建编辑动作

VBS 动作包括在图形编辑器中图形对象属性或对象事件的 VBS 动作和全局脚本。

1. *全局脚本动作*

在 WinCC 项目管理器的浏览窗口，打开 VBS 编辑器，在其浏览窗口中，选择“动作”，右键单击“新建”→“动作”在编辑窗口新建了一个动作，如图 9-20 所示。

编辑全局脚本动作的方法与编辑过程的方法一样，可以利用代码模板和编辑窗口中提供的各种功能进行编辑。在编辑窗口的空白处单击鼠标右键，有对象列表、属性/方法、功能列表、快速指导信息、语法检查和信息/触发器选项可供选择。

编辑动作后，单击工具栏中的信息/触发器按钮，打开信息/触发属性对话框。可为全局动作设置变量触发或时间触发。单击工具栏上的保存按钮，保存全局脚本动作。保存的过程也是语法检查的过程，如果编辑过程中有语法错误，会在输出窗口提示语法检查内容，如果没有语法错误会弹出“另存为”对话框，在文件名处是默认的文件名，也可输入用户为动作设置的名称。

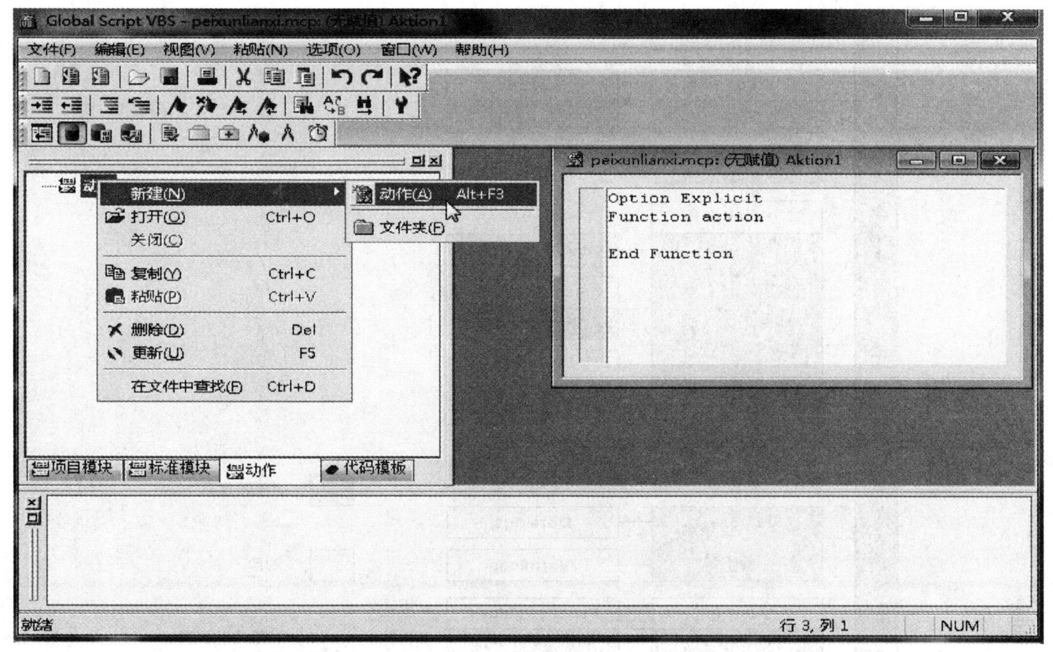

图 9 - 20　在全局脚本中新建动作

2. 图形对象属性和对象事件 VBS 动作

在图形编辑器中，选择需要编辑 VBS 动作的对象，打开对象属性对话框。选择需要编辑 VBS 动作的对象属性，如对象的背景颜色属性、对象的几何尺寸属性和对象的文本属性等。或者选择需要编辑 VBS 动作的对象事件，如对象的鼠标动作等。

与编辑全局脚本代码一样，可以利用代码模板和编辑窗口中提供的各种功能进行编辑。编辑动作之后，设置脚本动作的触发器。可为对象属性的动作脚本选择一个触发事件，在触发器事件下拉菜单中可选项有：变量、标准周期、画面周期、窗口周期和动画周期，并选择周期时间（只能选择一个触发事件）。如果创建编辑的是对象事件的 VBS 动作，不必再设置触发器，如鼠标动作。

编辑脚本动作后，单击“确定”按钮，即可保存无语法错误的脚本动作，并在对象属性或对象事件处产生一个带有 VB 缩写字符的浅蓝色闪电图标。

9.3.5　WinCC VBS 参考模型

WinCC VBS 参考模型如图 9 - 21 所示。可以利用 WinCC 图形运行系统对象模型来访问 WinCC 运行系统的变量和对象。

9.4　VBS 应用实例

9.4.1　为对象属性赋值

使用 VBS WinCC 可以对所有图形编辑器对象进行访问，以使图形运行环境动态化。根据变量或周期性（例如闪烁）情况，可在执行操作（例如，在按钮上单击鼠标）时使图形对象动态化。

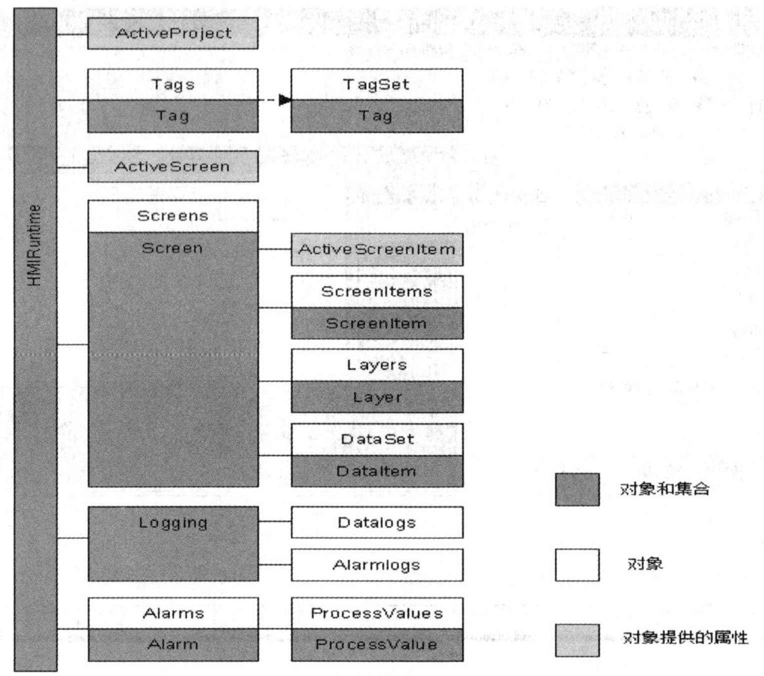

图 9-21 WinCC 中的 VBS 对象参考模型

1. 图形画面中对象事件的 VBS 动作

在画面中做一个按钮，在运行状态下，每单击一次，设置圆半径为 20。

```
Dim objCircle
Set objCircle = ScreenItems("圆")
objCircle. Radius = 20
```

2. 定义对象的颜色

图形对象的颜色是通过 RGB（红/绿/蓝）的值来设定。同时图形对象的值可以设定或读出。下面的代码中实现的是为画面窗口对象填充颜色为蓝色，为矩形框对象设置背景颜色为红色的功能。

```
Dim objScreen
Set objScreen = HMIRuntime. Screen("SceenWindow")
objScreen. FillColor = RGB(0,0,255)
ScreenItems("Rectangle"). BackColor = RGB(255,0,0)
```

3. 画面切换

如果在组态时使用了画面分割，比如一个基本的画面标题、一些功能按钮以及嵌入一个画面窗口来进行画面显示，则可以利用画面窗口的属性 ScreenName 来组态画面切换。

下面的代码中，当动作被执行时，test. pdl 将显示在图形画面窗口中。

```
Dim objScrWindow
Set objScrWindow = ScreenItems("ScreenWindow")
objScrWindow. ScreenName = "test"
```

9.4.2 变量的读写

（1）简单读操作和带变量引用的读操作代码如下：

```
HMIRuntime.Tags("tag1").Read

Dim objTag
Set objTag = HMIRuntime.Tags("Tag1")
objTag.Read
```

（2）简单写操作和带变量引用的写操作代码如下：

```
HMIRuntime.Tags("tag1").Write 6

Dim objTag
Set objTag = HMIRuntime.Tags("Tag1")
objTag.Write 7
```

（3）变量引用可以在对其操作前进行一些处理，如先读变量“Tag1”，然后计算，最后再执行写操作，代码如下：

```
Dim objTag
Set objTag = HMIRuntime.Tags("tag1")
objTag.Read
objTag.Value = objTag.Value + 10
objTag.Write
```

9.4.3 ActiveX 控件的调用

下面通过 2 个实例分别演示如何调用嵌入到 WinCC 画面中的 ActiveX 控件的属性和方法。

1. 填充组合框“ComboBox”

创建一个类型为“Siemens Step 7 S7 ComboBox”的控件，控件名称为“Combo”，将控件“LinesInList”的值属性设置为“10”。打开 WinCC 画面“对象属性”的事件面板中的“其他”→“打开画面”中创建如下的 VB 脚本，当画面打开后就填充组合框控件，填充效果如图 9-22 所示。

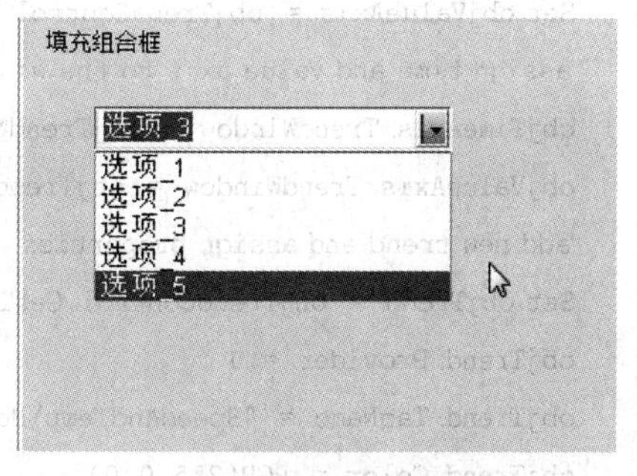

图 9-22 填充组合框“ComboBox”控件填充效果

```
Dim objComboBox
Set objComboBox = ScreenItems("Combo")
objComboBox.Clear()
objComboBox.AddItem"选项_1"
objComboBox.AddItem"选项_2"
objComboBox.AddItem"选项_3"
objComboBox.AddItem"选项_4"
objComboBox.AddItem"选项_5"
objComboBox.ListIndex = 2
```

2. 向空 WinCC 在线趋势控件添加元素

(1) 任务说明。将趋势窗口、数值轴、时间轴和趋势元素插入空 WinCC 在线趋势控件中。

(2) 要求。图形编辑器已经打开；使用两个归档变量在变量记录中已创建了归档。

(3) 具体操作步骤如下：

1) 在图形编辑器中创建新的过程画面，将 WinCC 在线趋势控件插入到过程画面中。

2) 从控件的快捷菜单中选择“组态对话框”，打开“WinCC 在线趋势控件属性”对话框，“趋势”选项卡、“数值轴”选项卡、“时间轴”选项卡和“趋势窗口”选项卡选择默认的“趋势”、“数值轴”、“时间轴”和“趋势窗口”。

3) 打开 WinCC 画面“对象属性”的事件面板中的“其他”→“打开画面”中创建如下的 VB 脚本：

```
Dim objTrendControl
Dim objTrendWindow
Dim objTimeAxis
Dim objValueAxis
Dim objTrend
'create reference to TrendControl
Set objTrendControl = ScreenItems("趋势")
'create reference to new window,time and value axis
Set objTrendWindow = objTrendControl.GetTrendWindowCollection.AddItem("电机转速和油箱温度")
Set objTimeAxis = objTrendControl.GetTimeAxisCollection.AddItem("时间轴")
Set objValueAxis = objTrendControl.GetValueAxisCollection.AddItem("数值轴")
'assign time and value axis to the window
objTimeAxis.TrendWindow = objTrendWindow.Name
objValueAxis.TrendWindow = objTrendWindow.Name
'add new trend and assign properties
Set objTrend = objTrendControl.GetTrendCollection.AddItem("电机转速")
objTrend.Provider = 1
objTrend.TagName = "SpeedAndTemp\Motor_actual"
objTrend.Color = RGB(255,0,0)
objTrend.TrendWindow = objTrendWindow.Name
objTrend.TimeAxis = objTimeAxis.Name
objTrend.ValueAxis = objValueAxis.Name
'add new trend and assign properties
Set objTrend = objTrendControl.GetTrendCollection.AddItem("油箱温度")
objTrend.Provider = 1
objTrend.TagName = "SpeedAndTemp\Oil_temp"
objTrend.Color = RGB(0,255,0)
objTrend.TrendWindow = objTrendWindow.Name
objTrend.TimeAxis = objTimeAxis.Name
objTrend.ValueAxis = objValueAxis.Name
```

友情提示

在 VB 脚本中，使用已创建的归档和归档变量名称替换使用的归档和归档变量“Archive\ArchiveTagX”。

4）运行项目观察运行效果，运行效果如图 9 - 23 所示。

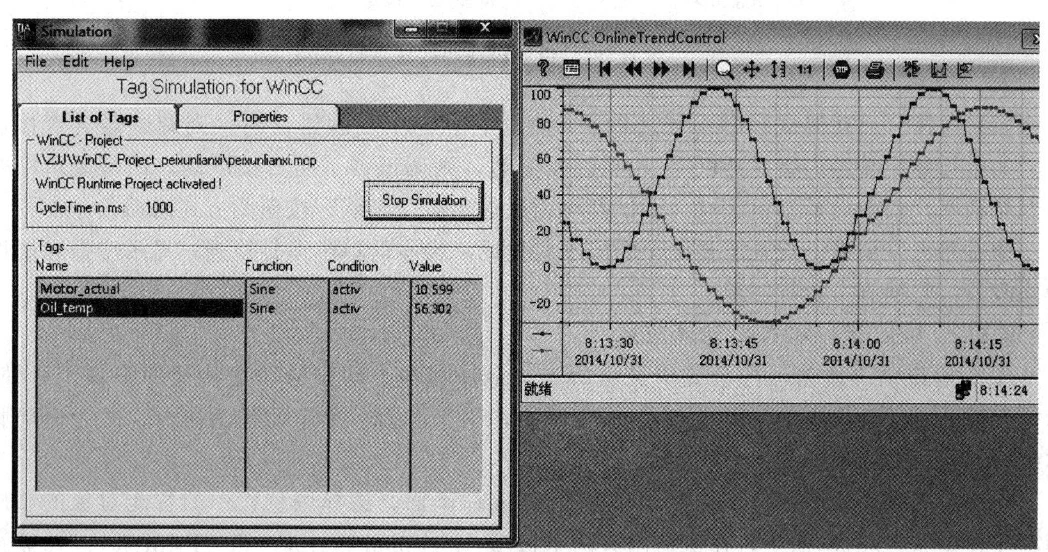

图 9 - 23 “在线趋势”控件填充效果

9.5 调试诊断 VBS

从 WinCC V6.0 开始提供了一整套 VBS 调试诊断工具来分析运行状态下动作的执行情况，其中包括：GSC 运行和 GSC 诊断应用窗口和 VBS 调试器。

GSC 运行和 GSC 诊断应用窗口被用来添加到过程画面中，方法同 ANSI-C 脚本。唯一不同的是，如果想要打印输出中间运算值到 GSC 诊断窗口中，VBS 的语法是：

HMIRuntime. trace（＜output＞）：结果显示在 GSC 诊断窗口中。

9.5.1 调试器

在运行状态下调试脚本，可以使用调试器。用来进行脚本调试的调试器有以下几种：

（1）Microsoft Script Debugger，包含在 WinCC 中，能够在 Windows 2000 和 Windows XP 环境下应用。

（2）InterDev，包含在 Microsoft Visual Studio 的安装资源中。

（3）Microsoft Script Editor（MSE）Debugger，包含在 Microsoft Office 中。

安装调试器的步骤如下：

（1）选择 WinCC 安装盘中安装菜单的“附加软件”，单击 Microsoft Script Debugger，系统开始安装调试器。

(2) 在 WinCC 管理器中，在计算机的快捷菜单中选择“属性”菜单项，打开“计算机属性”对话框，选择“运行系统”选项卡，激活所需要的调试选项。可分别设置全局脚本和图形编辑器中调试器的执行情况，如图 9-24 所示。

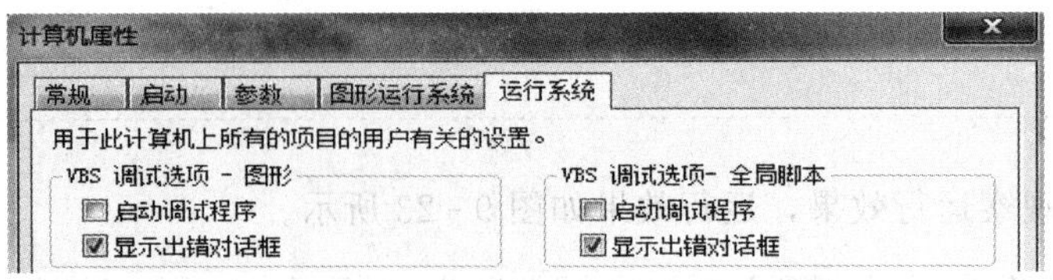

图 9-24 设置启动调试器

如果选择“启动调试程序”复选框后，在运行状态下出现错误时，则调试器会直接启动。如果选择“显示出错对话框”，当错误发生时，则调试器不会直接启动，而是显示一个错误对话框，其中包括错误信息。调试器可以通过单击“确认”按钮的方式启动。

调试器可以用来：观看需要调试的脚本源代码；脚本的单步运行检查；显示变量和属性的修改值；监视脚本执行过程。

9.5.2 GSC 运行和 GSC 诊断应用

GSC 运行系统是在运行系统中显示所有（全局脚本）动作的动态特性的窗口。另外，运行系统处于活动状态时，通过 GSC 运行系统，用户可影响单个动作的执行，并为全局脚本编辑器提供输入点。

组态全局脚本诊断窗口步骤：打开目标 WinCC 画面，选择调色板中的智能对象的“应用程序窗口”，拖入画面中，在窗口内有两个选项：“Global Script”和“Print Jobs”，监视全局脚本诊断选择“Global Script”，单击“确定”按钮后打开模板选择对话框，选择“GSC Diagnostics”即选择了画面运行系统的诊断功能，如图 9-25 所示。

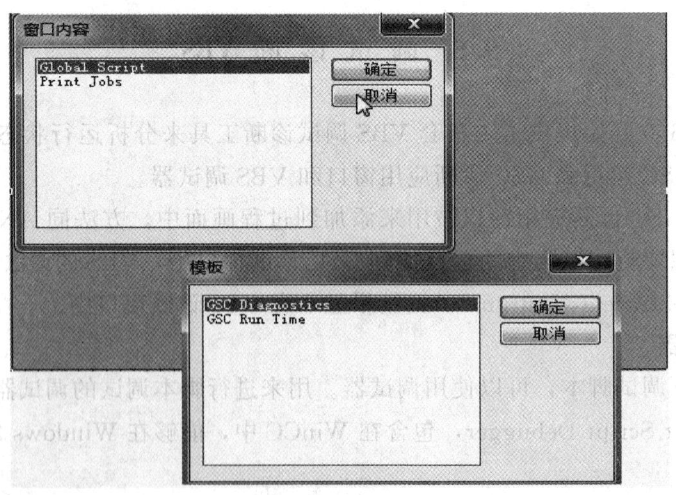

图 9-25 全局脚本诊断窗口

单击“确定”按钮，在画面组态了一个全局脚本应用程序诊断窗口。为了便于利用全局脚本诊断窗口，建议将此应用程序窗口“对象属性”中的“属性”选项卡内的“其他”条目下所有静态属性均设置为“是”，如图 9-26 所示。

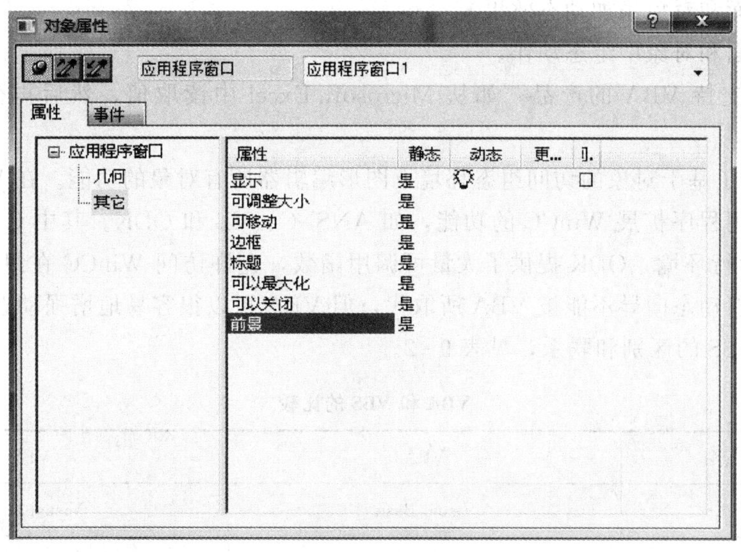

图 9-26　全局脚本诊断“应用程序窗口”的属性设置

运行项目，当脚本运行发生错误时将错误的信息显示在诊断窗口中，如图 9-27 所示。

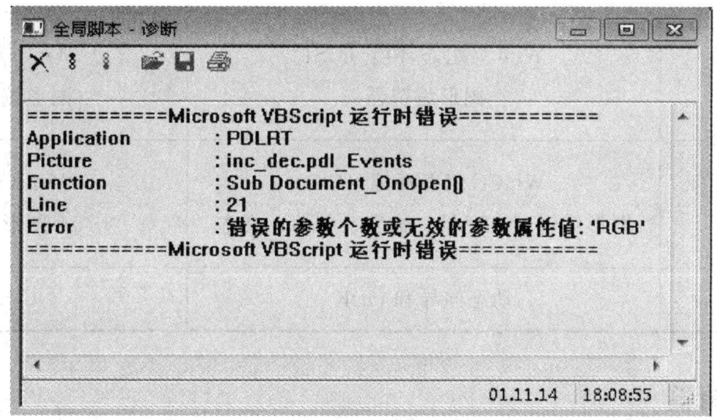

图 9-27　诊断结果输出

9.6　VBA　简　介

Visual Basic for Application 简称 VBA，是 Microsoft 公司用来拓宽标准应用的功能，以及对标准应用进行客制化的解决方案。

从 WinCC V6.0 开始在图形编辑器中集成了 VBA 编辑器，可以用来组态自动化。VBA 与 Microsoft Office 提供的 VBA 编辑器相似，可以直接利用 VBA 编程经验。

9.6.1　VBA 在 WinCC 中的功能及适用范围

利用 VBA 可以扩展图形编辑器的功能，进行自动化组态。VBA 在图形编辑器中有如下功能：

（1）创建用户定义的菜单或工具栏。

（2）创建和编辑标准、智能对象的窗口对象。

（3）给画面和对象添加动态效果。

（4）在画面和对象中组态动作。

（5）访问支持 VBA 的产品，如从 Microsoft Excel 中读取值，然后再分配给对象属性等。

VBA 提供了基于对象的访问组态环境下图形编辑器所有对象的功能。在 WinCC 中也可以通过其他应用程序扩展 WinCC 的功能，如 ANSI-C、VB 和 ODK。其中 C-Script 和 VBS 适用 WinCC 运行环境，ODK 提供了大量可调用函数，允许访问 WinCC 在组态和运行环境下的功能。虽然动态向导不能被 VBA 所取代，但 VBA 可以很容易地增强动态向导的功能。

VBA 和 VBS 的区别和联系，见表 9-2。

表 9-2　VBA 和 VBS 的比较

内容	VBA	VBS
语言	Visual Basic	Visual Basic
可调式	可以	可以
可访问其他应用程序	可以	可以
WinCC 已集成功能	是	是
适用范围	WinCC 组态环境（CS） 图形编辑器	WinCC 运行环境（RT） 图形编辑器、全局脚本
可访问对象	WinCC 组态环境（CS） 图形编辑器、变量、报警、归档、文本	WinCC 运行环境（RT） 图形编辑器、变量
功能近似于	动态向导和 ODK	C-Script 和 ODK

9.6.2　VBA 编辑器

WinCC 工程中的 VBA 代码在 VBA 编辑器中进行管理。VBA 编辑器在图形编辑器中启动的方法是：按＜Alt＋F11＞或在菜单栏中选择“工具→宏→Visual Basic 编辑器”，启动 VBA 编辑器，如图 9-28 所示。

WinCC 通过代码存放的位置指定代码的有效范围。VBA 代码有三种类型：全局有效 VBA 代码、工程有效 VBA 代码和画面有效 VBA 代码。

1. 全局有效 VBA 代码

此代码指的是写在 VBA 编辑器中 Global Template Document 下的代码。VBA 代码存储为@GLOBAL. PDT，存储在 WinCC 的安装目录下。这个文件对于本机上所有的 WinCC 工程都适用。

2. 工程有效 VBA 代码

此代码指的是写在 VBA 编辑器中的 Project Template Document 下的代码。VBA 代码存储为@PROJECT. PDT，存储在 WinCC 工程目录的根目录下。这个文件包含对@GLOBAL. PDT 文件的引用，可以直接在 Project Template Document 中调用存储在@GLOBAL. PDT 中的函数和过程。

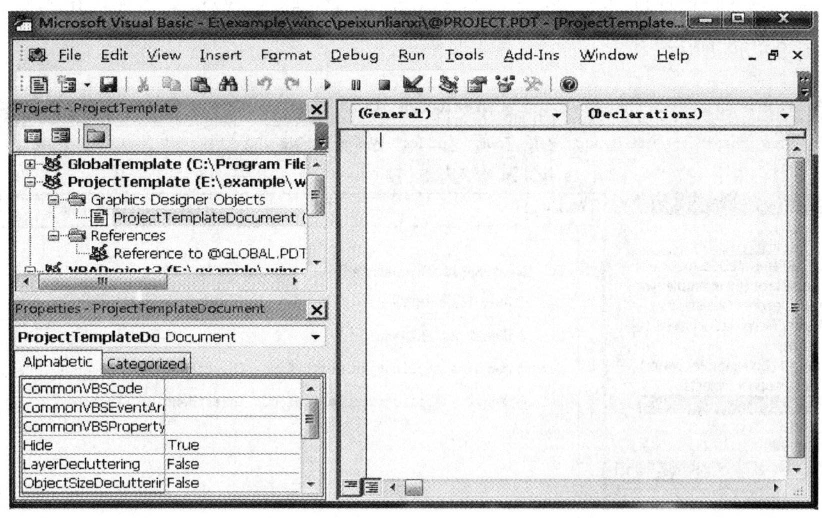

图 9-28 VBA 编辑器

3. 画面有效 VBA 代码

此代码指的是写在 This Template Document 下的代码。这些代码与画面一起存为 PDL 文件。这个文件包含对@PROJECT. PDT 文件的引用，可以直接在 PDL 文件中调用存储在@PROJECT. PDT 中的函数和过程。

VBA 宏执行时首先执行画面有效代码，再执行功能有效 VBA 代码。如果调用的宏既包含在画面有效 VBA 代码中，又包含在工程有效 VBA 代码中，则只执行画面有效 VBA 代码，以避免 VBA 宏和函数执行两次的错误。

9.6.3 WinCC 图形编辑器中 VBA 的应用实例

VBA 在图形编辑器中可以进行的工作如图 9-29 所示。

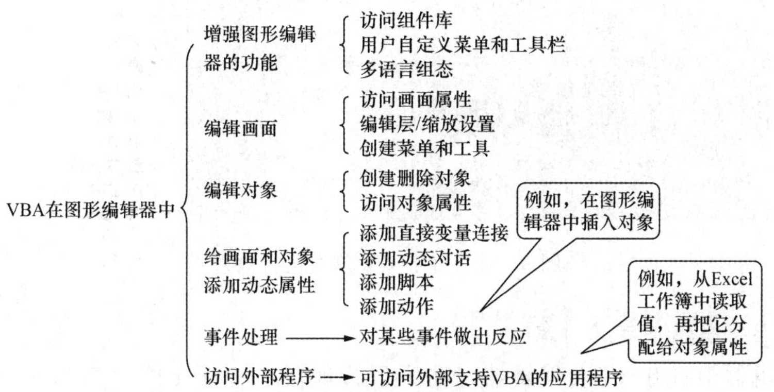

图 9-29 VBA 在图形编辑器中可进行的工作

1. 创建自定义菜单

创建自定义菜单操作步骤如下：

(1) 在图形编辑器中打开 VBA 编辑器，按＜ALT＋F11＞组合键或在图形编辑器的工具菜单中选择“工具”→“宏”→“Visual Basic 编辑器”。

（2）在项目管理器中打开文档“This Document”插入“Create Application Menus()”的过程，如图 9-30 所示。

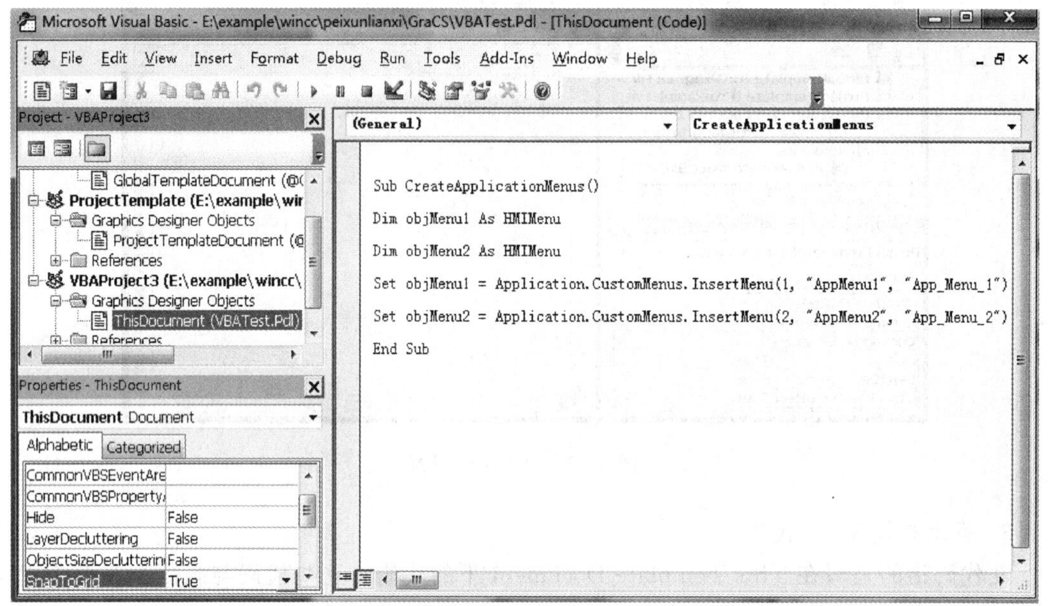

图 9-30　自定义菜单的 VBA 代码

（3）单击工具栏上的▶图标，运行效果如图 9-31 所示。

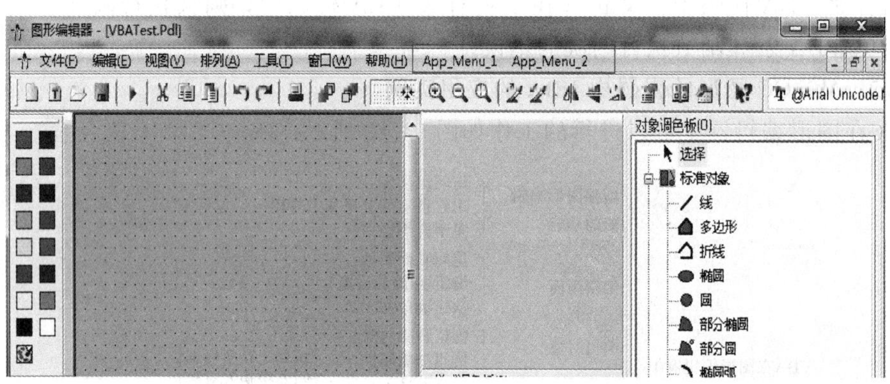

图 9-31　自定义菜单的运行效果

2. 使用 VBA 编辑自定义对象

在图形编辑器中打开 VBA 编辑器，在项目管理器中打开文档“This Document”，在文档中插入“Create Customized Object()”过程，如图 9-32 所示。

本例中选中“圆”和“矩形”对象，创建自定义对象：“My Customized Object”。当单击运行工具栏上的按钮后，会弹出一个项目已创建的提示窗口，单击“确定”按钮后会弹出一个“组态对话框自定义对象”对话框，单击“确定”按钮后，会在画面中创建一个对象名称为“自定义对象 1”的圆和矩形，如图 9-33 所示。

```
Sub CreateCustomizedObject()
Dim objCustomizedObject As HMICustomizedObject
Dim objCircle As HMICircle
Dim objRectangle As HMIRectangle
Set objCircle = ActiveDocument.HMIObjects.AddHMIObject("sCircle", "HMICircle")
Set objRectangle = ActiveDocument.HMIObjects.AddHMIObject("sRectangle", "HMIRectangle")
With objCircle
.Top = 40
.Left = 40
.Selected = True
End With
With objRectangle
.Top = 80
.Left = 80
.Selected = True
End With
MsgBox "Objects selected!"
Set objCustomizedObject = ActiveDocument.Selection.CreateCustomizedObject
objCustomizedObject.ObjectName = "My Customized Object"
End Sub
```

图 9-32 “CreateCustomizedObject()”过程的 VBA 代码

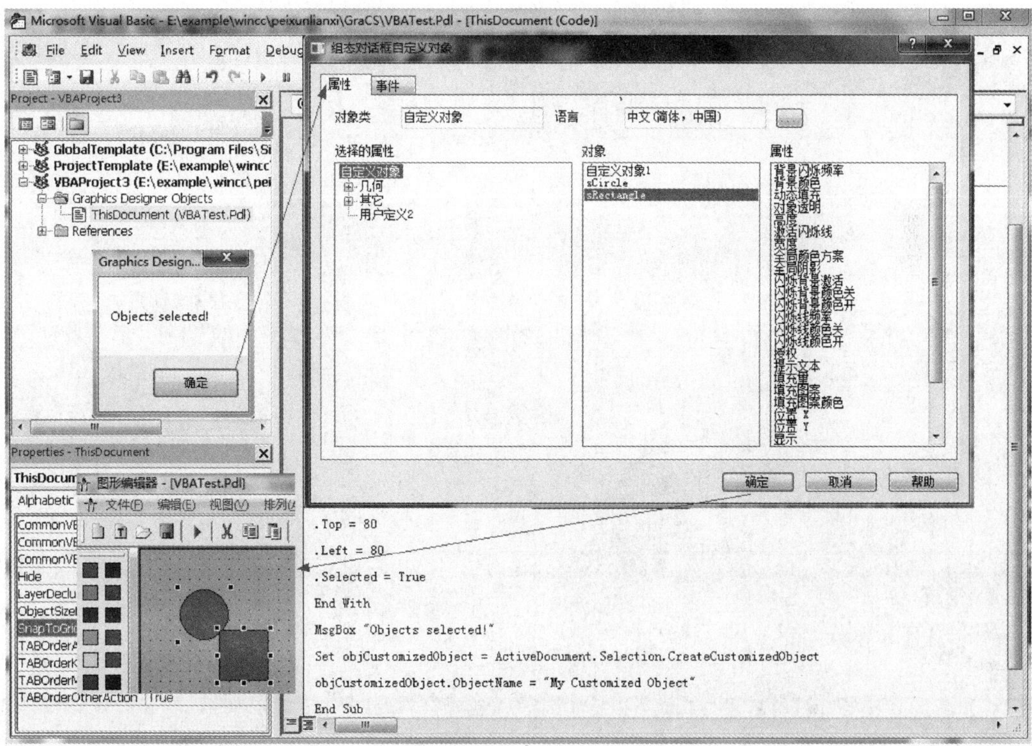

图 9-33 操作及运行效果

习　题

（1）简述全局脚本编辑器的主要功能。

（2）简述全局脚本编辑器中函数、动作、触发器三者的定义及它们的相互关系。

（3）WinCC 函数包含哪 3 类？简述它们主要特征及区别。

（4）简述创建 WinCC 函数的基本步骤、创建动作的基本步骤。

（5）简述 WinCC 的触发器类型。

10 全集成自动化

全集成自动化（totally integrated automation，TIA）是通过集成的数据管理、集成的通信网络和集成的编程组态为用户通过优化、集成的产品和方案，SIMATIC WinCC 作为全集成自动化的一部分在 Step7 全集成自动化的框架内进行项目的创建和管理，实现 AS（automation station）组态和 OS（operation station）组态的集成。

在 AS 和 OS 集成环境下对 SIMATIC WinCC 进行组态可以节约开发时间、降低开发费用和提高开发效率之外还具有如下优点：

（1）数据管理、工程环境和通信网络的一致性。

（2）变量和文本到 WinCC 项目的传送更简单。

（3）在过程连接期间可以直接访问 Step7 符号。

（4）具有统一的消息组态。

（5）可在 SIMATIC 管理器中启动 WinCC 运行系统。

（6）可将组态数据装载到运行系统 OS 上。

（7）包含了扩展的诊断支持。

10.1 WinCC 集成在 Step7 下组态方式

SIMATIC WinCC 与 AS 站之间的通信组态包括两种方式：一种为独立组态的方式，即将 AS 站和 OS 站分别进行组态，它们之间的通信组态是通过 WinCC 中的变量通信通道来完成，在相应的通信通道中定义变量，并设置变量地址来读写 AS 站的内容，这是大部分工程组态时所使用的方法；另外一种方法就是集成组态，采用 Step7 的全集成自动化框架来管理 WinCC 工程，这种方式中 WinCC 不用组态变量和通信，在 Step7 中定义的变量和通信参数可以直接传输到 WinCC 工程中，工程组态的任务量可以减少一半以上，并且可以减少组态错误的发生，大大提高了工作效率。

从 WinCC 里调用 Step7 变量的前提条件是，WinCC 的项目文件必须是集成在 Step7 项目中。

在安装所有 SIMATIC 软件前，请查阅软件的安装注意事项，确定操作系统与软件的兼容性。该文档一般位于：CD\Documents\＜语言版本＞\InstallNotes. chm。

要使用 WinCC 与 Step7 的集成功能，WinCC 和 Step7 必须安装在同一台计算机上，必须在安装 WinCC 之前安装 Step7。Step7 与 WinCC 的版本必须兼容。WinCC 与 Step7 的版本兼容性列表可以在西门子自动化与驱动集团的技术支持与服务网站上获得。

WinCC 与 Step7 使用集成组态方式，需要用到 WinCC 中的 AS-OSEngineering 组件，同时要求计算机中已经安装相应版本的 Step7 软件。在安装 WinCC 的过程中，AS-OS Engineering 组件默认是不安装的，如果要使用这种集成组态方式，请选择“自定义安装”并且选中如图 10 - 1 所示中红框标识的选件。

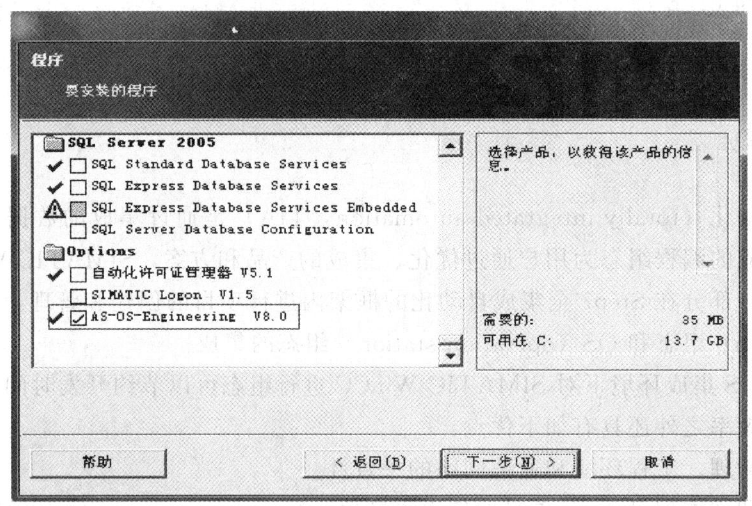

图 10-1 选择安装 AS-OS Engineering 组件

使用 SIMATIC 管理器创建 WinCC 项目时，可采用两种不同的方式存储 WinCC 项目：

(1) 作为 PC 工作站中的 WinCC 应用程序。

(2) 作为 SIMATIC 管理器中的操作站 OS。

一般情况下，在创建新的 WinCC 项目时常采用作为 PC 工作站中的 WinCC 应用程序，这与 OS 相比有如下优点：

(1) 在网络组态中可以对 PC 工作站进行显示和参数化。

(2) 操作站的接口和访问点可以自动确定。

(3) 在项目装载时，操作站上当前的运行系统数据库不会被覆盖，归档和消息列表的内容会被保留。

10.2 SIMATIC 管理器中的操作站 OS

1. 在 SIMATIC Manager 里建立新的 WinCC 项目

在建立新的 Step7 项目后，可以在 SIMATIC Manager 里直接建立新的 WinCC 项目。方法是在 SIMATIC Manager 里，右键单击项目名称，选择“插入新对象”→“OS”，此时系统会在 Step7 项目文件中建立一个 WinCC 项目文件，如图 10-2 所示。

可以在 OS 站点上右键，选择“重命名”来修改 WinCC 项目名称。也可以通过在名称上右键选择“打开对象”，打开 WinCC 并编辑 WinCC 项目，如图 10-3 所示。

2. 把现成的 WinCC 项目集成到 Step7 项目中

如果一台计算机上已经安装了兼容的 WinCC 和 Step7，并且有了一个单独使用的 WinCC 项目，想把它集成到一个已有的 Step7 项目中的操作步骤如下：

(1) 在 Step7 项目文件中插入一个 OS 站，然后把它命名为已有 WinCC 项目名称。

(2) 在 Step7 项目里删除因插入 OS 站而产生的 WinCC 项目文件，其位置在 Step7 项目文件夹里的 wincproj 文件夹下，例如：

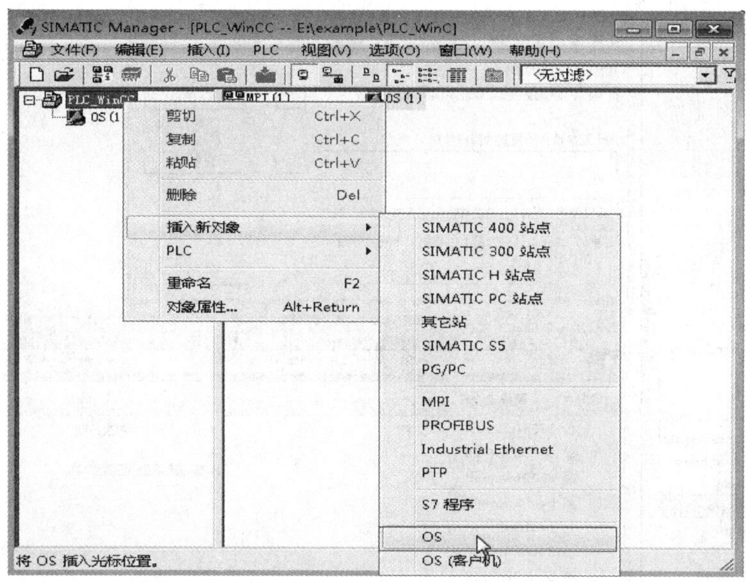

图 10-2 在 Step7 项目中建立 WinCC 工程

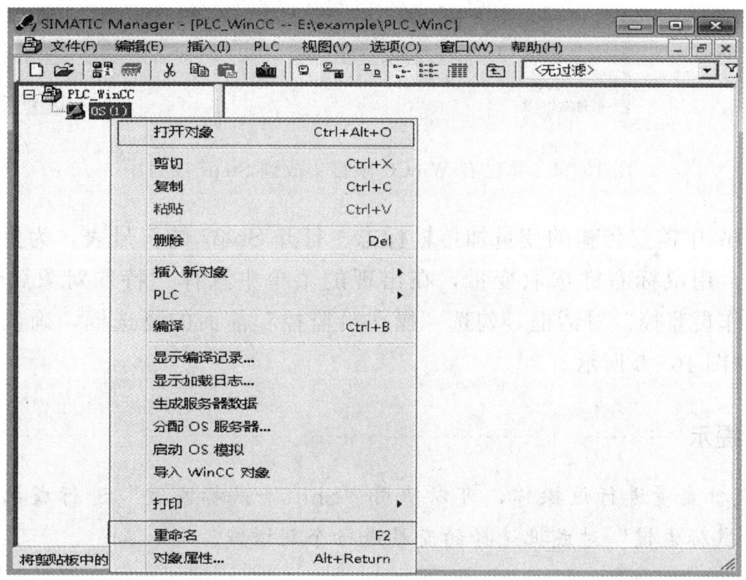

图 10-3 编辑打开 OS

E:\example\PLC_WinC\wincproj\OS(1)

(3) 开始菜单项选择"开始→所有程序→Siemens Automation→SIMATIC→WinCC→Tools"下打开 WinCC 项目复制器，选择已有 WinCC 项目，单击"另存为"按钮把已有 WinCC 项目文件存储到 Step7 项目路径下，如图 10-4 所示。

3. 把变量（符号表、共享 DB、背景 DB）从 Step7 传送到 WinCC 里

Step7 项目文件里的符号表和共享 DB 里的变量可以一次性地传入集成的 WinCC 项目文件。

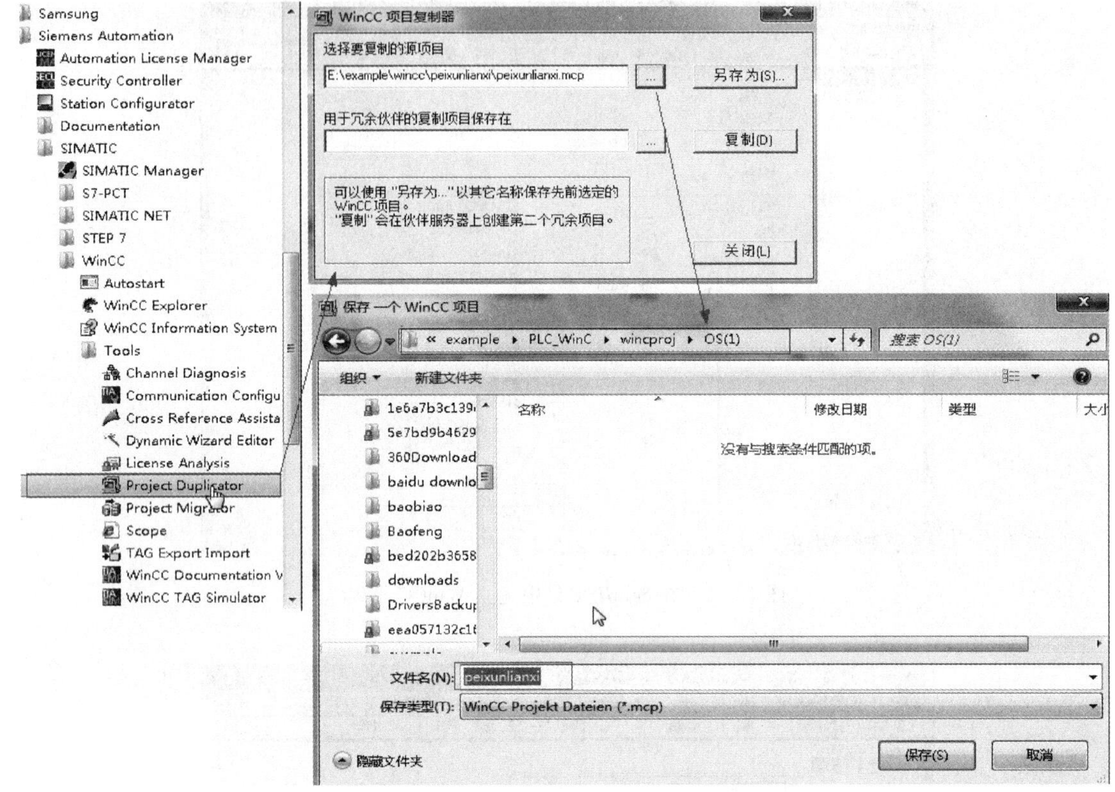

图 10-4 将已有 WinCC 项目集成到 Step7 项目中

（1）为 Step7 中需要传输的变量加传输标志。打开 Step7 的符号表，为要传递的变量打上“传输标志”，用鼠标右键选取变量，在出现的菜单中选择“特殊对象属性→操作员监控”，打开“操作员监控”对话框，勾选“操作员监控”前面的复选框，确认后变量前会出现绿色小旗，如图 10-5 所示。

友情提示

如需对成批变量进行该操作，可以使用“Shift＋鼠标左键”进行成批选择，或者使用“Ctrl＋鼠标左键”对成批选择的变量进行个别增减。

（2）为共享 DB 的变量做标志。打开 DB 块，在需要传输的变量上单击鼠标右键，选择“对象属性”，在弹出的“属性”对话框的“属性”栏中加入“S7_m_c”，在“数值”栏中加入“true”，如图 10-6 所示，确认后，变量后面会出现一个红色的小旗标志。

DB 里的变量被标志后，必须启动 DB 的“操作员监控”功能才能启动变量传输。在 SIMATIC管理器窗口中右键单击所需传送变量的 DB，在弹出的菜单中选择“特殊的对象属性→操作员监控”打开“操作员监控”对话框，勾选“操作员监控”前面的复选框。选中该复选框后，在“WinCC 属性”选项卡中就可以查看所有被标志过的变量，如图 10-7 所示。

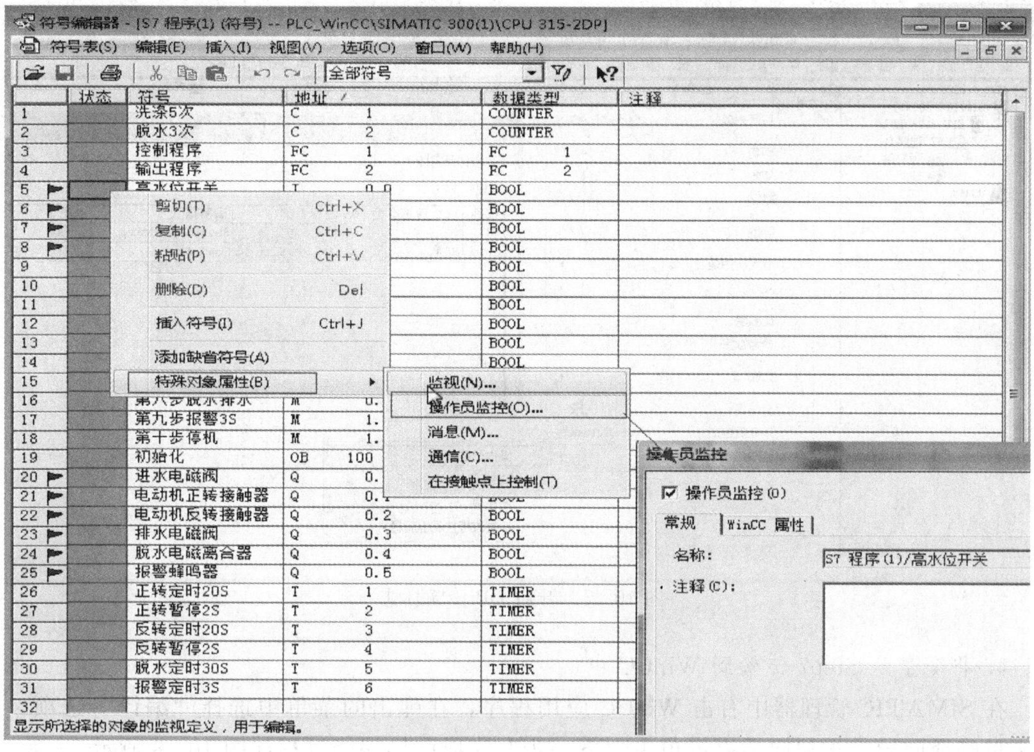

图 10-5 为符号表中的变量加上传输标志

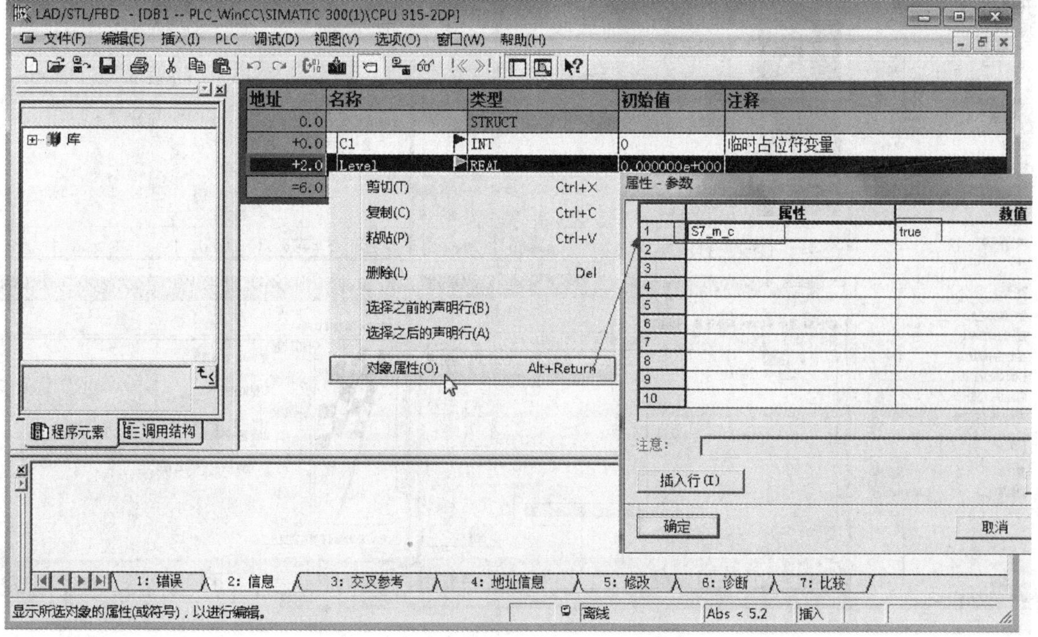

图 10-6 为 DB 中的变量加上传输标志

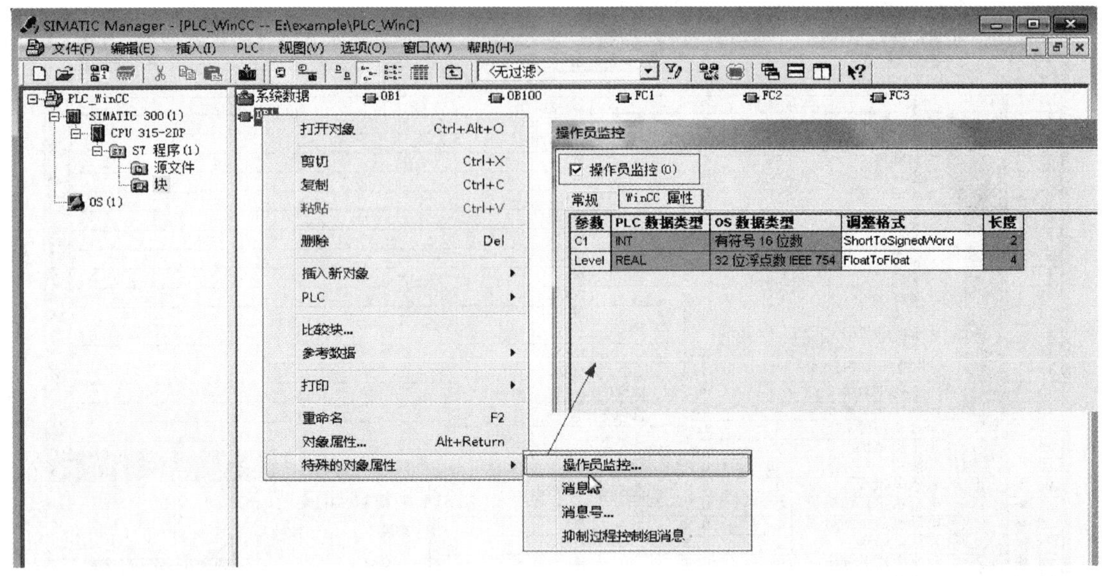

图 10-7 开启 DB 传输标志

4. 将变量从 Step7 传输到 WinCC 中

在 SIMATIC 管理器中右击 WinCC 应用程序，在弹出的菜单中选择“编译”选项，启动变量编译向导，根据向导提示单击“下一步”完成向导编译过程如图 10-8 所示。

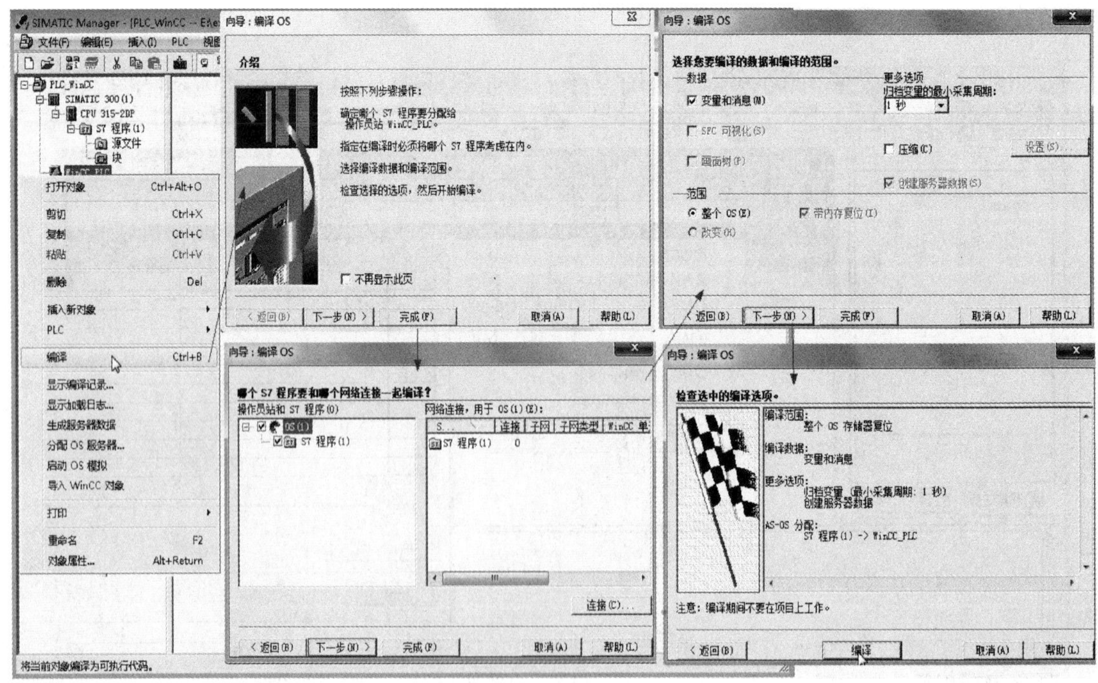

图 10-8 编译过程

在最后一个向导编译对话框中单击编译会出现如图 10-9 所示的编译进度窗口。

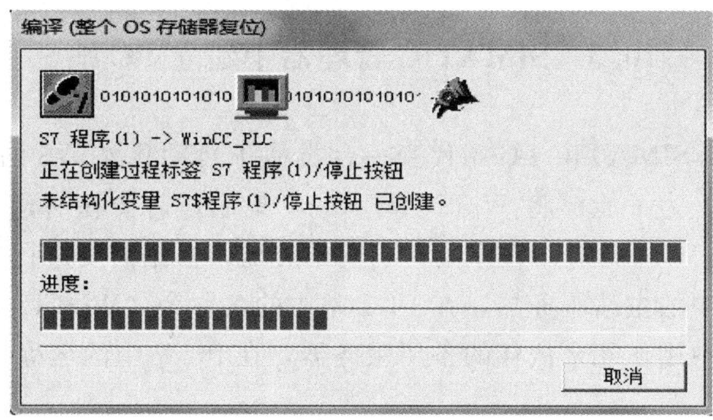

图 10 - 9 编译进度

编译完成之后，会弹出如图 10 - 10 所示的对话框，如果选择“是”则会打开编译过程的所有记录显示。

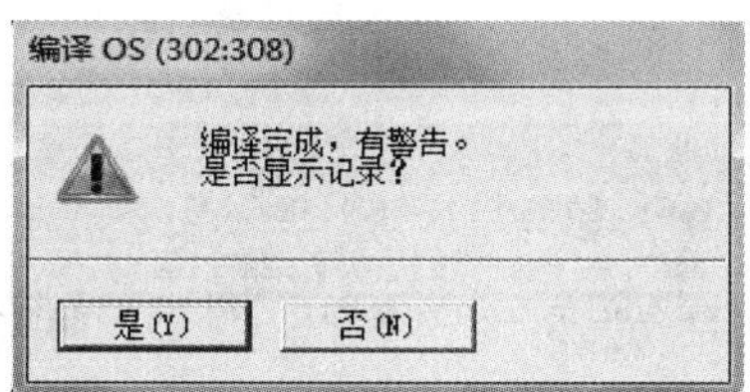

图 10 - 10 编译完成

编译成功后，打开 WinCC 项目文件，系统已经在变量管理器中自动生成了相应的 WinCC 变量，如图 10 - 11 所示。

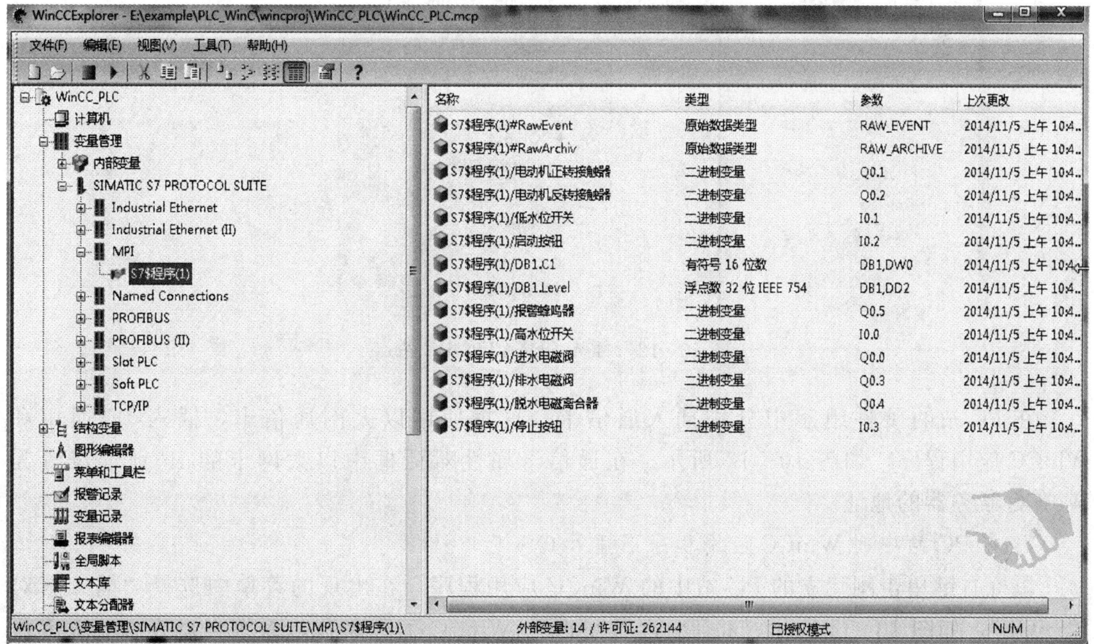

图 10 - 11 变量传入 WinCC 项目文件

10.3 SIMATIC 管理器中建立 PC 站

在 Step7 项目中，SIMATIC PC 站代表一台类似于自动化站 AS 的 PC，它包括自动化所需要的软件和硬件。为了能够将 WinCC 与 Step7 集成，需要在所建立的 PC 站中添加一个 WinCC 应用程序，WinCC 应用程序具有不同的类型，根据需要进行选择，即：

（1）多用户项目中的主站服务器，在 PLC 站中的名称为“WinCC 应用程序”。

（2）多用户项目中用作冗余伙伴的备用服务器，在 PC 站中的名称为“WinCC 应用程序(Stby.)”。

（3）多用户项目中的客户机，在 PC 站中的名称为“WinCC 应用程序客户机”。

WinCC 作为 PC 站集成于 Step7 中的组态步骤如下：

1. 在 SIMATIC 管理器中建立 PC 站

在 SIMATIC 管理器中插入 SIMATIC PC 站，将 PC 站的名称修改为 WinCC 工程所在计算机名称，如图 10-12 所示。

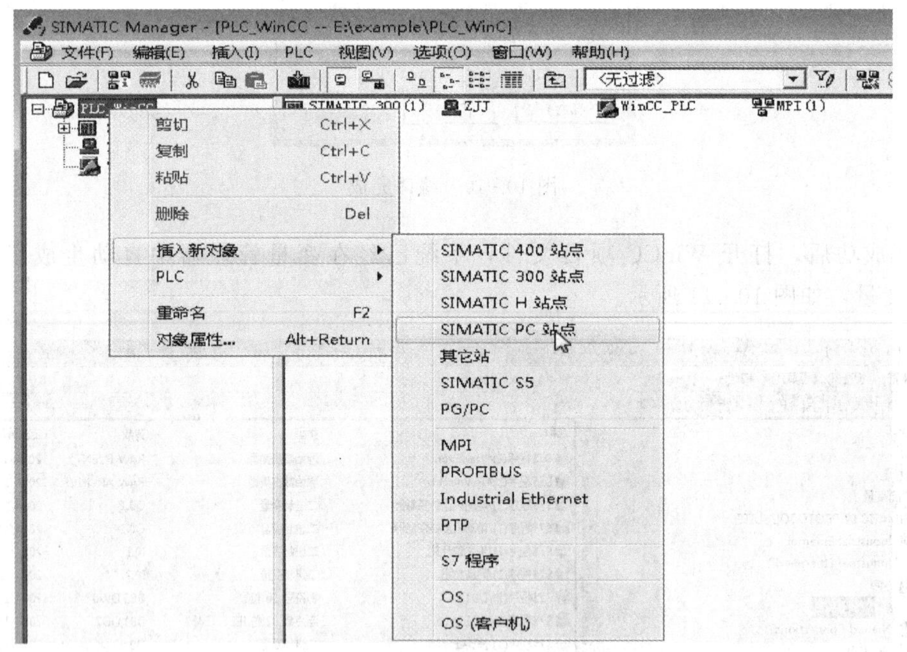

图 10-12　插入 SIMATIC PC 站点

在 PC 站的硬件组态中分别插入通信卡，这里使用以太网通信卡，插入 IE 通用和 WinCC 应用程序，如图 10-13 所示。在通信卡属性对话框中以太网卡的 IP 地址设置为 WinCC 服务器的地址。

2. 在 PC 站中的 WinCC 应用程序下插入 OS

鼠标右键单击刚建立的 PC 站中的 WinCC 应用程序，在出现的菜单中选择“插入新对象→OS”，如图 10-14 所示。将 OS 名称更改为 WinCC 工程名称，系统自动在 Step7 工程的“wincproj”目录下建立所插入的 WinCC 应用程序。

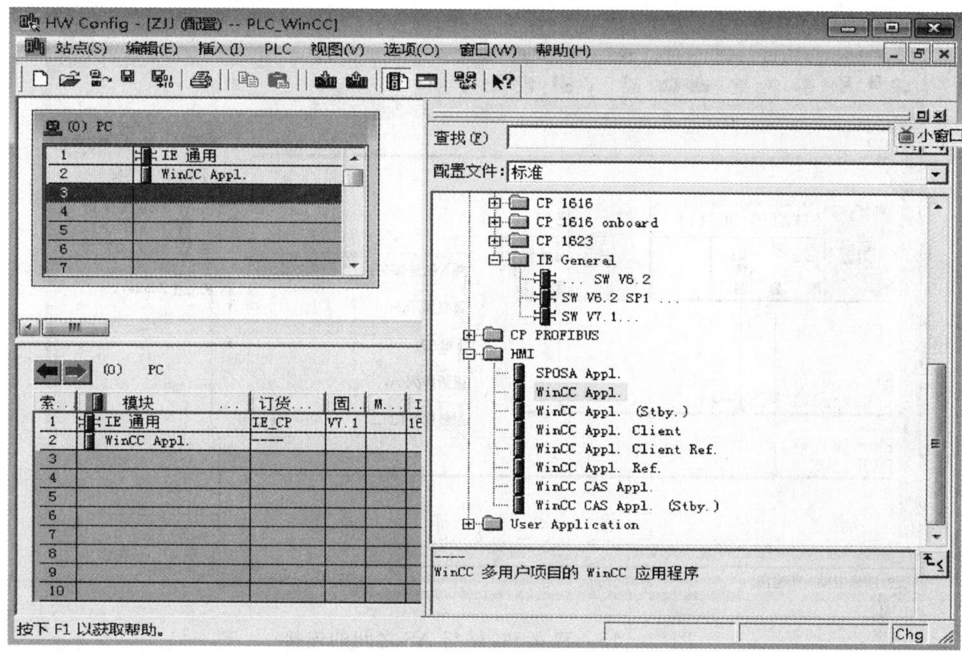

图 10-13　PC 站硬件组态

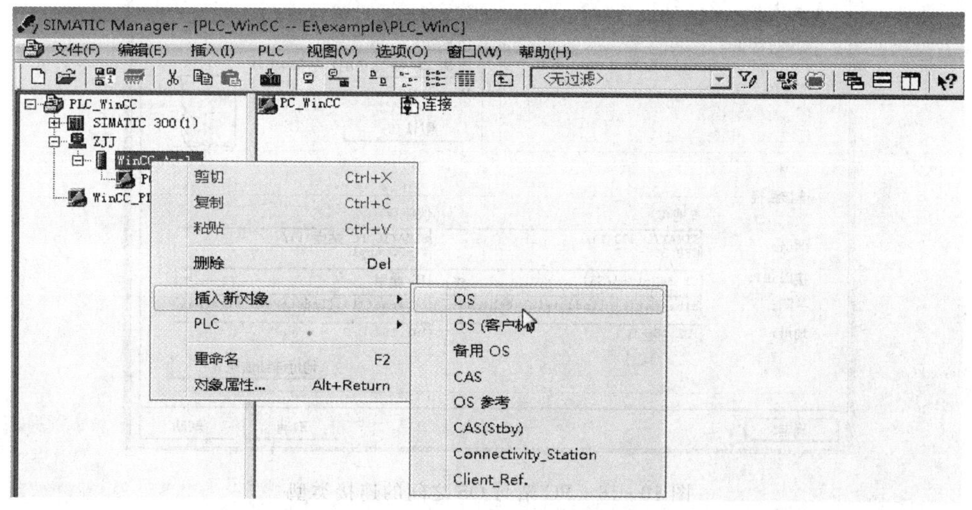

图 10-14　在 PC 站中建立 WinCC 工程

3. 建立 PC 站与 AS 之间的通信连接

利用网络配置工具建立 PLC 站与 AS 之间的通信连接，设置连接类型，如果不建立连接，在 OS 编译时可选择使用 MAC 地址与 AS 连接，这里使用 S7 连接，如图 10-15、图 10-16所示。

4. 为 Step7 中的变量加传输标志

该步骤如 10.2 节中的第三步相同，可以参考其完成变量的传输标志的设置。

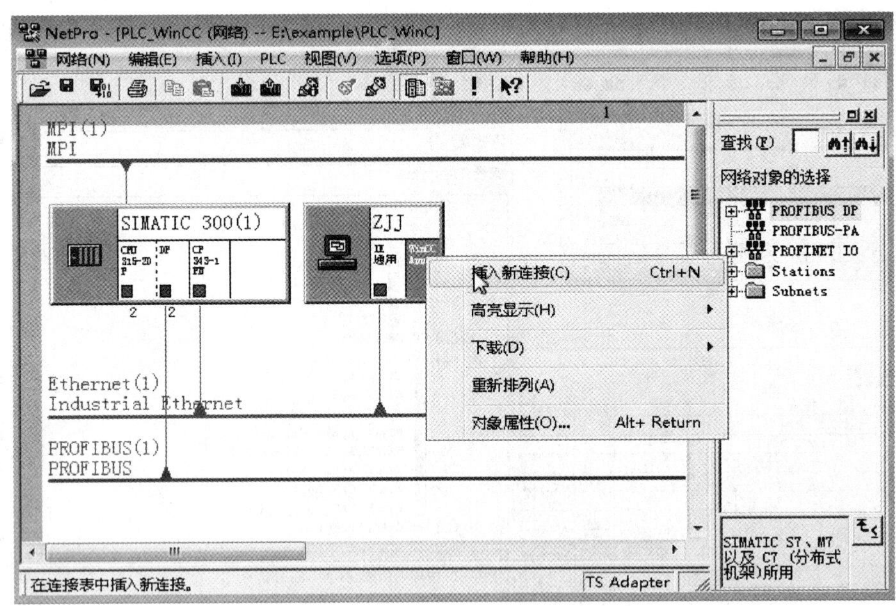

图 10-15 建立 PC 站与 AS 之间的连接

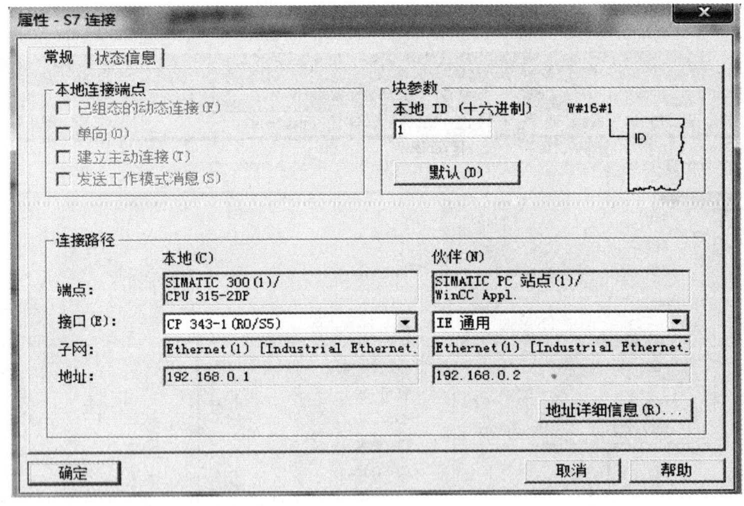

图 10-16 PC 站与 OS 之间的连接类型

5. 将变量从 Step7 传输至 WinCC 中

在 SIMATIC 管理器中右击 WinCC 应用程序，在弹出的菜单中选择“编译”，启动变量编译，在编译过程中要选择使用的网络连接，如图 10-17 所示，其中包含了使用 MAC 地址连接和在上面建立的 S7 连接。

在编译完成后，系统会提示编译是否成功，如果失败会弹出相应的记录文件，编译成功后，打开 WinCC 项目文件，可以看到系统已经在变量管理器里自动生成了相应的 WinCC 变量，通信接口也被自动生成，如图 10-18 所示。

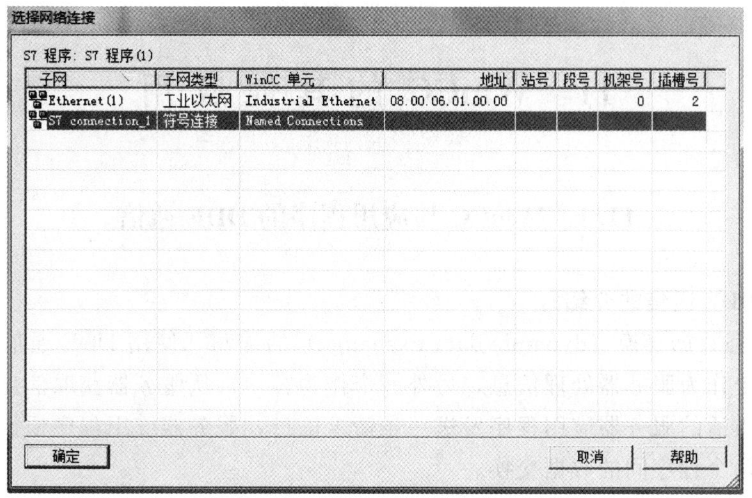

图 10-17 选择网络连接

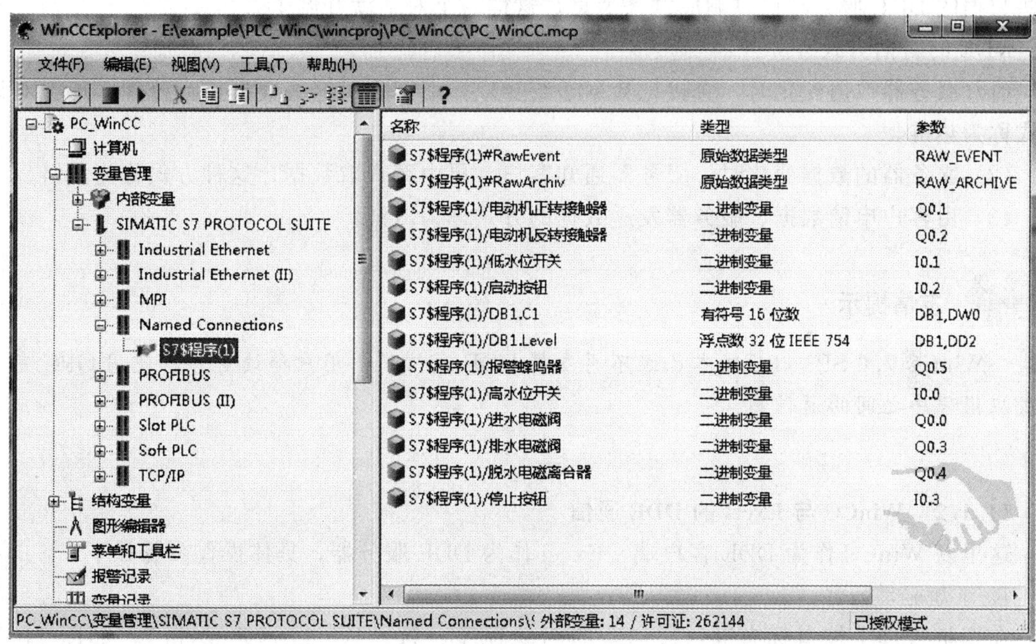

图 10-18 编译后为 WinCC 传输的变量

习 题

（1）简述 WinCC 集成在 Step7 下组态方式及其益处。

（2）简述 WinCC 作为 PC 站的组态步骤。

11 WinCC 的其他应用

11.1 WinCC 与应用程序的 DDE 通信

11.1.1 DDE 通信的介绍

DDE 是动态数据交换（dynamic data exchange）的缩写，使用 DDE 通信需要两个应用程序，其中一个作为服务器处理信息，另外一个作为客户机从服务器获取信息。客户机应用程序向当前所激活的服务器应用程序发送一条请求信息，服务器应用程序根据该信息作出应答，从而实现两个程序间的数据交换。

DDE 对话是由客户程序发动的。客户程序将一条称为 WM _ DDE _ INTITIATE 的消息发给当前运行的所有 Windows 程序，这条消息指明了客户程序所需要的数据类别，拥有这些数据的 DDE 服务器可以响应这条消息，这样一个对话就开始了。

DDE 的对话方式有 3 种：

（1）服务器数据变化时，直接把数据送给客户，由客户对这些数据进行处理，这类对话方式称为热链。

（2）服务器的数据变化时，服务器通知客户，再由客户取数据，这种方式称为温链。

（3）由客户申请数据、服务器发送数据的方式称为冷链。

友情提示

WinCC 7.0 SP3 以后版本已经不再支持 DDE 通信了，用户和读者可以使用 OPC 完成应用程序之间的通信。

11.1.2 WinCC 与 Excel 的 DDE 通信

这里以 WinCC 作为 DDE 客户端，Excel 作为 DDE 服务器，具体操作步骤如下：

1. 添加驱动程序

在变量管理上按鼠标右键→添加新的驱动程序→选"Windows dde. chn"，如图 11 - 1 所示。

2. 创建新连接并设置连接属性

在 DDE 上按鼠标右键→新驱动程序连接→点属性，在弹出的连接属性对话框中设置连接属性如图 11 - 2 所示，其中，"计算机名称"为空；"应用程序"为 excel；"主题"为［Excel 文件名］工作表名，比如［DDE. xls］sheet1，其中 DDE. xls 是 Excel 文件名，Sheet1 为工作表名。

3. 创建变量

在 DDE \ excel 下建变量，在变量属性对话框中，单击"选择"按钮选择地址，条目名称填：r 行数 c 列数，比如 r1c1（表示第一行第一列的单元格），如图 11 - 3 所示，重复步骤

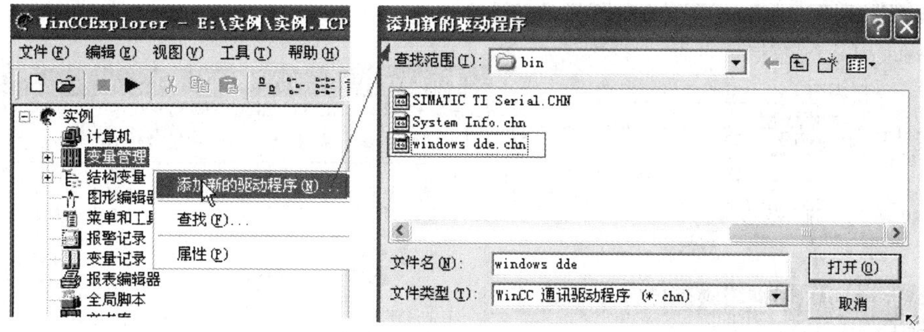

图 11-1 添加驱动连接

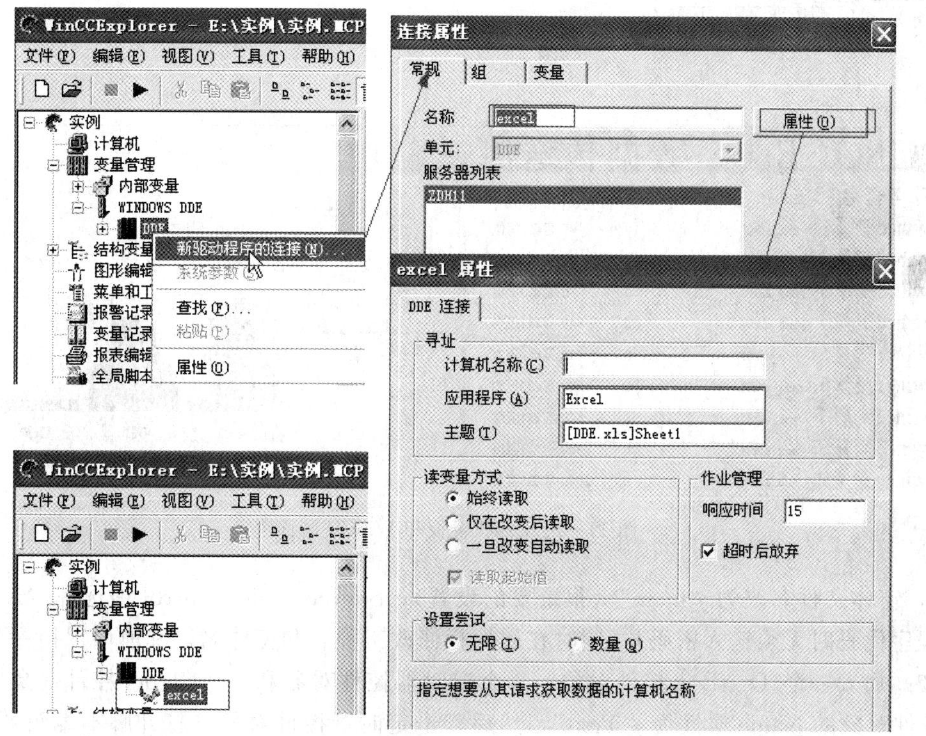

图 11-2 设置连接属性

3 可以加入更多的 DDE 变量。

4. 制作 Excel 模板

根据要求制作相应的 Excel 模板和组态 WinCC 画面。

5. 运行项目

运行项目效果如图 11-4 所示。

11.1.3 WinCC 与 VB 的 DDE 通信

VB 程序作为 DDE 的 server 端，WinCC 程序作为 DDE 的 client 端，通过简单配置，可以实现双方数据交换，通信延时在 1 个周期内，操作步骤如下：

(1) 创建一个 VB 应用项目，先重命名并保存，工程文件名改为“project”（很重要的

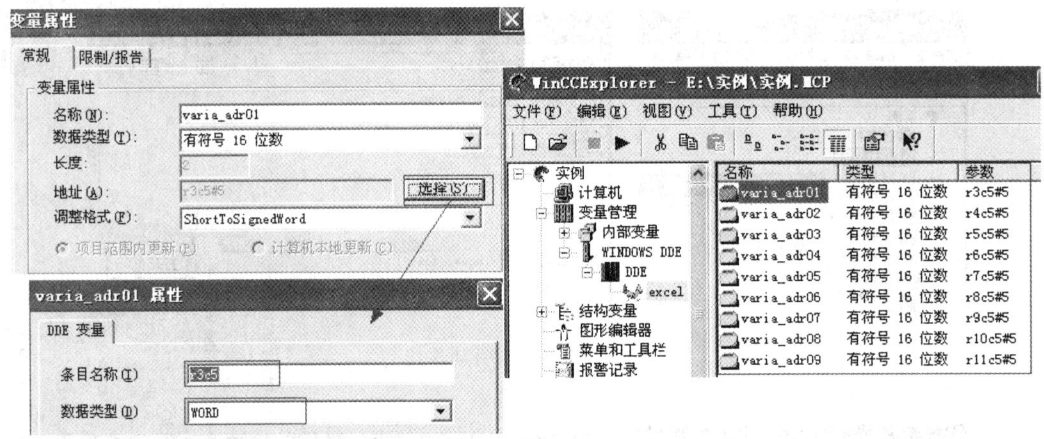

图 11-3 创建变量

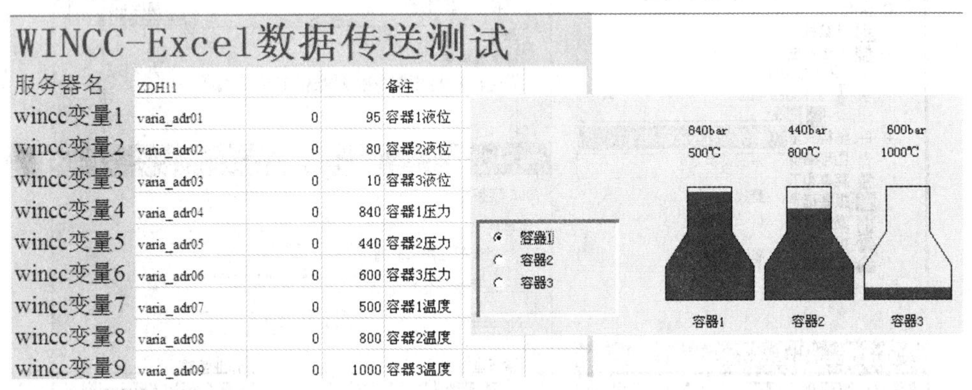
WINCC-Excel数据传送测试

服务器名	ZDH11			备注
wincc变量1	varia_adr01	0	95	容器1液位
wincc变量2	varia_adr02	0	80	容器2液位
wincc变量3	varia_adr03	0	10	容器3液位
wincc变量4	varia_adr04	0	840	容器1压力
wincc变量5	varia_adr05	0	440	容器2压力
wincc变量6	varia_adr06	0	600	容器3压力
wincc变量7	varia_adr07	0	500	容器1温度
wincc变量8	varia_adr08	0	800	容器2温度
wincc变量9	varia_adr09	0	1000	容器3温度

图 11-4 Excel 模板和 WinCC 画面

设置)，窗体文件名改为“main”(很重要的设置)，Source Code Control 项选择“NO”(在编辑程序代码时无须输入密码)；同时在属性栏修改工程名和窗体名，和前面保持一致。

(2) 加入一个 TextBox 控件对象，一个定时器控件对象和一个 Label 控件对象；TextBox 控件对象的 Name 属性为“Text”，然后双击定时器控件对象，打开脚本编辑器，在定时器函数内编写 0 至 100 的循环加 1 程序，并根据定时器设置周期进行累加。Label 控件对象的 Name 属性为“Label”。程序代码和运行界面如图 11-5 所示。

(3) 选中 Form，在属性栏中找到 DDE 选项，将“LinkMode”选为“1-Source”，将“LinkTopic”选为“main”(窗体文件名)，然后生成 .exe 可执行程序，文件名为 testcom. exe，如图 11-6 所示。

(4) 创建一个 WinCC 项目，创建 WINDOWS DDE 通道，点击“DDE”属性，新建一个 Connection，打开其属性，在 Application 中输入 VB 程序的工程文件名“project”，在 Topic 中输入 VB 程序的 LinkTopic 属性名“main”，点击“OK”完成设置，如图 11-7 所示。

(5) 在 New Connection 中新建一个 WORD 型 16-bit 变量，设置 Address 的 Select 属性，其中 Item Name 输入“Text”(VB 程序的控件名)，Data Type 选择 WORD 类型，点

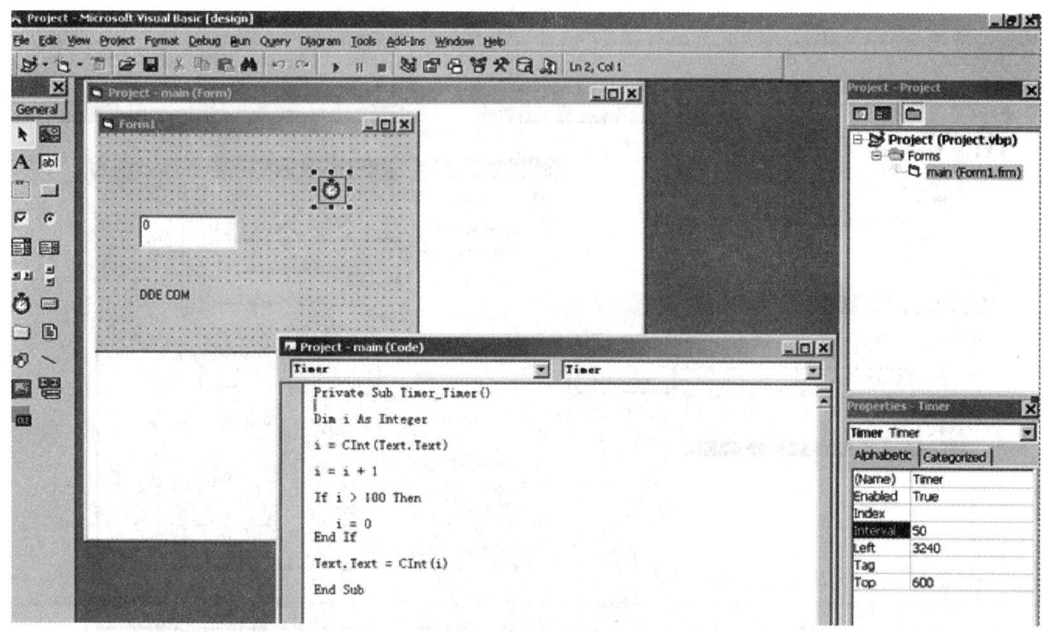

图 11-5　编写 VB 程序

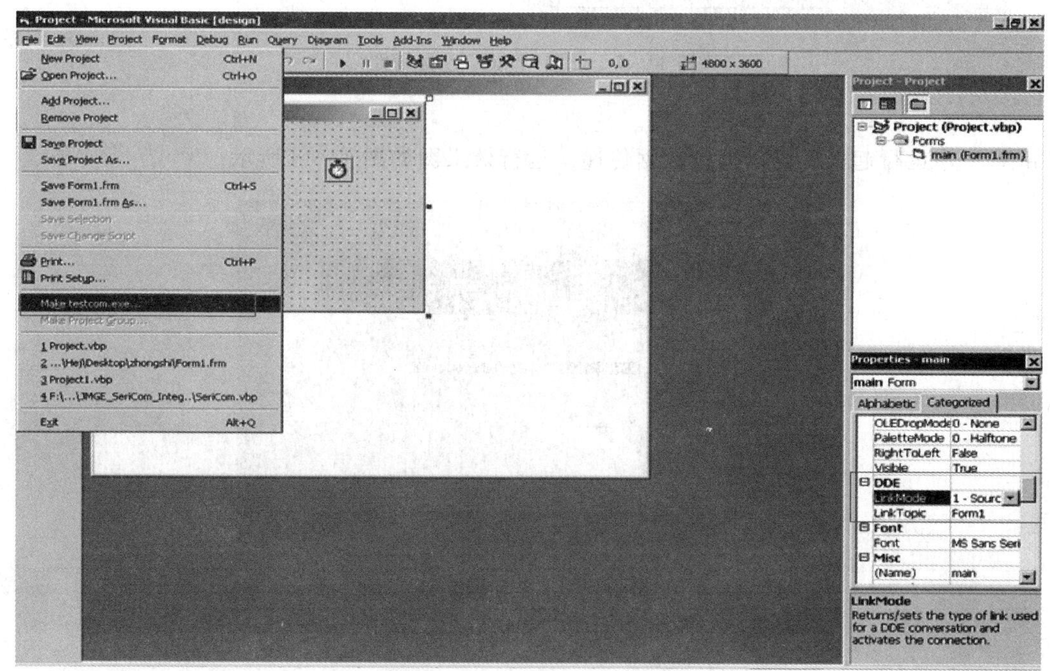

图 11-6　设置 VB 窗体属性

击“OK”完成设置；再新建一个 text 型 8-bit 变量，设置 Item Name 为“Label”（VB 程序控件名），Data Type 选择 TEXT8 类型，点击“OK”完成设置。

(6) 新建画面，用两个 I/O 域显示 DDE 传递的数据，其中第一个为显示 WORD 型变量的输出域，第二个为显示 STRING 型变量的输入域，将可执行程序 testcom.exe 和

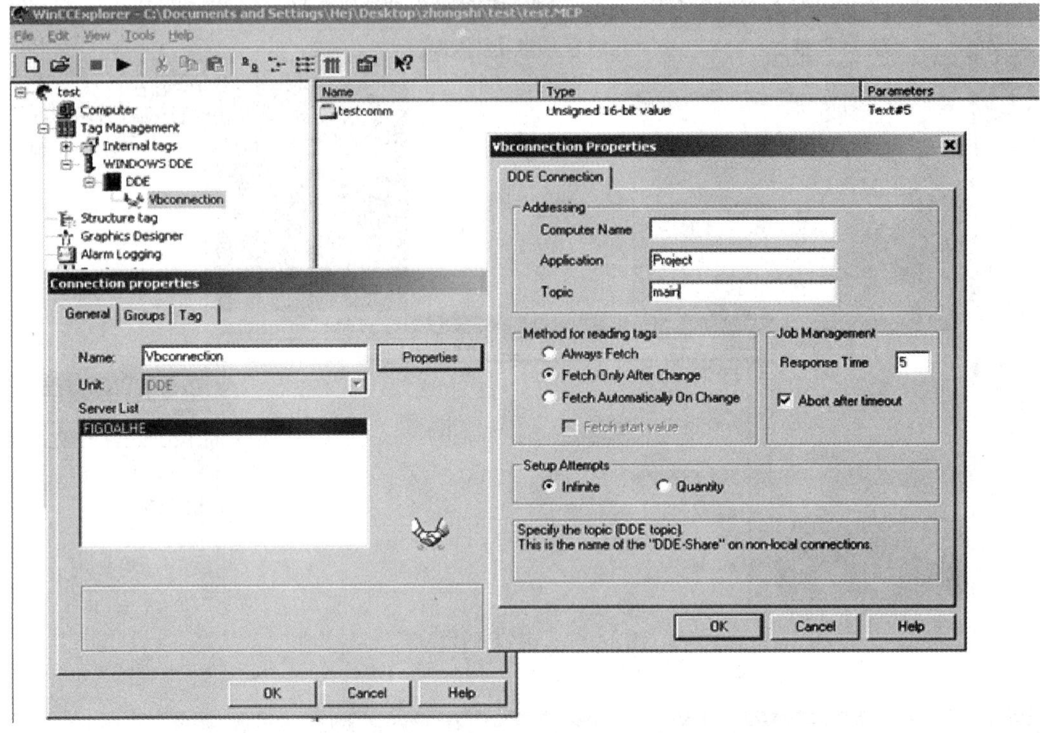

图 11-7　设置 WinCC 连接属性

WinCC 程序运行起来后可以进行数据传递。运行效果图如图 11-8 所示。

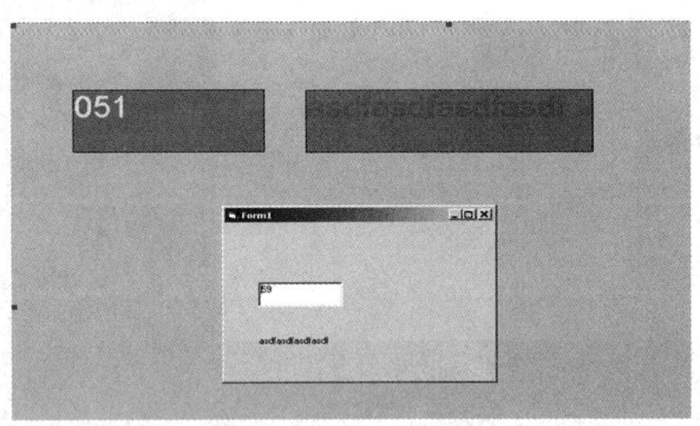

图 11-8　运行效果图

友情提示

用于显示的 I/O 域中，根据需要，变量的更新周期可选取“250ms”或“500ms”，不要采用“upon change”，这是因为 WinCC V6.0 以后的版本都自动默认为 1s。

11.2 WinCC 与应用程序的 OPC 通信

11.2.1 OPC 通信的介绍

OPC（OLE for process control）作为标准软件接口，可以使各个生产商的设备和应用程序就能以统一的方式连接起来。WinCC 既可以用作 OPC 服务器提供数据，又可以作为 OPC 客户机访问其他 OPC 服务器中的数据。WinCC 集成的 OPC 服务器使得过程数据可由其他应用程序（OPC 客户机）访问。

OPC 是一种一直独立于制造商的软件接口。OPC 接口基于 Microsoft Windows 的 COM（组件对象模型）和 DCOM（分布式组件对象模型）技术。另一方面，OPC XML 则基于 Internet 标准 XML、SOAP 和 HTTP。

1. COM

COM 是位于同一计算机上且属于不同程序的对象之间进行通信时采用的标准协议。服务端是提供服务的对象，比如提供数据。客户端是使用由服务端提供的服务的应用程序。

2. DCOM

DCOM 代表 COM 功能的扩展，从而允许对远程计算机上的对象的访问。

该接口允许在企业、管理办公室和生产的应用程序之间进行标准化的数据交换。以前，访问过程数据的应用程序受限于通信网络的访问协议。使用 OPC 标准软件接口，各个生产商的设备和应用程序就能以一致的方式连接起来。

OPC 客户端是访问过程数据、消息和 OPC 服务端归档历史数据的应用程序。访问需要通过 OPC 软件接口。

OPC 服务端是一个程序，它为不同制造商的应用程序提供一个标准的软件接口。OPC 服务端是在处理过程数据的应用程序、各种网络协议和用于访问这些数据的接口之间的中间层。

只有当设备的操作系统是基于 Windows COM 和 DCOM 技术时，才能使用 OPC 软件接口进行数据交换。目前，Windows 2000、Windows XP、Windows 2003 Server 和 Windows VISTA 具有这些软件接口。

3. XML

通过 DCOM 的通信仅限于局域网。通过 XML 的数据交换使用 SOAP（简单对象访问协议）。SOAP 是独立于平台的、基于 XML 的协议。SOAP 可用于允许应用程序依靠 HTTP（超文本传送协议），通过 Internet 或在多机种计算机网络内相互进行通信。

OPC 标准软件接口由 OPC 基金会定义。OPC 基金会是工业自动化领域中处于领先地位的各公司的联盟。WinCC 的 OPC 服务端支持下列规范：

（1）OPC 数据访问 1.0、2.05a 和 3.0。

（2）OPC 历史数据访问 1.20。

（3）OPC 报警和事件 1.10。

（4）OPC XML 数据访问 1.01。

（5）OPC 数据访问（OPC DA）是针对管理过程数据的规范。WinCC OPC DA 服务端符合 OPC DA 规范 1.0、2.05a 和 3.0。

(6) OPC 历史数据访问 (OPC HDA) 是针对管理归档数据的规范。该规范是 OPC 数据访问规范的扩充。WinCC V6.2 或更高版本的 WinCC OPC HDA 服务端符合 OPC HDA 规范 1.20。

(7) OPC 报警和事件是发送过程报警和事件的补充规范。WinCC V6.0 或更高版本的 WinCC OPC A&E 服务端符合 OPC A&E 规范 1.10。

(8) OPC XML 标准支持通过 Internet 采用独立于平台的协议进行通信。客户端不再局限于 Windows 环境 (DCOM)。其他操作系统 (如 LINUX) 可以使用 HTTP 协议和 SOAP 接口在 Internet 上监视和交换 OPC 数据。

要使用 WinCC OPC HDA、WinCC-OPC-XML-DA 服务器和 WinCC OPC A&E 服务器，必须购买 Connectivity Pack "连通性软件包" 授权。"连通性软件包" 授权必须安装在用作 WinCC OPC HDA 服务器、WinCC OPC XML DA 服务器或 WinCC OPC A&E 服务器的 WinCC 服务器上。

11.2.2 Excel 和 WinCC 的 OPC 通信

WinCC OPC DA 服务器为其他应用程序提供 WinCC 项目的实时数据。应用程序能够在同一台计算机上运行或在已联网的远程计算机上运行。以这种方法，将 WinCC 变量的实时数据提供给 Microsoft Excel。

任务描述：在 Microsoft Excel 中用 VBA 脚本语言建立 OPC 客户端，并通过 OPC 接口读取 WinCC 中的数据，并将修改的数据写入 WinCC。通过 OPC 接口，Microsoft Excel 作为 OPC 客户端发起通信并发送读/写请求到 OPC 服务器，OPC 服务器执行这些读/写请求。对于 WinCC OPC DA 服务器功能，需要将 WinCC 项目运行系统激活即可。具体操作步骤如下：

(1) 为了能够运行 Excel 中的 VBA 宏脚本，首先需要调整安全性设置。Office 2003 版本中如下设置：在 "工具→宏→安全性" 中，将 Excel 的安全性级别设置为 "中"。在 Office 2007 版本中设置如下：在 "Excel" 选项框内电机 "信任中心" 再在右边的窗口内单击 "信任中心设置"，将 "宏设置" 选择为 "启用所有宏"，如图 11-9 所示。

(2) 在 Excel 的 C2 单元格输入运行 WinCC 的计算机名称，如图 11-10 所示。

打开 Excel 的 VB 编辑器，在 VB 编辑器中的 "工具→引用" 中选中 "Siemens OPC DA Automation 2.0" 组件，如图 11-11 所示，使 VB 能够识别 OPC 对象。

(3) 双击 Sheet1，打开 Sheet1 的代码窗口，然后将程序代码复制到代码窗口，代码如下：

```
Option Explicit
Option Base 1
Const ServerName = "OPCServer.WinCC"
Dim WithEvents MyOPCServer As OPCServer
Dim WithEvents MyOPCGroup As OPCGroup
Dim MyOPCGroupColl As OPCGroups
Dim MyOPCItemColl As OPCItems
Dim MyOPCItems As OPCItems
Dim MyOPCItem As OPCItem
```

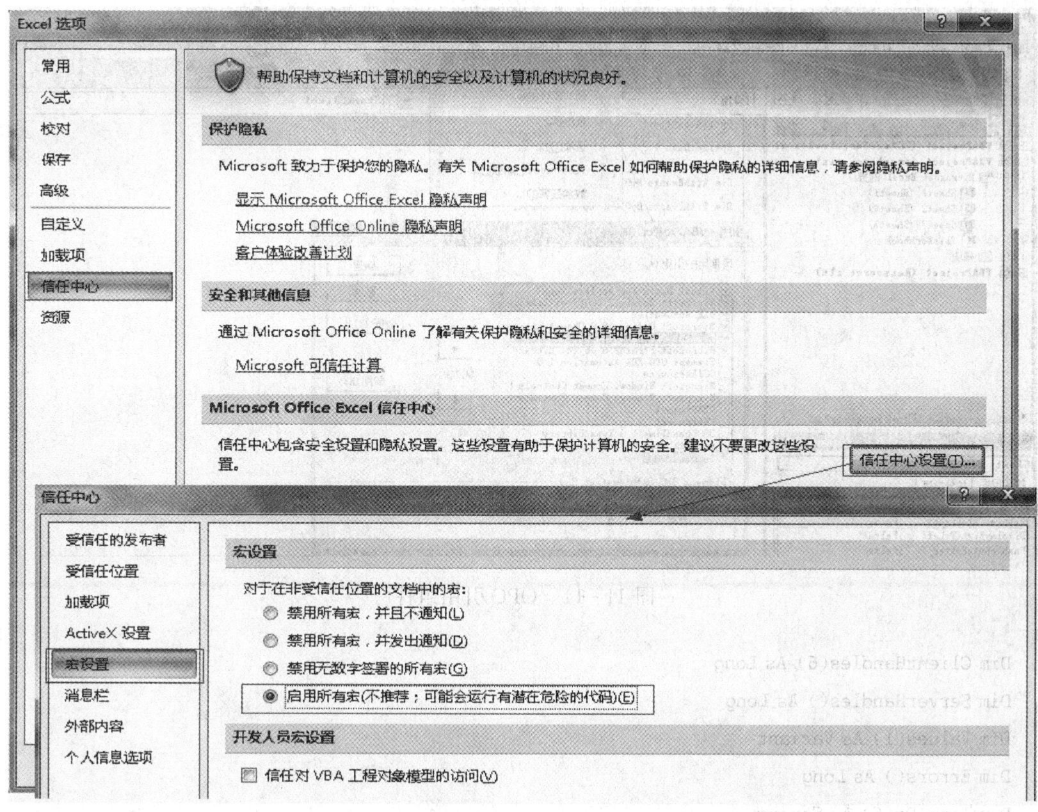

图 11-9 启用宏

WINCC-Excel数据传送测试

服务器名	ZJJ	
wincc变量1	a	1
wincc变量2	b	1
wincc变量3	c	1
wincc变量4	d	1
wincc变量5	e	1
wincc变量6	f	1

图 11-10 Excel 表格的样式

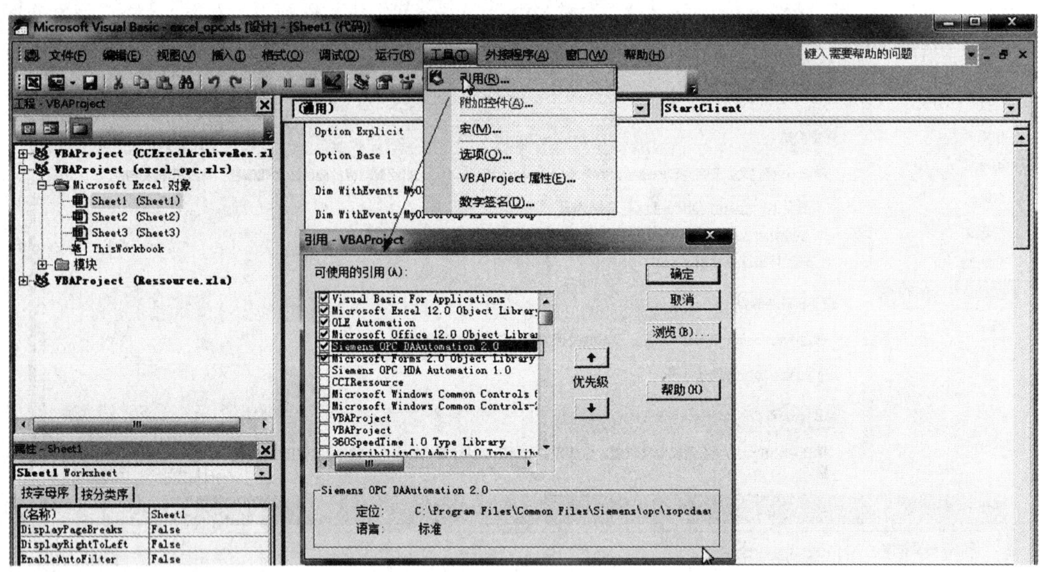

图 11-11 OPC 引用组件

```
Dim ClientHandles(6) As Long
Dim ServerHandles() As Long
Dim Values(1) As Variant
Dim Errors() As Long
Dim ItemIDs(6) As String
Dim GroupName As String
Dim NodeName As String
Dim itemv(6) As Variant
Dim ii As Integer
'------------------------------------------------------------
'Sub StartClient()
'目的:连接至 OPC_server,创建组和添加条目
'------------------------------------------------------------
Sub StartClient()
'On Error GoTo ErrorHandler
'------------ 可以自由选择 ClientHandle 和 GroupName
For ii = 1 To 6
ClientHandles(ii) = ii
Next ii
GroupName = "MyGroup"
'------------ 从单元"A1"得到 ItemID
NodeName = Range("c2").Value
ItemIDs(1) = Range("c3").Value
ItemIDs(2) = Range("c4").Value
ItemIDs(3) = Range("c5").Value
ItemIDs(4) = Range("c6").Value
```

```
ItemIDs(5) = Range("c7"). Value
ItemIDs(6) = Range("c8"). Value
'- - - - - - - - - - - - 得到一个 OPC 服务器的实例
Set MyOPCServer = New OPCServer
MyOPCServer. Connect ServerName,NodeName
Set MyOPCGroupColl = MyOPCServer. OPCGroups
'- - - - - - - - - - - - 为添加组设置缺省的激活状态
MyOPCGroupColl. DefaultGroupIsActive = True
'- - - - - - - - - - - - 添加组至收集
Set MyOPCGroup = MyOPCGroupColl. Add(GroupName)
Set MyOPCItemColl = MyOPCGroup. OPCItems
'- - - - - - - - - - - - 添加一个条目、返回 ServerHandles
MyOPCItemColl. AddItems 6,ItemIDs(),ClientHandles(),ServerHandles(),Errors
'- - - - - - - - - - - - 用于接受不同的信息组
MyOPCGroup. IsSubscribed = True
Exit Sub
ErrorHandler:
MsgBox "Error:" & Err. Description,vbCritical,"ERROR"
End Sub
'- - - - - - - - - - - - - - - - - - - - - - - - - - - - - - - - - - - - - - - - - - -
'Sub StopClient()
'目的:从服务器释放对象并且断开连接
'- - - - - - - - - - - - - - - - - - - - - - - - - - - - - - - - - - - - - - - - - - -
Sub StopClient()
'- - - - - - - - - - - - 释放组和服务器对象
MyOPCGroupColl. RemoveAll
'- - - - - - - - - - - - 与服务器断开连接并且清除
MyOPCServer. Disconnect
Set MyOPCItemColl = Nothing
Set MyOPCGroup = Nothing
Set MyOPCGroupColl = Nothing
Set MyOPCServer = Nothing
End Sub
'- - - - - - - - - - - - - - - - - - - - - - - - - - - - - - - - - - - - - - - - - - -
'Sub MyOPCGroup_DataChange()
'目的:组中的数值、质量或时间标志改变时,该事件激活
'- - - - - - - - - - - - - - - - - - - - - - - - - - - - - - - - - - - - - - - - - - -
'- - - - - - - - - - - - 如果 OPC - DA Automation 2.1 被安装,使用:
Private Sub MyOPCGroup_DataChange(ByVal TransactionID As Long, ByVal NumItems As Long, ClientHandles() As Long,itemvalues() As Variant,Qualities() As Long,TimeStamps() As Date)
'- - - - - - - - - - - - 设置数据表单元值为数值读
For ii = 1 To NumItems
itemv(ClientHandles(ii)) = itemvalues(ii)
```

```
Next ii
Range("d3").Value = CStr(itemv(1))
Range("d4").Value = CStr(itemv(2))
Range("d5").Value = CStr(itemv(3))
Range("d6").Value = CStr(itemv(4))
Range("d7").Value = CStr(itemv(5))
Range("d8").Value = CStr(itemv(6))
End Sub
'-----------------------------------------------------------
```

（4）组态 WinCC 画面如图 11-12 所示。

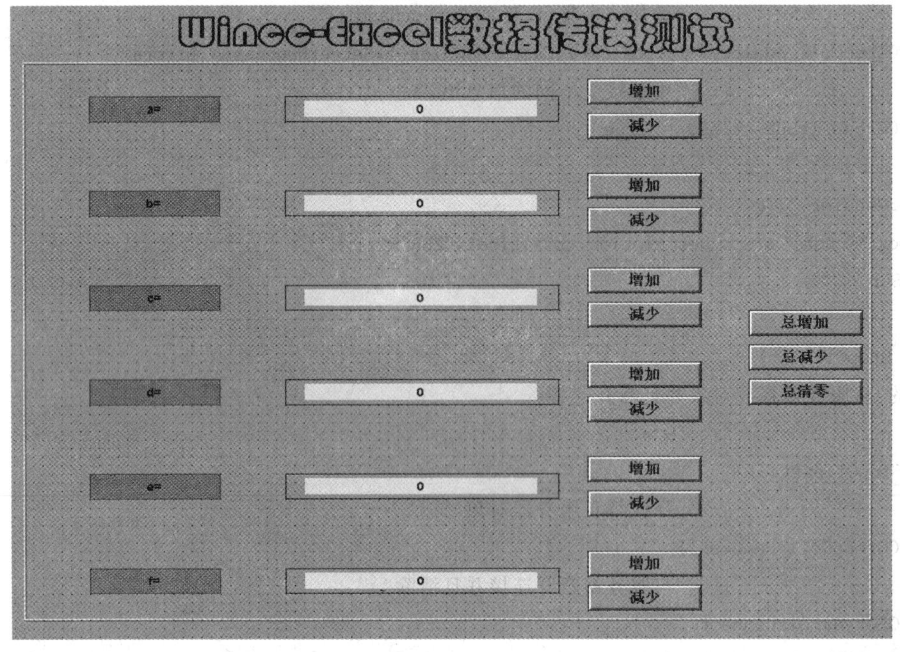

图 11-12　WinCC 画面

（5）运行项目，先运行 WinCC 项目，再用 excel 打开 excel _ opc.xls，执行宏 sheet.startclient，即可看到显示。执行宏 sheet.stopclient 能停止显示。

11.2.3　Matlab 和 WinCC 的 OPC 通信

随着工业自动化技术的应用和迅速发展，人们对工业自动化的要求也逐步提高。而目前理论上的研究缺乏实际的应用背景。一些先进的控制理论局限于软件仿真而不是实际应用，探寻一种能将复杂算法应用到实际过程控制中的方法非常必要。WinCC 提供了良好的人机界面和通信功能，在工控领域已得到广泛应用，但其具有运算能力的缺陷。而 MATLAB 作为一款专门的矩阵运算软件。能够弥补 WinCC 软件不足。那么，可用 WinCC 软件进行监控画面设计，MATLAB 软件进行算法编程，通过 OPC 技术实现 WinCC 和 MATLAB 之间的数据通信，将两者结合可以有效发挥各自的优势，使得编程高效灵活。

1. MATLAB 软件简介

MATLAB 是矩阵实验室（Matrix Laboratory）的简称，是美国 MathWorks 公司出品的商业数学软件，用于算法开发、数据可视化、数据分析以及数值计算的高级技术计算语言和交互式环境，主要包括 MATLAB 和 Simulink 两大部分。

2. MATLAB 系统设计思路

MATLAB 在整个系统中是作为控制部分而存在的。MATLAB 通过应用 PID 算法，对水位进行实时的调整和控制。而要实现这一功能，就需要水位数据和控制数据的实时传输，即 MATLAB 与 WinCC 进行实时的数据交换。WinCC 本身运行即成为 OPC 通信方式的服务器，所以只需对 MATLAB 进行 OPC 客户端设置，实现 OPC 通信即可。

3. MATLAB 系统设计说明

在 MATLAB R2008a（7.6.0）及以上版本中，提供了 OPC toolbox，可以在 MATLAB 的 simulink 仿真下直接使用，只要进行相应的设置即可实现 OPC 通信。

在 MATLAB 主程序界面中，单击（simulink）按钮，新建仿真界面，在模块库中找到 OPC toolbox，将模块拉入界面中。

模块说明：

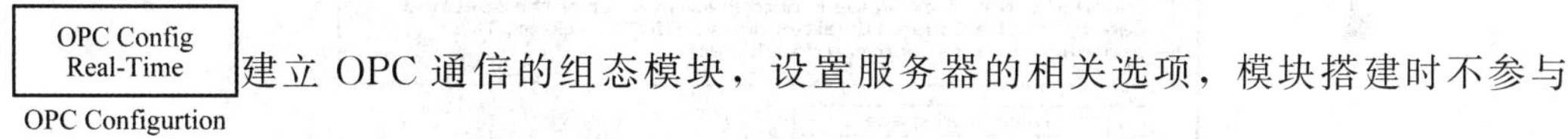

建立 OPC 通信的组态模块，设置服务器的相关选项，模块搭建时不参与连线。

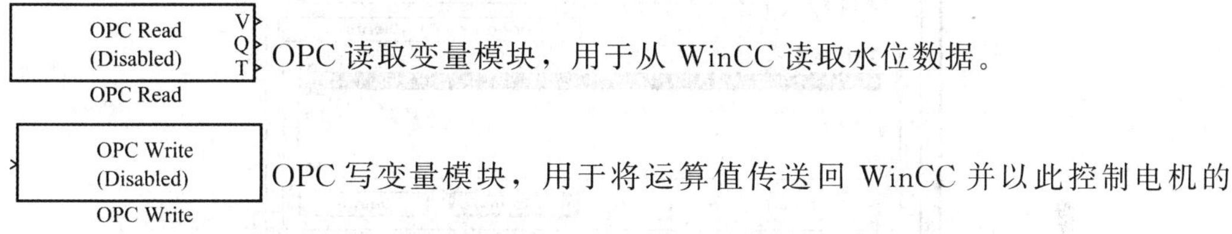

OPC 读取变量模块，用于从 WinCC 读取水位数据。

OPC 写变量模块，用于将运算值传送回 WinCC 并以此控制电机的运转。

双击“OPC Configuration”模块，在弹出的对话框中，单击“Configure OPC Clients”按钮，在弹出的“OPC Client Manager”对话框中选择“add”按钮，再单击“select”按钮，找到“OPC server WinCC”，单击“ok”。单击“connect”按钮，即可与 WinCC 相连接，如图 11 - 13 所示。

双击“OPC Read”模块，在弹出的对话框中选择服务器，修改 sample time（采样时间）为 0.05，之后单击“Add Items”，在相应菜单中即可找到 WinCC 中关于水位的内部变量，选中即可。这一步实质上就是 WinCC 和 MATLAB 关于相应变量进行对接的过程。如图 11 - 14 所示，选择服务器，添加变量，修改采样时间。

双击“OPC Write”模块，与 OPC Read 模块的修改方式相同，选择服务器，添加变量，修改该采样时间，使控制输出量与电机驱动变量实现对接，如图 11 - 15 所示，选择服务器，添加变量，修改采样时间。

在完成了 OPC 通信的基本准备后，只需要搭建起控制部分的模型就可以了。根据自动控制原理的基本知识，对于单个输入，单个输出的系统，搭建其闭环反馈控制模型如图 11 - 16所示。

SP（目标水位）与 in _ L1（实际水位）的差值构成输入，经过 PID 控制器之后输出，

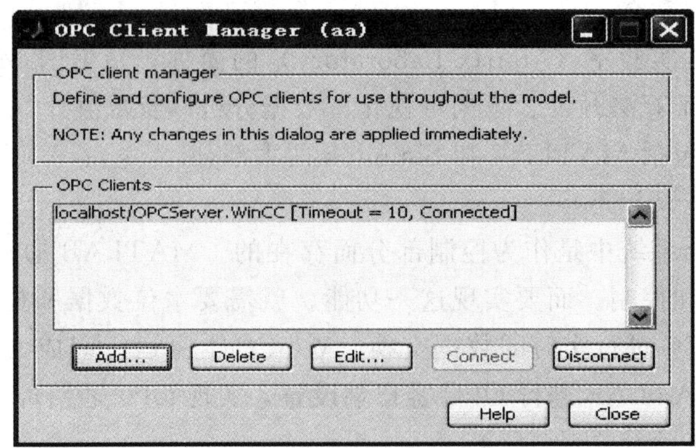

图 11-13 “OPC Client Manager”对话框

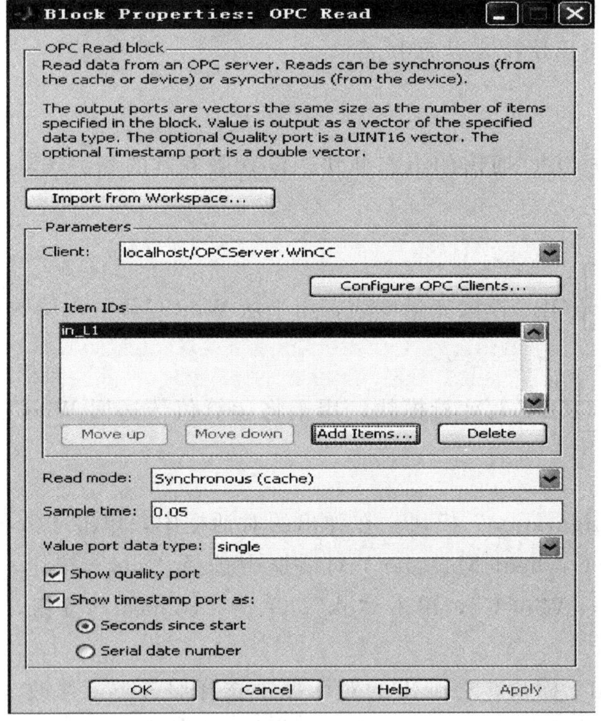

图 11-14 “OPC Read”属性对话框

通过 Saturation 限幅模块给电动机从而调整水位达到目标值。由于 PID 运算的数值没有一个固定的范围，所以通过限幅模块将输出归一化为 0～100，当运算值小于 0 时均输出 0，大于 100 时均输出 100。

OPC Read 与 OPC Write 构成一个实际上存在的反馈环，实现系统的闭环控制。

系统准备好以后，打开 WinCC 软件进入运行界面，在给定值处设置液位高度，把下位机程序下载到 PLC 中，打开 MATLAB 软件，点击运行 Simulink 程序。经过一段时间运行达到稳定后，观察 PID 控制器对扰动的控制效果如图 11-17 所示。

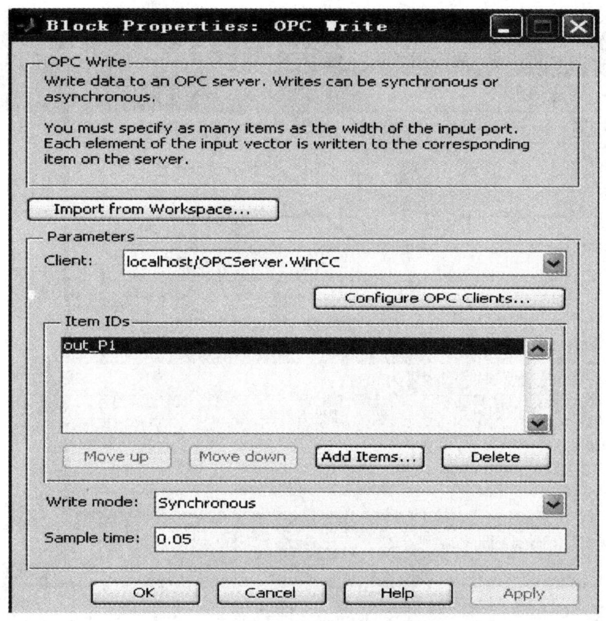

图 11-15 “OPC Write”属性对话框

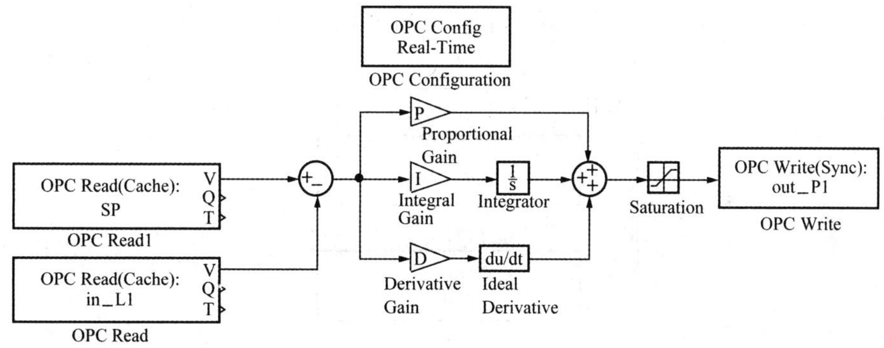

图 11-16 PID 控制算法模型

11.2.4 S7-200PLC 和 WinCC 的 OPC 通信

当 WinCC 作为 OPC DA 客户机使用时，在组态的 WinCC 工程项目中必须添加 OPC 驱动程序通道 OPC.chn。随后在 OPC 驱动程序中的 OPC Groups 通道单元中，创建针对某个 OPC 服务器的连接。可以建立多个与各种 OPC 服务器的连接。

为简化创建 WinCC OPC 客户机，可以使用 WinCC 提供的条目管理器，在 OPC 条目管理器中列出了当前可用的 OPC 服务器名称。

1. 用 PC Access 建立 OPC 服务器

PC Access 软件是用于 S7-200PLC 的 OPC 服务器接口，它向 OPC 客户机提供信息，可以与任何标准的 OPC 客户机通信，工作原理如图 11-18 所示。

安装 PC Access 后运行，设置 PG/PC 通信接口为“PC/PPI 电缆（PPI 协议）”与 S7-200PLC 通信，如图 11-19 所示。

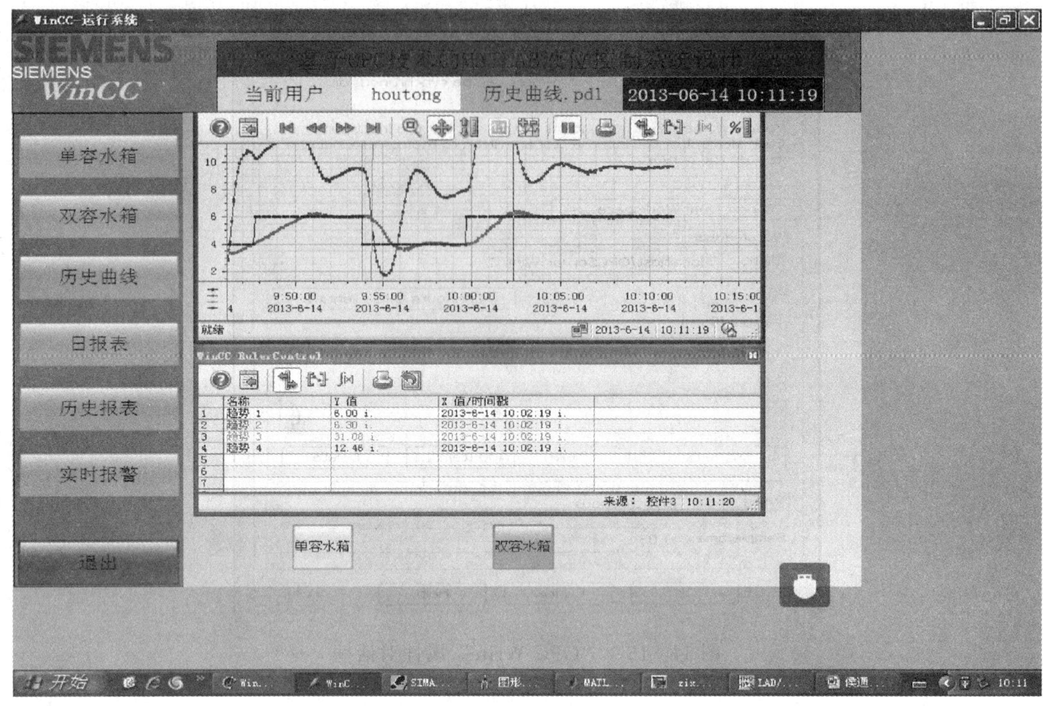

图 11 - 17 运行效果

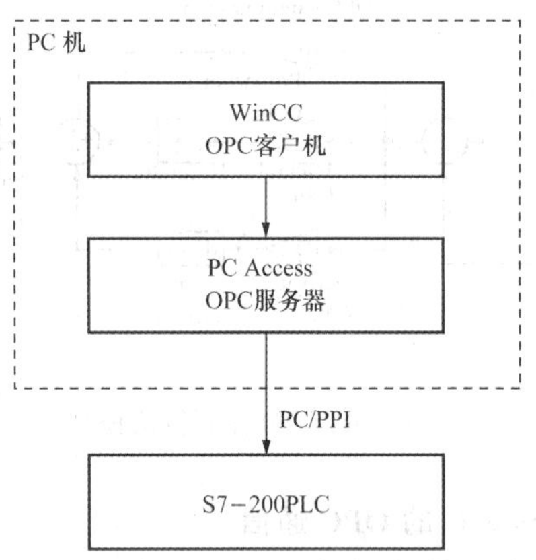

图 11 - 18 WinCC 与 S7-200PLC 通过 OPC 通信

在左侧的属性目录中选中“Microwin（COM1）”，单击鼠标右键依次增加新 PLC，如图 11 - 20 所示。

右键单击新建 PLC 项目，添加项目的条目，如图 11 - 21 所示。

建好的数据可以作为客户端测试：将建能力的数据拖到“测试客户机“栏中，选择下拉菜单“状态”启动测试客户机，测试所建项目。如果“质量”显示好，表示通信数据正确，保存文件；否则要检查接口或者重新设置，如图 11 - 22 所示。

2. WinCC 的 OPC 客户端建立连接

WinCC 项目管理器在“变量管理”中“添加新的驱动程序”，选择 OPC 的 WinCC 通信

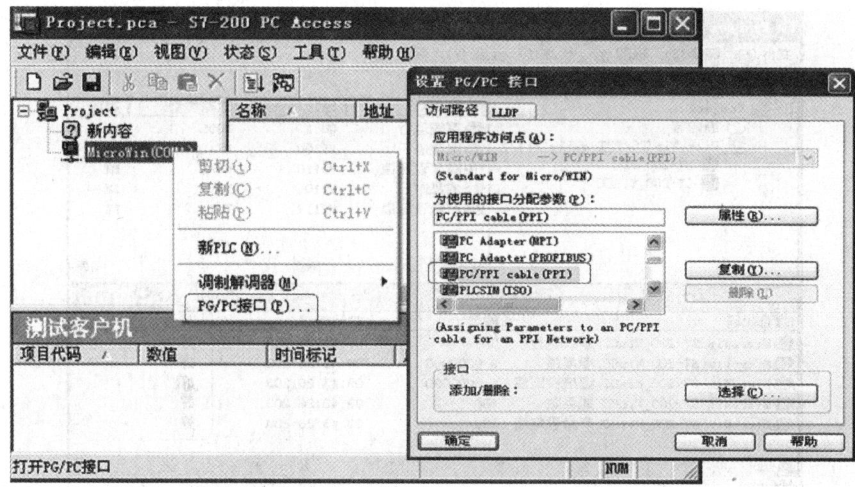

图 11-19 设置 PC Access 的通信通道

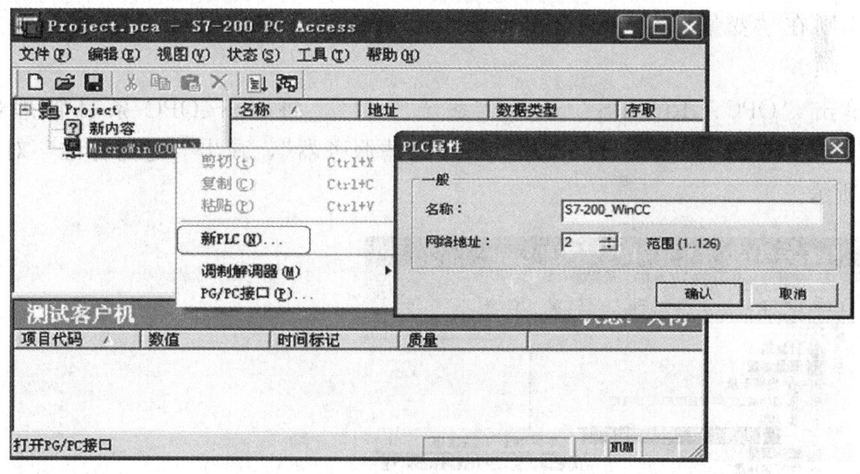

图 11-20 添加 PLC 的 OPC Group

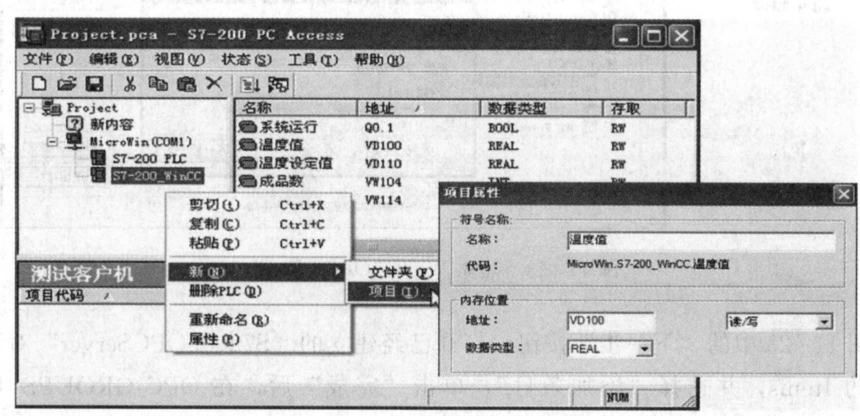

图 11-21 添加项目的条目

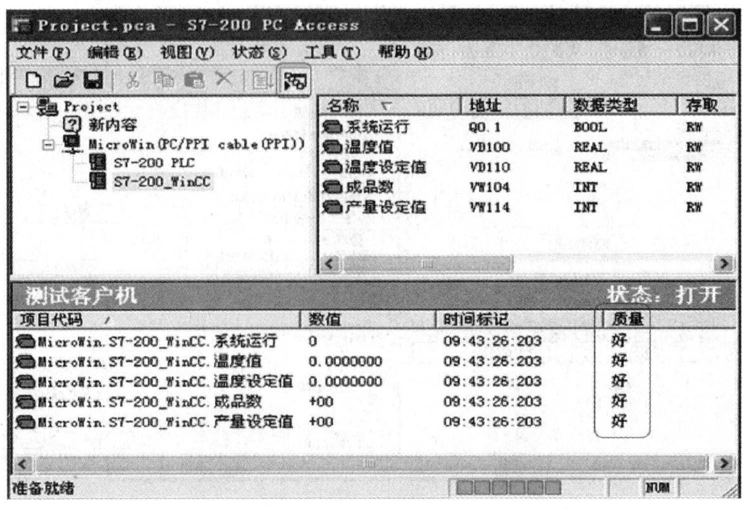

图 11-22 检测配置及通信的正确性

驱动程序，则在“变量管理”中会出现该驱动程序的变量组“OPC”，其下包括“OPC GROUPS”项。

右键单击“OPC GROUPS”选择“系统参数”，将打开 OPC 条目管理器，选择“LOCAL”中的 S7200. OPCServer，并点击“过滤服务器”，弹出“过滤标准”对话框，如图 11-23 所示。

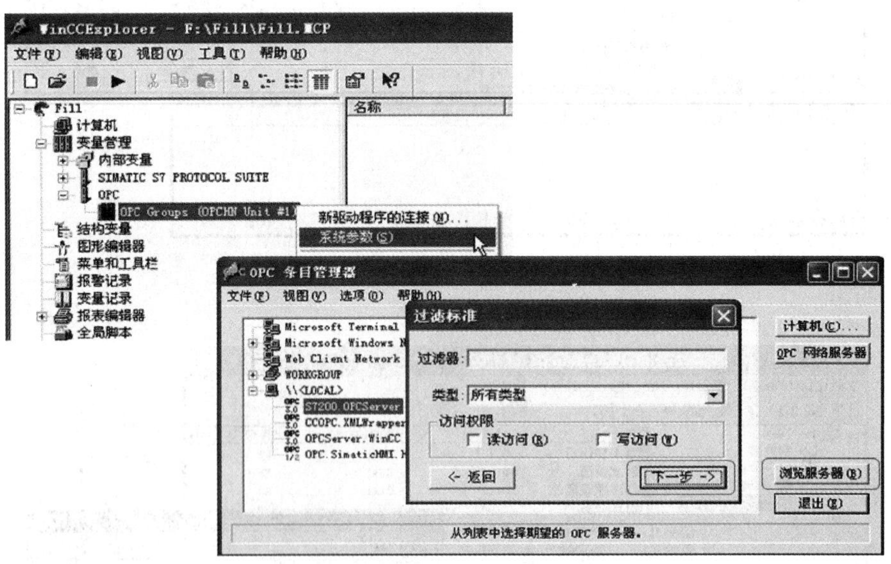

图 11-23 建立 WinCC OPC Client

单击图 11-23 中的“下一步”按钮，打开已经建立的“S7200. OPCServer”对话框，选择已建立的 Items，并选择“添加条目”，单击“完成”后，在 OPC GROUPS 下将出现 S7200 _ OPCServer 的连接以及添加的条目，如图 11-24、图 11-25 所示，完成变量的连接。

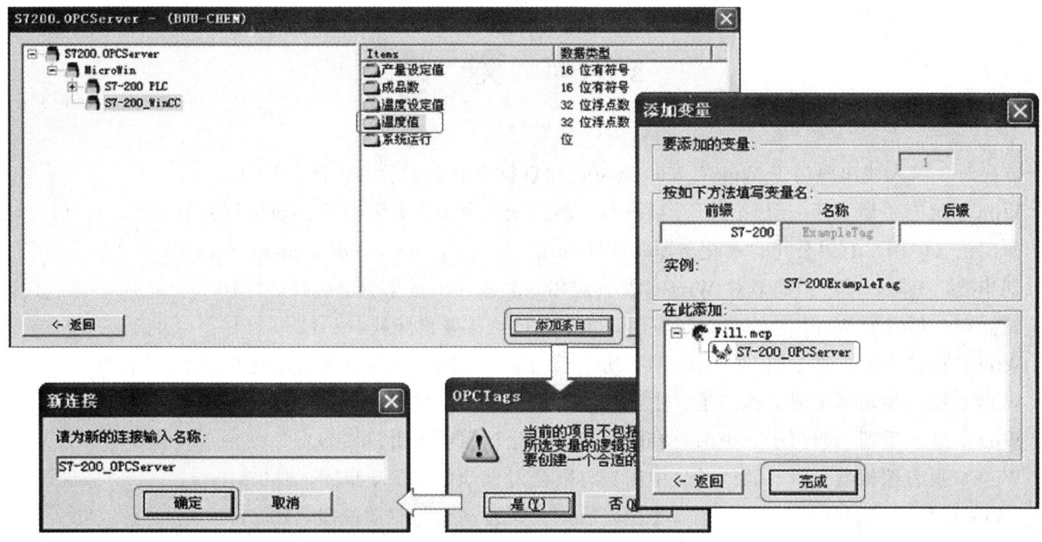

图 11-24　OPC Client 访问变量的导入

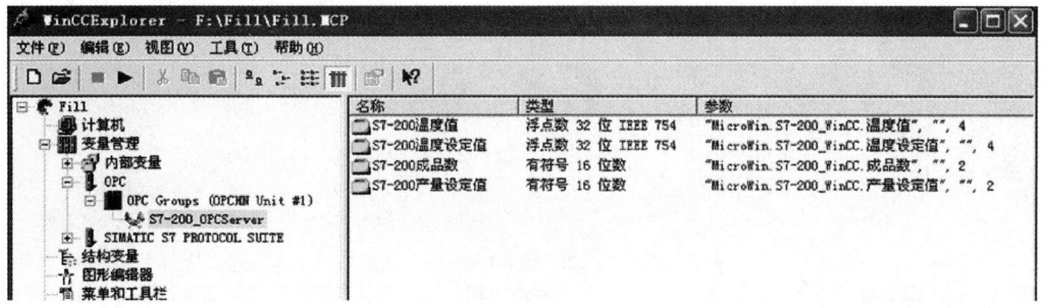

图 11-25　OPC Client 访问变量的导入结果

在画面中引用这些 S7-200 的 OPC 变量，启动 WinCC 系统和 S7-200CPU 运行，即可看到 WinCC 与 S7-200PLC 的通信结果。

习　题

(1) 演示 WinCC 与 Matlab 的 OPC 通信。

(2) 演示 WinCC 与 S7-200 的 OPC 通信。

参 考 文 献

[1] 苏昆哲．深入浅出西门子 WinCC V6. 北京：北京航空航天大学出版社，2004.

[2] WinCC 组态手册，第一册/第二册/第三册．西门子（中国）有限公司自动化与驱动集团，1999.

[3] 西门子（中国）有限公司自动化与驱动集团网站：http：//www. ad. siemens. com. cn.

[4] 刘华波，王雪，等．组态软件 WinCC 及其应用．北京：机械工业出版社，2010.

[5] 甄立东．西门子 WinCC V7 基础与应用．北京：机械工业出版社，2011.

[6] WinCC 通信手册，第一册/第二册/第三册．西门子（中国）有限公司自动化与驱动集团，1999.

[7] WinCC 图形编辑器手册．西门子（中国）有限公司自动化与驱动集团，1997.

[8] WinCC 选项手册．西门子（中国）有限公司自动化与驱动集团，1999.

[9] WinCC 报表编辑器手册．西门子（中国）有限公司自动化与驱动集团，1997.

[10] WinCC V6.2 用户归档．西门子（中国）有限公司自动化与驱动集团，2007.

[11] WinCC V7.0 硬件组态手册．西门子（中国）有限公司自动化与驱动集团，2008.

[12] WinCC 中文手册-OPC 服务器．西门子（中国）有限公司自动化与驱动集团，2005.